▶ ESG与可持续发展丛书

ALTERNATIVE DATA AND ARTIFICIAL INTELLIGENCE TECHNIQUES

Applications in Investment and Risk Management

另类数据和人工智能技术

在投资和风险管理中的应用

张庆全　李贝贝　谢丹夏　著

张锦艳　冉雅婷　孙源墀　译

东北财经大学出版社　大连
Dongbei University of Finance & Economics Press

辽宁省版权局著作权合同登记号：06-2023-218

图书在版编目（CIP）数据

另类数据和人工智能技术：在投资和风险管理中的应用 / 张庆全，李贝贝，谢丹夏著；张锦艳，冉雅婷，孙源墀译. 一大连：东北财经大学出版社，2025.1. 一（ESG与可持续发展丛书）
ISBN 978-7-5654-5383-0

Ⅰ.TP274；TP18

中国国家版本馆CIP数据核字第2024Z3A472号

东北财经大学出版社出版发行

　　大连市黑石礁尖山街217号　　邮政编码　116025
　　网　　址：http://www.dufep.cn
　　读者信箱：dufep@dufe.edu.cn
大连图腾彩色印刷有限公司印刷

幅面尺寸：170mm×240mm　字数：278千字　印张：20.75　插页：1
2025年1月第1版　　　　　2025年1月第1次印刷
责任编辑：李　季　　　　　责任校对：赵　楠
封面设计：张智波　　　　　版式设计：原　皓
定价：82.00元

教学支持　售后服务　联系电话：（0411）84710309
版权所有　侵权必究　举报电话：（0411）84710523
如有印装质量问题，请联系营销部：（0411）84710711

编　委

安国俊	蔡晓华	曹德云	曹　啸	陈　霄
陈诗一	戴建如	邓庆旭	邓文硕	董善宁
高　实	官冰飞	郭　凯	黄　勃	黄世忠
嵇伟卿	姜　华	李贝贝	李志青	廖　原
刘喜元	柳学信	陆建桥	鲁政委	罗志恒
马荣宝	潘　静	戚　悦	史　博	宋静刚
孙兆伦	谢丹夏	王　博	汪　鹏	王鹏程
汪义达	王　勇	王　宇	王　震	魏晓宁
吴　桐	许　欣	杨　毅	杨岳斌	姚余栋
俞建拖	翟致远	张大川	张焕南	张　健
张俊杰	张庆全	张若海	张学政	张莹光
赵　峰	赵永刚	赵正义	钟宏武	周中国

前　言

　　近年来，随着人工智能和物联网技术的发展，这些技术及非金融数据在投资管理中的重要性日益凸显，成为不可忽视的力量。如对冲基金、共同基金和投资银行等领头的金融机构极度依赖非金融数据中的业务信息来做出战略性和管理上的决策。人们能够从这些新的数据集中提炼出新知。

　　经过与众多学术界和金融行业专家的讨论，我们认为，一本专注于非金融数据（亦称另类数据）的图书，将对金融行业有实质性价值，并促进该领域的实践研究。我们原本没有计划撰写一本全面性图书，仅计划整合最前沿的研究和我们的发现，但实际情况却超出了预期。

　　从多个角度来看，金融科技正在彻底颠覆传统金融行业。新技术、理论的发展，以及全新的商业模式和应用的出现，为此做出了贡献。鉴于海量的新内容，我们决定不仅撰写基础的内容，还将纳入案例研究。我们打算改变金融分析师在该行业的工作方式。我们旨在通过介绍另类数据、机器学习和人工智能的理论与应用，引导读者从新的角度思考。

　　本书适合刚开始学习量化金融的读者，以及希望在金融数据分析、商业管理和风险管理方面提高基础知识水平的人士。本书概述了股票投资组合与风险管理的主要趋势。本书还详细讨论了金融机构在此领域可能面临的各类主题，包括投资组合管理中的机器学习与人工智能、另类数据、文本分析、智能 Beta、基于 IoT 的风险因素、环境社会责任与公司治理（ESG）、情绪分析、欺诈与诈骗检测、算法交易以及数据可视化。学生、初级分析师及年轻专业人士会发现本书极具价值，有助于他们在投资组合管理与股票研究中突显优势。

本书分为五个部分。第一部分由第1章和第2章组成。这两章回顾了量化投资组合和风险管理的最新进展，以及全球金融资产管理的未来趋势，旨在为刚开始接触投资组合和风险管理的专业人士与学生提供指导。即便是有经验的投资者也可能发现更新知识十分有益。

第二部分涵盖第3章至第5章。第3章着重介绍机器学习技术及其在金融领域的应用。第4章与第5章讲述另类数据的概念、来源以及其在全球不同国家中的应用。

第三部分由第6章至第9章构成。各章分别探讨了财务管理中的关键因素或智能 Beta 策略，目的是帮助读者通过熟悉华尔街上流行的多种投资因素，深化对另类数据的认识和理解。专业人士和研究者可以依据这几章来进一步探索和整合其他因素。

第四部分包括第10章至第13章。作为研究人员和专业人士，我们深知在财务管理和风险管理中，通过案例学习战略性地利用另类数据和人工智能的重要性。因此，我们分享了集成机器学习和另类数据的实例，旨在探讨该领域一些极具吸引力的主题，如算法交易、特殊目的收购公司（SPAC）及环境、社会和公司治理（ESG）。尽管我们提供的实践示例和应用程序数量有限，我们的目标依旧是助读者培养独立思考的能力并基于另类数据与人工智能开发新应用。我们认识到，分析本部分提出的某些主题可能存在更优的方法和理论。

第五部分由第14章和第15章构成，涉及财务管理、数据可视化，以及基于云的数据库技术。本部分旨在为希望在财务规划领域获得实践经验的人员提供指导。同时，定量分析师和研究人员在数据可视化方面也能学到一些有价值的技巧。

　　我们要特别感谢本书编辑 Maurizio Pompella，他为我们提供了许多有用的想法和对早期草稿的评论。康奈尔大学的 Will Lin Cong 向我们提出了将研究内容编入手册的想法。大卫·沃兹尼亚克和大卫·哈伯德提供了许多有益的建议。此外，多年来，来自伊利诺伊大学厄巴纳-香槟分校、清华大学、卡内基梅隆大学和其他大学的许多教授和学生，包括黄静蕾、卢华豪、屈欣竹、吴秀平、冉雅婷、王佳、赵唯一、张锦燕、赵雷宇等，都为本书做出了重要贡献。

张庆全　李贝贝　谢丹夏

2022 年 8 月

目 录

第1章 定量投资组合管理和风险管理的简介

1.1 简介

　　长期以来，对于那些寻求根据某些公认的准则或标准来管理其投资组合的投资者来说，投资组合管理一直在不断发展。股票投资组合管理是全球投资者整体资产管理的主要组成部分。随着从基础设施到应用程序技术的进步，基于定量框架的投资组合管理在决策过程中帮助投资者的价值已经得到了证明。通过运用定量工具和算法，分析师和投资组合经理能够构建一个无偏见的投资过程，从而减少与金融行业中常见损失相关的行为偏见。在过去的几年中，随着越来越多的机构对信息技术基础设施投入大量资金，并采用定量方法以提高运营效率，定量投资组合管理已成为主导力量。即使是一些传统的基于定量分析的机构，也通过增聘定量专家而转向采纳混合模式的投资平台。这种转变背后有很多原因，其中最重要的原因就是信息技术的进步，特别是大数据分析和人工智能。受金融市场数量化特性的驱动，近年来，越来越多的研究人员和从业者在投资组合管理中广泛应用了机器学习（一种人工智能技术）。然而，机器学习和人工智能在定量投资组合管理中的应用仍然不显著，成功的案例仍不多见。

　　本章为一个引言性的概述。它涵盖了投资组合管理在资产管理中可能扮演的角色、投资组合管理的类型和投资经理使用的传统方法，以及与追求具有预定义风险控制的股票投资组合管理的主动回报背后的决策过程相关的风险问题。本章阐述了关于投资组合管理的所有必要信息，包括技术、类型、衍生产品等。

本章的结构安排为：第1.2节概述了过去十年中投资组合管理的演变和投资组合管理的类型。第1.3节介绍了投资组合管理中的经典资产类别和衍生品。第1.4节描述了投资组合管理的传统和现代方法。第1.5节介绍了衡量投资组合回报的工具。第1.6节描述了投资组合中回报的差异。

投资组合管理是指投资经理根据资产选择理论和投资组合理论对资产进行的多样化管理，旨在分散风险并提升投资效率。可以想象，投资组合管理是金融市场上最令人兴奋但同时也是最具挑战性的任务之一。投资者，特别是共同基金、对冲基金和其他机构，持续寻求高效的投资组合，这些投资组合旨在在特定回报下最小化风险，或者在给定风险水平下最大化回报。

投资者可以通过投资组合多样化来降低其投资组合中的非系统性风险。从风险回报的角度来看，这是一个主要的好处。它们还可以通过各种风险管理措施来对冲基金投资的系统性风险，从而根据定制的投资者偏好来调整投资组合风险。投资组合管理原则不仅适用于大型机构，也适用于中小投资者的投资组合、投资决策。尽管小投资者可能缺乏传统大型机构那样的复杂工具和丰富资源，但它们仍然可以利用相关的金融投资知识进行家庭金融和资产配置。通常，做出投资决策和实施投资组合管理的平台是专营的，不能从一个平台转换到另一个平台。然而，随着金融技术在过去十年中的进步，投资组合管理的普及化以及被小型机构和投资者采用的势头不断增强。此外，金融技术的普及已催生了一场投资组合管理革命，推动了由人工智能驱动的管理平台的兴起，如机器人顾问和自动化投资组合经理。

投资组合管理，特别是股票投资组合管理，遵循两个原则：在有限的风险敞口下最大化投资组合回报和在有限的要求回报率下最小化投资组合风险。投资者通过优化预期回报和回报方差之间的权衡，从而受益于一个非常多元化的投资组合（Markowitz，1952）。换句话说，投资组合多样化在不通过投资不相关资产牺牲预期回报的情况下降低预期波动性。在资本资产定价模型（CAPM）框架下，构建投资组合的步骤首先涉及根据投资者的风险偏好选定合适的β值，随后调整系统性风险与非系统性风险的比重，并最终估算各资产的预期风险溢价（Treynor，1961）。来源于风险溢价的因子模型为投资组合管理增添了多个维度（Fama和French，1992）。

然而，许多投资者错误地将分散化与均值的增加（而不是波动性的降低）联系起来，虽然这种认知有时对于战略性构建的投资组合可能是合理的，但研究表明，它来自对投资组合多样化如何影响业绩的系统性误解。投资者面临的主要挑战之一是如何在另类资产之间分配资本。学者引入并增强了投资组合理论来解决这个投资组合选择问题。一些开创性的工作包括均值-方差模型框架和极大极小投资组合选择模型（Campbell等，2001）。在过去的几十年里，投资组合理论在几个方向上得到了改进和扩展。举例来说，半绝对发散的投资组合模型将模糊数学规划用于多标准决策，为追求激进或保守策略的投资者提供了一个全面的投资组合优化模型（Gupta等，2008）。其他现代技术，如神经网络，也被应用于预测投资组合回报和构建投资模型（Freitas等，2009）。

1.2 投资组合管理的类型

虽然技术进步和金融市场的扩张正迅速改变着资产管理行业，但基于资产管理经理的策略风格，资产管理仍然通常分为"被动"和"主动"两种主要方式。

（1）被动管理投资组合

被动管理投资组合是指持有具有预定义的持有标准的多元化投资组

合。例如，标准普尔500指数就追踪市值最大的500家公司。一旦这些标准被制定和公布，就不需要其他资源或研究工作来分析证券，以提高投资业绩。根据市场效率假设，如果市场效率高，价格反映了所有相关信息，那么采用被动策略而不浪费资源试图找出金融市场上的竞争对手可能是有益的。

被动管理投资组合的经理通常认为超越市场是极其困难的，因此选择仅跟踪市场动向。

被动管理可分为两类：一类是建立债券投资组合，以获得足够的资金来偿还未来的债务。这被称为"单付款人债务下的免疫策略"，也称为"利率消毒"。另一类是为确保足够的资金偿还未来的债务流而建立的债券组合策略，这被称为"多支付负债下的免疫策略"或"现金流匹配策略"。

（2）主动管理投资组合

主动管理是指债券投资者通过预测和分析市场利率变化的总体趋势，努力选择合适的市场机会来调整其投资组合，从而使风险最小化、回报最大化。其核心理念是，当利率发生变化时，市场上将不可避免地出现定价错误的债券。先验分析已经表明，购买这些债券可以降低利率变化的风险。

这些投资组合经理认为，存在有可能获得比市场更高的回报的机会，因此，通过更积极的投资组合管理，理论上，他们能够获得 Alpha（相对于市场的超额回报）。为了便于比较，了解投资组合的 Beta 也很重要，因为这表明了它相对于市场的偏差。

面对如此多样的投资风格和资产，资产组合管理技术使我们能够标准化管理技术，并确定业绩和风险的适当衡量标准，因此，需要创建适合每种类型投资者的投资组合。

由于任何投资组合都由资产组成，我们将定义投资组合中一些最常见的资产。

1.3 经典的资产和衍生品

1.3.1 投资组合管理中的一个经典资产类别

一个投资组合的经典组成部分是：

股份或股票：这类资产被视为是高风险的，因此它们提供了潜在的高回报机会。这些资产可以根据国家、行业、价值或增长潜力进行分类。通常，价值型投资提供股息收益，而增长型投资尽管不常分配股息，但其潜在回报率通常高于市场平均水平。此外，股东在股东大会上享有投票权，因为他们实质上是公司的所有者。需要注意的是，A类和B类股票在这方面存在例外，B类股票有时不提供投票权。

债券：这些资产被认为是低风险的，因此可以提供中等程度的回报；其优势是，从一开始，投资回报就是已知的。这些资产是发放给政府和公司的贷款；到期日和回报或息票支付是固定的。它们也可以分为公司债券或政府债券，或按到期日、评级等分类。

现金：在我们的投资组合中持有一定比例的现金是必要的，因为并非所有资金都应投入到投资组合中。现金不仅可以作为应急资金使用，还可以用于参与货币市场操作，其中的风险程度根据所选货币市场工具的不同而有很大差异，从非常低到非常高不等。

1.3.2 衍生品

在衍生产品中，正如其名称所暗示的那样，价值（以及回报）来自于基础产品。一些最著名的衍生品有：

（1）期货

期货合约是双方之间的协议，一方同意在未来某一特定日期买入或卖出某项资产，而另一方则承诺进行相应的卖出或买入。该合约由交易所提供担保。

期货合约的价格在交易时间内是固定的。因此，在到期时，一方有义务以任何当前市场价格交付货物，而另一方有义务以任何当前市场价格接收货物。期货合约的价格基于一种标的资产，如一种股票指数或一种大宗商品。

期货交易中最常见的资产包括：

指数（道琼斯指数、标准普尔 500 指数、纳斯达克指数、罗素 2 000 指数等）

贵金属（金、铂等）

工业金属（铜、铅等）

能源（石油、天然气、乙醇等）

农业（豆类、玉米、小麦等）

软性商品（猪肉、活牛、橙汁、糖、棉花等）

（2）期权

期权是指一方在某一日期以固定价格购买/出售资产的权利，而另一方承诺出售该权利的工具。该操作由票据交换所保证。根据定义，期权赋予买方购买或出售资产的权利，而不是义务。期权价格来源于标的资产，如股票、股指或大宗商品。与股票不同，期权并不代表标的公司的所有权，尽管它确实给予投资者一旦行使期权的所有权。

有两类期权：看涨期权和看跌期权。看涨期权赋予买方以执行价格购买指定资产/股权的权利，而看跌期权赋予买方以执行价格出售资产的权利，直到合同到期。与没有到期日的股票不同，所有的期权最终都会到期。期权比股票的风险更大，因为它们需要更复杂的分析，或与其他股票组合，用于投资组合风险管理（Sears 和 Trennepohl，1981）。

最后，还有其他不太常见的投资工具，它们依赖于投资组合的设计，可能对多样化具有吸引力。这些工具包括：

REITs（房地产投资信托基金）

OTC（场外交易）业务

认股权证

风险投资股份

可以为特定客户创建的特殊产品

加密货币。

加密货币是一种使用密码学来保护交易和控制交易单位的创建的交换媒介。加密货币是一种数字货币或虚拟货币。自 2009 年比特币成为第一个去中心化加密货币以来，"加密货币"一词主要是指具有类似设计的资产。此后，许多类似的加密货币被创造出来，通常被称为虚拟币。与依赖集中式监管系统的银行和金融体系不同，加密货币运作基于分散共识机制。建立在加密货币区块链之上的去中心化金融（DeFi）已经激增，以捕获为用户提供与传统金融相同功能（例如，借款和贷款）的应用程序生态系统。

加密货币，由于其匿名和分散的性质，使得其在缺乏可信中介的当事人间建立信任时受到了相当大的怀疑。在加密货币中，传统金融业的可信中介被区块链的共识机制所取代。这一概念首次在比特币白皮书及其相关的区块链技术中被提出（Nakamoto，2008）。从那时起，加密货币已经发展出各种类别，包括货币型加密货币、基于应用程序的加密货币和平台加密货币。货币型加密货币是最知名的加密货币类别。与比特币一样，它们主要是作为一种价值存储器、一种交易方式和一种账户单位而存在的。基于应用程序的加密货币通常代表着一种新的创新。这些货币创造了一个基础空间，在此基础上，可以向多个方向发展（Lewis，2020）。例如，以太坊允许开发人员在其之上创建智能契约驱动的应用程序。Filecoin 是另一种实用的加密货币，它创建了一个非中介化的存储网络，为开发人员提供了一种存储和提取数据的新方法。平台加密货币是建立在应用程序加密货币之上的加密货币。

我们已经讨论了最常见的资产类别作为投资组合管理的基础。接下来，我们将为更好地理解投资组合管理中的机制奠定基础。

1.4　传统的和现代的方法

1.4.1　投资组合管理的传统方法

投资组合由资产组成，投资组合经理负责决定将哪些资产纳入投资组合。为此，有两种传统的方法：自下向上的方法和自上向下的方法（Sabatier，1986）。

（1）自下而上的方法

在这种方法中，资产的选择是基于分析师定义的标准，如市盈率、相对强度或行业。这种技术通常被称为选股技术。

使用这种策略的基金专注于单个公司的业绩和管理，而不是经济或市场的总体趋势。自下而上的投资策略通常不强调在各个行业或细分市场之间平均分配资产。在"自下而上"的研究中，研究的起点通常是公司本身，然后再与行业和整体经济趋势相结合。

（2）自上而下的方法

在自上向下的方法中，分析人员将选择操作的任务划分为过滤器。这些过滤器定量地减少了可纳入投资组合的选项的数量。

自上而下的投资通常从对整体经济或市场的大趋势分析开始。然后，投资者将选择理想的行业或细分市场进行投资。最后的任务是确定这些行业或细分市场中的最佳工具，并对其进行投资。从全球多元化的角度来看，投资者可以首先选择要投资的市场类型，通常是发达国家或发展中国家（也称为新兴市场），然后是投资部门，最后是特定的工具。

1.4.2　投资组合管理的现代方法

投资组合构建的现代方法以风险和回报为中心（G. Bali 和 Zhou，2016）。使用现代方法构建金融投资组合的目标是基于特定的风险水平使证券的回报最大化。

对于投资组合风险管理，我们倾向于强调整个过程，包括识别、评估、测量和管理。由于风险的不确定性，这个过程是一个动态过程的连续循环。因此，我们希望设置适当的管理和监督频率，以降低"黑天鹅"事件的风险。更高级的风险管理涉及量化风险价值，并将其纳入投资组合估值估计。

在这方面，另类数据的应用是评估风险的一个重要数据来源。通过个性化的另类数据，我们往往可以找到非结构化的特征，从而实现及时有效的识别和响应。随着科学和技术的进步，人工智能和深度机器学习在非结构化另类数据的分析和处理中也发挥了重要作用（O'Leary，2013；Zhang等，2020）。

1.5　衡量投资组合回报的工具

其他简单但功能强大的工具，需要衡量回报。这些包括：

算术回报：资产的确切回报可以用时间 t_0 时的价格，减去时间 $t-1$ 时的价格加上股息（如果有的话）除以 $t-1$ 时的价格来衡量。

对数回报：资产的回报可以用"ln"来衡量，即时间 t 时的价格加上股息（如果有的话）除以 $t-1$ 时的价格。这种衡量是聚合的，并允许我们通过添加简单的周期来计算任何返回长度。

几何收益率（也称为复合几何收益率）：计算整个投资的实际增长率。

投资组合回报：这里有几种方法，因为对投资组合可以进行简单或复杂的管理，而组合它的资产可以提供股息、股票支付、分割、资本流、杠杆等。无论如何，我们都可以使用算术回报指标来计算给定时期内的投资组合表现。我们将把投资组合在 t 时的初始价值减去投资组合在 $t-1$ 时的价值加上股息（如果有的话），然后除以 $t-1$ 时的投资组合的价值。

相对回报：了解一个投资组合的表现本身就是一个指标，它只提供投资组合管理产生回报能力的数据。然而，如果我们将这些数据与其他同类数据的回报并列，它就会变得更加相关。举例来说，如果我们的投资组合主要由纽约证券交易所上市的股票构成，我们既可以将其表现与标准普尔500指数相比较，也可以将其表现与其他投资风格和特征相似的投资组合或基金经理的业绩进行对比。

1.6 投资组合中回报的差异

在金融理论中，金融风险是指资产实际回报偏离其预期回报的可能性；用潜在波动的程度衡量风险的程度。衡量资产风险的最简单的工具是回报上的方差。这让我们了解了相对于平均水平的分散度，但实际上，投资组合中的资产还受到其他需要量化的风险的影响（Hull，2012）。

Markowitz 进行了关于风险及其特征的初步研究，并发展了现代投资组合理论（Markowitz，1952）。这表明了多元化的好处，尽管 Markowitz 假设收益遵循正态分布，但是，正如我们将看到的，这不是市场的实际行为。

本研究可作为我们将在本系列文章中看到的其他模型的基础，如资本资产定价管理模型（CAPM）。

$$E(r_i) = r_f + \beta_{im}\big(E(r_m) - r_f\big)$$

资本资产定价管理模型是衡量证券市场中资产与风险资产的预期收益率和如何达到价格平衡之间的模型。它是现代金融市场价格理论的支柱，广泛应用于投资决策和企业金融领域。

CAPM 模型是基于 Markowitz 的资产选择理论。它假设所有的投资者都可以自由借贷，然后进行投资，并对预期收益、方差、协方差等进行相同的估计。因此，该模型提供了一种量化风险资产回报与风险之间关系的方法，即投资者应获得的回报率，以补偿一定程度的风险。CAPM 模型通过对股本资本成本进行客观估计，简化了金融市场。尽管存在其局限性，但 CAPM 模型允许推导出金融市场衡量风险并将其转化为相应的预期回报的具体模型（Fama 和 French，2004）。

1.7　结论

在本章中，我们已经解释了财务投资组合管理的基础知识、经典的资产类别和传统的投资组合管理方法。金融技术的出现使传统的投资组合管理中存在的问题更加复杂。因此，对金融专业人士来说，跟上技术进步的步伐，并通过多样化的资产类别和技术手段管理投资组合以超越基准，成为了一项挑战。在金融创新的背景下，这一挑战尤为明显。此外，金融领域对机器学习和人工智能（AI）的深入探索，为投资组合经理和分析师在构建投资组合和风险评估方面提供了更多非传统资源的利用可能。在接下来的章节中，我们将继续讨论构建投资组合的理论和策略，如 Fama-French 三因素模型和多策略投资组合。随着金融技术以及理论框架的不断进步，我们将克服构建投资组合和风险管理中的难题和低效率问题。

参考文献

Campbell Ronald, Rachel, Huisman Kees, Koedijk （2001） Optimal portfolio selection in a Value-at-Risk framework. Journal of Banking & Finance 25 （9） 1789-1804 S0378426600001606 10.1016/S0378-4266 （00） 00160-6.

Fama, Eugene F., and Kenneth R. French. 2004. "The Capital Asset Pricing Model." Journal of Economic Perspectives, （Vol. 18, pp. 25–46）.

Fama, Eugene F, and Kenneth R. French.1992. "The Cross-Section of Expected Stock Returns." The Journal of Finance, （Vol.47, pp. 427-465）.

Freitas, Fabio D., Alberto F. De Souza, and Ailson R. De Almeida. 2009. "Prediction-based portfolio optimization model using neural networks." Neurocomputing 72, no. 10–12: 2155-2170.

G. Bali, Turan, and Hao Zhou. 2016. "Risk, Uncertainty, and Expected Returns." Journal of Financial and Quantitative Analysis, （Vol. 51 （3）, pp. 707-735）.

Gupta, Pankaj, Mukesh Kumar Mehlawat, and Anand Saxena. （2008）. Asset portfolio optimization using fuzzy mathematical programming. Inf. Sci., 178 （6）, pp. 1734-1755.

Hull, John. 2012. Risk Management and Financial Institutions. John Wiley & Sons.

Lewis, Rhian. 2020. The Cryptocurrency Revolution： Finance in the Age of Bitcoin, Blockchains and Tokens. London： Kogan Page.

Markowitz, Harry. 1952. "Portfolio Selection." The Journal of Finance, （Vol. 7, No. 1, pp. 77-91）.

Nakamoto, Satoshi. 2008. "Bitcoin： A Peer-to-Peer Electronic Cash

System."

Decentralized Business Review 21260.

O'Leary, D. E. 2013. "Artificial Intelligence and Big Data." IEEE Intelligent Systems, (Vol. 28, No. 2, pp. 96-99).

Sabatier, Paul A. 1986. "Top-Down and Bottom-Up Approaches to Implementation Research: a Critical Analysis and Suggested Synthesis." Journal of Public Policy, 6 (1) 21-48.

Sears, R. Stephen; Trennepohl, Gary L. 1981. The Nature of Risk in Option Portfolios. Urbana: OCLC.

Treynor, J. L. 1961. "Toward a Theory of Market Value of Risky Assets." Unpublished Manuscript.

Zhang, Dongdong, Changchang Yin, Jucheng Zeng, Xiaohui Yuan, and Ping Zhang. 2020. "Combining Structured and Unstructured Data for Predictive Models: A Deep Learning Approach." BMC Medical Informatics and Decision Making, 20 (1), 1-11.

第2章　全球金融资产管理的主要发展趋势

　　本章主要探讨了资产管理行业。首先，本章对全球资产管理行业进行了总结，该行业通常涉及发达经济体与发展中经济体之间的投资分配情况。资产管理行业在过去十年中经历了爆发式的增长，特别是在中国、印度和越南等发展中经济体。对于那些在投资组合中大量配置这些国家资产的投资者来说，许多发展中经济体提供了巨大的回报。随着金融技术的发展，机构投资者更容易获取和解读发展中经济体的信息，这使全球资产管理实践比以往任何时候都更有效。传统上，发展中经济体的投资特点是意外回报波动性较强和大幅回撤。然而，近些年的全球经济冲击，如新冠疫情和供应链中断，造成了许多国家投资收益率的显著差异。本章讨论了多个地区的当前趋势，包括北美、欧洲和中国，以说明其差异。资产管理公司不仅预测趋势和机会，也会预测这两类经济体的不确定性风险，借此，资产管理公司可以制定更有效、更平衡的全球资产配置策略。

　　金融技术和创新往往会扩大金融市场中金融产品和服务的范围。例如，因特网和无线通信使跨境传输能够在几秒钟内完成，这已成为全球化背后的驱动力。此外，资本市场的活动已经开始突破边界。最近，随着新技术的出现，许多创新的概念，如ESG、区块链和代币经济，以及新颖的支付和交易手段，推动了更多新的企业进入全球金融市场，成为主要参与者。

© The Author（s），under exclusive license to Springer Nature Switzerland AG 2022 Q. T. Zhang et al.，Alternative Data and Artificial Intelligence Techniques，Palgrave Studies in Risk and Insurance，https：//doi.org/10.1007/978-3-031-11612-4_2

2.1 全球资产管理现状

资产管理行业已经从全球性的新冠疫情中恢复过来，资产以过去十年前所未有的速度增长。尽管全球经济的不确定性加剧，但资产管理行业截至 2020 年仍保持着健康的回报。波士顿咨询集团（BCG，2021）的数据显示，截至 2021 年年底，资产管理行业的资产规模已增至 103 万亿美元，同比增长了 11%。零售投资组合占总投资的 41%，达到 42 万亿美元，比 2020 年增加 11%。机构账户，约占总投资的 59%，也以类似的速度增长，达到 61 万亿美元。北美是全球最大的资产管理地区，2020 年实现了两位数的增长，管理资产（AUM）增长了 12% 达到 49 万亿美元。由于全球各国央行宽松的财政政策，其他地区也实现了强劲增长，如欧洲（10%）、亚太地区（11%）、中东和非洲（12%），如图 2-1 所示。

尽管发达经济体和发展中经济体的总投资资产都有所增长，但可以预期的是，全球主动和被动管理的表现存在显著的区域差异。一种普遍观点认为，尽管拥有丰富的投资潜力和风险信息，大多数主动投资经理仍难以获得超额回报。从宏观角度看，主动管理涉及由个人投资经理或团队根据研究和专业判断来做出投资决策。被动管理则依赖于遵循特定市场指数的规则。尽管面对全球经济的不确定性和动荡，欧元区、英国和日本的主动资产管理公司在 2020 年的业绩均超越了各自的地区基准指数，分别达到 4.2%、8.0% 和 2.9%。澳大利亚投资组合经理表现低于基准指数 0.2%，但在 2020 年实现了卓越的回报表现。事实证明，全球金融市场的波动性和不确定性可以帮助主动资产管理公司为其投资者获得超额回报。在 2020 年，全球另类投资管理领域，包括私募股权基金（涵盖私募股权、私人债务、基础设施和房地产）和对冲基金，其表现继续超越基准基金，回报率分别为 15.5% 和 11.1%。与此同时，这些领域的资产管理规模增长了约 20%。

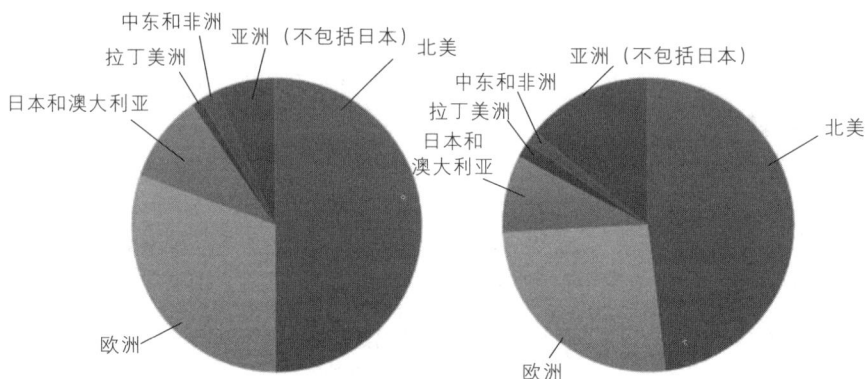

图 2-1 2009—2019 年资产管理构成变化比较

截至 2021 年 6 月，投资者对私募股权基金和对冲基金的表现感到满意。总的来说，投资者保持较强的信心，认为另类投资相比其他资产类别具有更多的增长潜力。

2.1.1 美国

美国资产管理行业在疫情期间表现良好，这是一场巨大的"黑天鹅"事件。2020 年资产增长 11%，到 2020 年年底资产为 1.03 万亿美元。北美是全球最大的资产管理地区，2020 年资产管理规模实现两位数增长，增长 12% 至 49 万亿美元。美国市场占该地区所管理的资产的 90% 以上，到 2020 年底已达到 45 万亿美元。

在资产类别方面，美国的开放式基金（共同基金和 ETF）所占比例最大，但这并不意味着美国的资产管理行业专注于共同基金。一般来说，大型基金公司依靠 ETF 的产品来获利。也有许多以投资策略和定制服务为特色的精品资产管理机构（如图 2-2 所示）。

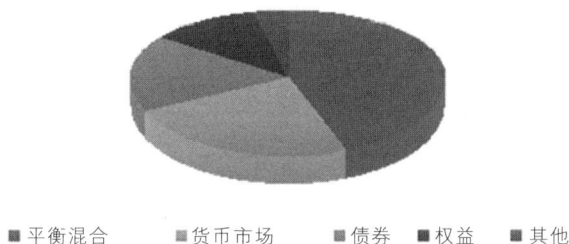

■ 平衡混合　■ 货币市场　■ 债券　■ 权益　■ 其他

图 2-2　美国共同基金的构成

市场集中度也呈现出聚集的趋势，由龙头企业管理的市场份额逐渐增加。这背后的原因并不复杂。大公司值得信赖的品牌名称和广泛的产品线赋予了它们强大的竞争优势（见表 2-1）。

表 2-1　　　　　　　　　　世界资产公司排名（部分）

	公司	国家	AUM（2021）	AUM（2020）
1	贝莱德集团	美国	6 704 235	5 251 217
2	先锋资产管理公司	美国	5 624 520	4 257 211
3	富达投资集团	美国	2 852 410	2 096 550
4	道富环球投资管理公司	美国	2 776 322	2 196 822
5	资本集团	美国	1 832 509	1 467 318
6	J.P.摩根资产管理公司	美国	1 804 720	1 485 998
7	BNY梅隆投资管理公司	美国	1 709 451	1 498 208
8	PIMCO	美/德国	1 706 667	1 451 684
9	阿蒙迪公司	法国	1 653 391	1 425 064
10	高盛资产管理公司	美国	1 500 000	1 165 429

2.1.2　欧洲

2020 年，西欧管理的总资产增长了 1.2 万亿欧元，达到 25.2 万亿欧元，增速为 5%。然而，资产管理部门的增长已经大幅放缓：机构资产的比例从 2019 年的 12% 降至 5%，零售资产的比例从 15% 降至 6%。

2020年，西欧地区的收入增长7%至550亿欧元，利润增长11%至228亿欧元。然而，欧洲的基金经理们一直在努力利用曾经被认为是该业务基本特征的经营杠杆。收入利润率略有下降，成本利润率也下降了1%，整体利润率变化不大，为13.6%，远低于该行业2007年的峰值（如图2-3所示）。

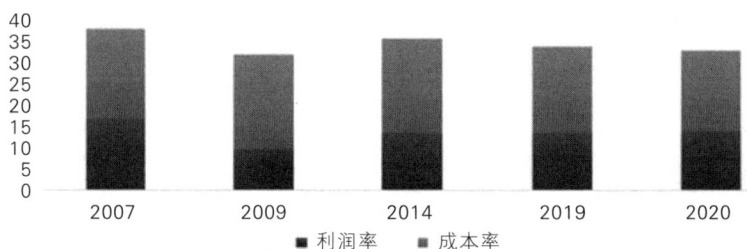

图2-3　欧洲的资产管理收入明细（单位：%）

虽然欧洲资产管理公司在2020年的财务状况保持良好，但它们仍面临着来自经济、市场和社会环境的重大挑战：

2020年第一季度。长期的宽松货币政策可能会继续支撑股市，同时抑制固定收益资产的回报，散户投资者的需求将做出相应反应。

到2021年底，欧盟的公共赤字预计将增长到GDP的95%。减轻经济影响的财政刺激将影响未来的商业周期，资产管理公司在制定投资组合策略时必须评估潜在后果，欧洲各国政府和企业越来越关注可持续投资，这为资产管理公司提供了一个机会，可以在引导欧洲走上更绿色的道路和改善可持续性方面发挥领导作用。

由于特定国家和地区的监管，以及管理人员面临更大的压力，欧洲的资产管理公司可能在跨区域风险投资方面面临更大的挑战。

2.1.3 中国

随着国民经济的发展，中国的资产管理行业迅速发展。在监管不成熟的时期，资产管理行业迅猛发展。从2012年到2016年，资产管理行业规模每年增长了50%以上，管理规模达到了惊人的100万亿美元。这种无限制的增长也引起了监管部门的注意，监管部门为此制定并发布了大量关于资产管理行业的监管法规。因此，资产管理行业增长率急剧放缓，所管理的总资产规模也有所下降。然而，这一趋势并没有持续太久。在2019年触底回升至93万亿美元后，资产管理行业终于完成了转型，走上了稳定增长的道路（如图2-4所示）。

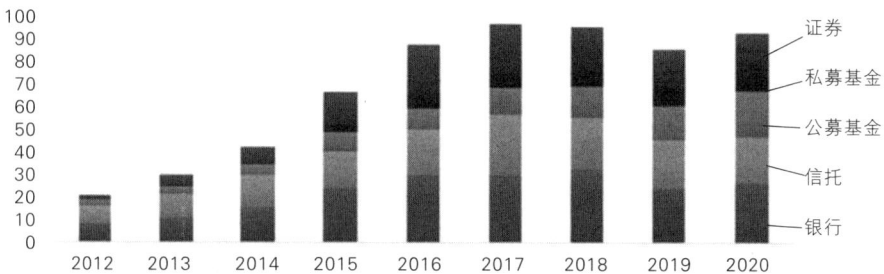

图2-4 中国资产管理产业构成（单位：万亿元）

从不同类型机构的角度来看，由于单独的监督，每个机构都受到其监管部门的政策的影响，比如不同类型资本管理机构的发展历程的变化。

银行金融处于残酷的快速发展阶段：2013年由于原中国银监会的金融非标投资监管，增长放缓，但保持稳定。直到2018年股市崩溃，加上私营部门的其他流动性危机，我们才终于看到一次回调。信托增长的放缓早于资产管理行业，始于2013年，当时的增长较上年下降了18%。这是因为信托公司的业务依赖于银行的融资渠道。这是受到证券公司和基金子公司的资产管理等其他渠道兴起的影响。然而，在2017年资管新规出台之前，尽管整个行业的增速显著放缓，信托公司仍保持了近30%的增速，是各类资产管理机构中最高的。

公募基金于2010年初推出，并在2019年和2020年迅速增长。2014年至2015年连续两年增长40%以上，与银行外包需求交织。准入限制对公募基金的影响比对其他资产管理机构的影响要小，而且随着资本市场在2019年和2020年显示出复苏迹象，公募基金也显示出复苏迹象（如图2-5所示）。

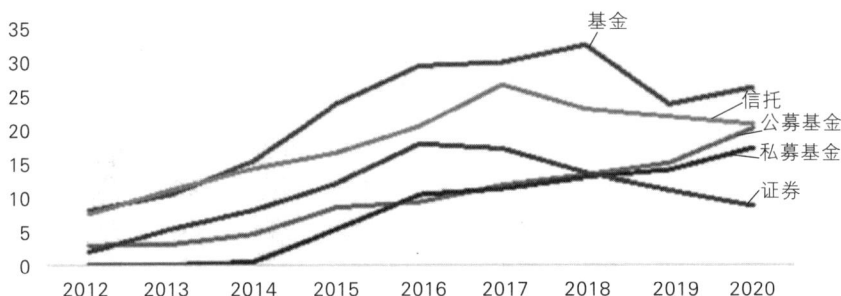

图2-5　中国资产管理行业各机构管理资产变动（单位：万亿元）

2.2　资产管理行业发展趋势

2.2.1　ESG投资

ESG（Environmental，Social和Governance）投资能在长期风险调整下提高收益的预期。它不仅用于风险控制，也用于投资者作为评估长期投资前景价值的新标准。因此投资机构不断地将ESG因素纳入到它们的分析、投资和框架中。

全球 ESG 投资在逐年增长，到 2020 年初，其规模为 35.3 万亿美元。据全球可持续投资联盟（Global Sustainable Investment Alliance，GSIA）统计，截至 2020 年初，ESG 在世界五大市场（美国、加拿大、日本、大洋洲和欧洲）的投资达到 35.3 万亿美元，较 2018 年增长了 15.05%，较 2016 年增长了 54.56%。复合年增长率达到 13.02%。同期，其管理的全球资产达到 98.42 亿美元，复合年增长率为 6.01%。ESG 投资占全球资产管理的 35.9%，ESG 投资的增长率远远超过了全球整体资产管理的增长率。

ESG 在大多数地区的投资继续增长。2020 年，ESG 在美国的投资达到 17.08 万亿美元，占投资总额的 48%。美国超过欧洲成为全球主要市场中 ESG 投资总额最大的市场。欧洲排名第二，2020 年 ESG 投资为 12.02 万亿美元，占投资总额的 34%。日本的 ESG 投资也在快速增长，在 2018 年超过了大洋洲和加拿大，2020 年达到 2.87 万亿美元，占投资总额的 8%。

越来越多的机构投资者开始关注 ESG。MSCI 的 2021 年全球机构投资者调查显示，在接受调查的 200 名机构投资者中，52% 的人表示他们采用了 ESG 投资，73% 的人计划在 2021 年底前增加对 ESG 的投资。

2006 年，联合国支持的国际组织 "Principles for Responsible Investing"（负责任投资原则）发布了《负责任投资原则》（PRI），以推动投资机构将 ESG 指标纳入其投资决策。其目的是帮助 PRI 签署方提高其可持续投资能力，以降低风险和优化投资业绩。截至 2022 年 1 月，PRI 有 4 751 个签署方，管理资产超过 121 万亿美元。另外，金融稳定委员会（FSB）于 2015 年成立气候相关财务披露工作组（TCFD），它旨在确定评估和定价与气候相关的风险所需的信息，并制定与气候相关的自愿的财务披露，帮助投资者和其他人了解重大风险。截至 2021 年 10 月，TCFD 得到了全球超过 2 600 个组织的支持，其中包括 1 096 家金融机构，管理资产约为 194 万亿美元。全球最大的投资者联盟 "Climate Action 100 +"（气候行动 100+）于 2017 年 12 月成立，旨在确保全球最大的温室气体排放国对气候变化采取必要的行动。它目前拥有超过 615 名投资者，管理着超过 65 万亿

美元的资产（见表2-2）

表2-2　　　　　　　签署PRI协议的资产管理公司清单（部分）

序号	日期	公司
1	2/15/2007	摩根担保信托公司
2	4/23/2007	安联公司总部所在地
3	10/2/2008	贝莱德集团
4	4/22/2009	瑞士联合银行集团
5	2/22/2010	美国资本集团

研究表明，ESG投资策略，无论是在二级市场建立投资组合，还是选择早期初创公司投资一级市场，都能产生超越传统投资策略的回报，而且ESG与新兴国家和地区企业的财务表现有较强的正相关。

根据Whelan（2021）的数据，在2015年至2020年期间，总共13项已发表的企业Meta分析研究，其中包括1 272项独特的研究，表明ESG和企业财务业绩之间存在正相关关系。然而，两项投资者Meta分析研究，涵盖了107项独特的研究，显示传统投资和ESG合并策略具有相似的投资回报。例如，Verheyden（2016）构建了几个具有不同ESG策略的投资宇宙，并且没有将ESG筛选作为实验组。研究结果表明，ESG能够提升投资组合的风险调整后绩效，表现为高收益、低风险以及显著的分散效应，后者通过较低的尾部风险来衡量。该论文强调，对于任何投资策略，ESG筛选都可以创造一个有更高风险调整收益和多样化的股票世界。

学术界和实践界的一个争议是ESG和财务业绩之间的不确定关系（相关性或因果关系），Giese等（2019）采用了传递渠道的方法。他们通过实证分析验证了这一点，从而得出结论：通过多渠道流程，将 ESG 纳入企业管理可以降低风险。ESG 采取多渠道的流程，通过降低资本成本和提高估值来降低公司的系统性风险。它还通过提高盈利能力和降低尾部风险敞口来降低非系统性风险。此外，Giese 等还提到，ESG 评级适用于要素投资，但其作为长期政策代理的适用性仍有待考虑。与此同时，地域差异导致了 ESG 投资组合的差异，特别是在新兴市场。这是由于新兴市场的运营挑战、监管机制和信息披露机构（Odell 和 Ali，2016）提高了将 ESG 作为一种投资方法的风险调整回报。

Sherwood 和 Pollard（2017）证实了这一观点。他们分析了 MSCI 新兴市场的 ESG 指数和 MSCI 新兴市场的一般指数，用因果比较研究来确定 ESG 整合对回报和波动性的因果效应。Odell 和 Ali 提出，将 ESG 整合到新兴市场投资策略中，可以防止传统新兴市场投资遇到的低流动性问题。其观点是，将 ESG 纳入新兴市场投资策略可以规避传统新兴市场投资的缺点，如流动性低和信息时效性短（Odell 和 Ali，2016）。

2.2.2 区块链

近年来，加密货币一直非常火爆，大多数顶级加密货币都取得了巨大收益，整体表现仍然强劲并优于主流资本市场。根据联合市场研究（Allied Market Research，AMR）发布的一份市场报告，到 2020 年，全球加密货币资产管理市场将达到 6.7 亿美元。从 2021 年到 2026 年，全球加密货币资产管理市场的规模预计将增长两倍，复合年增长率（CAGR）为 21.5%，从 4 亿美元增长到 12 亿美元。由于这种增长，将愈加需要能够为客户管理加密资产的熟练的资产管理人员。这是有利可图的，但也是复杂的和有风险的。在许多国家和地区，投资加密货币是非法的，因此需要专业的建议。

区块链技术具有分散、可追溯、透明、加密认证的属性，可以确保交易各方信息的快速共享，同时保护账户信息的安全。它还可以在需要时为传统金融机构和政府机构提供准确的运营数据，并利用联盟链提高数据可信度，同时促进开放性。在这个方向有相当大量的研究成果。

Zakhary 等（2019）将建立在无许可区块链之上的智能合同解释为赋予无许可区块链权限能力的一种手段。这也允许在无许可的区块链之上部署政府区块链。这种方法解决了由于缺乏权限而导致的资产双重支出的问题，同时法治化以确保交易的合法性。通过这种方式，他们已经将最初仅限加密货币的无许可区块链扩展到其他资产类别。作者希望利用政府的认可来激励运营商主动上传数据。

区块链技术在资产管理中的应用还处于探索阶段。例如，在商用飞机领域，由于商用飞机经常以租赁的形式投入使用，Kuhle 等（2021）认为飞机租赁和生命周期管理部门可以从分散的资产管理方法中受益。随后将与其他区块链去分散应用程序集成，以构建更先进的生态。

区块链的使用不可避免地会给这个过程带来风险。为了降低风险，Lu 等（2020）提出了一种基于传统模型驱动工程（MDE）的跨业务流程和资产管理的综合 MDE 方法。同样，它使用了智能合约，该方法已经通过实证分析进行了评估。结果表明了该方法的可行性和功能实用性。

Verma 等（2017）讨论了如何调整区块链以实现联盟成员之间的动态资产流动，并通过将解决方案应用于软件、可分配资产和样张三个环境来演示解决方案的可行性。

2.2.3　智能投顾

传统投资咨询业务因成本高、门槛高、咨询效率低等因素，主要服务于高净值人群，使得中小投资者难以获得专业和定制化的投资咨询服务。随着大数据、云计算、人工智能和其他信息技术的广泛应用，智能投顾（Robo Advisors）在资产管理行业越来越受欢迎。智能投顾主要面向广大普通投资者群体，其低费率、低门槛、实时监控、分散投资以及情绪无扰等优势直击传统投资模式的痛点。智能投顾业务规模在全球呈现较快增长态势，各国都对于智能投顾业务表示欢迎，并且加强引导。

Jonathon Lam（2016）解释了智能投顾的机制，并对比了这项技术的各种迭代。他还对比了智能投顾和传统投顾。从均值方差优化开始，这是智能投顾资产配置的基础，他详细说明了这项技术的优点和局限性。然后，他概述了智能投顾的投资方法，分为三个步骤：资产配置、实施、监控和再平衡。最后，他比较了不同的智能投顾，并与传统投顾进行了比较。他的结论是，使用智能投顾的公司有相似的投资理念，但有不同的战略约束，包括交易的资产类型和投资目标。此外，智能投顾由于其低成本和可靠的方法，是一个令人信服的传统顾问的替代方案。

根据 Statista 的一份报告，2021 年，美国智能投顾管理资产达到了9 370 亿美元；中国以 910 亿美元位居第二。到 2022 年，智能投顾管理的全球资产预计将达到 1.79 万亿美元，每个用户管理的平均资产预计将达到 5.14 万美元。到 2026 年，智能投顾管理规模预计将达到 5.07181 万亿美元。

Tokic（2018）展示了 BlackRock Robo-Advisor 4.0 的案例——人工智能取代金融行业人类自由裁量权的第一个高调例子。文章首先阐述了被动投资和主动投资的框架，并指出了涉及人类自由裁量权的组成部分。接着，该研究反思了 BlackRock Robo-Advisor 4.0，并探讨了它对金融行业可能产生的影响。报告的结论是，BlackRock Robo-Advisor 4.0 已经取得了成功，但在处理意外的系统事件和决策者不稳定的决策时，我们应该对其潜在的局限性保持谨慎。

Beketov 等（2018）分析了 219 个现有的 Robo-Advisors'（RAs'）的资产配置方法和系统。他们从官方网站上收集了关于 RAs 的资产配置和投资组合优化方法的信息，并计算了 RAs' 中这些方法的使用频率。他们得出的结论是，现代投资组合理论是大多数 RAs' 所使用的框架，而公司正在使用复杂的方法来吸引更大的资产管理规模。Bjerknes 和 Vukovic（2017）

比较了四种主要的智能投顾模型。这些解决方案都依赖于现代投资组合理论的被动投资策略。然而，由于它们的方法不同，它们的风险调整回报率各不相同。4种主流智能投顾模型中有3种的风险调整回报率高于基准，其中在挪威市场上测试的最佳多因素模型是在8年金融危机期间。与此同时，作者从所有智能投顾模型中得出结论，智能投顾模型的创新不在于其组成部分，而在于其可能产生的结果。然而，由于其成本效益和透明度等优势，预计智能投顾模型有望在投资领域得到普及。

现代投资组合理论是当前智能投顾应用中最常采用的定量方法。如今，智能投顾倾向于改进这个框架，而不是开发新的方法。使用复杂方法的公司吸引了更大的资产管理规模，尽管这些方法的应用频率比更简单、更普遍定义的方法更低。

改进智能投顾的投资组合优化方法超出了本书的研究范围。然而，我们得出的结论是，一些方法提供了良好的性能和一定的市场吸引力，因此适合智能投顾。这些方法分别是风险平价（Roncalli，2013）、全面优化（Cremers 等，2005；Adler 和 Kritzman，2007），情景优化（Adler 和 Kritzman，2007；Calafiore，2013），以及偏度风险的风险平价（Bruder 等，2016）。在未来，随着智能投顾服务的不断发展，我们可以预见，智能投顾系统将采用许多新方法，因为它们承诺高性能并具有特定的营销潜力。

资产管理行业在从新冠疫情中复苏，表现出了活力。随着ESG成为近年来的热点，各大机构主动参与ESG披露、积极参与已成为ESG投资的特点。这使它区别于其他投资。此外，区块链技术在资产管理行业的应用，可以为数据资产提供安全保障，在降低成本的同时为投资者提供收益。

人工智能化的趋势引起了智能投顾和投资者对人工智能的认可，其低门槛和低费率使得智能投顾非常受欢迎。

随着资产管理行业的创新，风险和监管压力将会增加，如对ESG

信息披露标准的分歧、人工智能取代人类的不确定性，以及区块链的安全性。然而，一旦这些问题得到解决，资产管理行业应该会继续繁荣发展。

参考文献

Adler, T., and M. Kritzman. 2007. "Mean-variance versus full-scale optimisation: In and out of sample." Journal of Asset Anagement 7 (5): 302–311. https://doi.org/https://doi.org/10.1057/palgrave.jam.2250042.

Amon, J., Rammerstorfer, M., and Weinmayer, K. (2021). "Passive ESG Portfolio Management—The Benchmark Strategy for Socially Responsible Investors." Sustainability 13, No. 16, 9388. https://doi.org/10.3390/su1 3169388.

Beketov, M., Lehmann, K., & Wittke, M. (2018). "Robo Advisors: Quantita-tive Methods inside the Robots." Journal of Asset Management 19, No. 6, pp. 363–370. https://doi.org/10.1057/s41260-018-0092-9.

Bjerknes, Line, and Ana Vukovic. (2017, June). "Automated Advice: A Portfolio Management Perspective on Robo-Advisors,"

Boston Consulting Group. 2021. "Global Asset Management 2021: The $100 Trillion Machine." BCG. https://www.bcg.com/publications/2021/global-asset-management-industry-report.

Bruder, B., N. Kostyuchyk, and T. Roncalli. 2016. "Risk parity portfolios with skewness risk: An application to factor investing and alternative risk premia."

Calafiore, G. C. 2013. "Direct data-driven portfolio optimization with

guaranteed shortfall probability." Automatica 49（2）：370 - 380. https：//
doi.org/https：// doi.org/10.1016/j.automatica.2012.11.012.

Chen, Z., Xiong, P. & Huang, Z. 2015. "The Asset Management
Industry in China： Its Past Performance and Future Prospects." The Journal
of Port-folio Management Special China, 41（5）9-30. https：//doi. org/
10.3905/jpm. 2015.41.5.009.

Cremers, J. H., M. Kritzman, and S. Page. 2005. "Optimal hedge
fund alloca-tions." Journal of Portfolio Management 31（3）： 70 - 81.
https：//doi.org/10. 3905/jpm.2005.500356.

Giese, G., Lee, L. E., Melas, D., Nagy, Z., & Nishikawa, L.
（2019）. "Foun-dations of ESG Investing： How ESG Affects Equity
Valuation, Risk, and Performance." The Journal of Portfolio Management
45, No. 5, pp. 69 - 83. https：//doi.org/10.3905/jpm.2019.45.5.069.

Jacobsen, B., Lee, W., & Ma, C. （2019）. "The Alpha,
Beta, and Sigma of ESG： Better Beta, Additional Alpha?" The Journal of
Portfolio Management 45, No. 6, pp. 6 - 15. https：//doi. org/10.3905/
jpm.2019.1.091.

Kuhle, P., Arroyo, D., & Schuster, E. （2021）. "Building a
Blockchain-Based Decentralized Digital Asset Management System for
Commercial Aircraft Leasing." Computers in Industry 126, 103393. https：//
doi.org/10.1016/ j.compind.2020.103393.

Lam, J. W. （2016, April 4）. "Robo-Advisors： A Portfolio
Management Perspec-tive." Advanced Science and Technology Letters.
https：//economics.yale.edu/ sites/default/files/files/Undergraduate/Nominated%
20Senior%20Essays/ 2015-16/Jonathan_Lam_Senior%20Essay%20Revised.pdf.

Liu, K. 2019a. "Chinese Asset Management Industry： Its Categories,
Growth and Regulations." The Chinese Economy 52：3, pp. 217 - 231.

https：//doi.org/ 10.1080/10971475.2018.1523844.

Liu，K. 2019b. "Chinese Shadow Banking： The Case of Trust Funds." Journal of Economic 53：4， pp. 1070 – 1087. https：//doi. org/10.1080/ 00213624. 2019b.

Lu， Q.， An B. T.， Ingo W.， Hugo O.， Paul R.， Xiwei X.， Mark S.， Liming Z.， & Ross J. （2020）. "Integrated Model-Driven Engineering of Blockchain Appli-cations for Business Processes and Asset Management." Software： Practice and Experience 51， No. 5， pp. 1059 – 1079. https：// doi.org/10.1002/spe.2931.

Odell， Jamieson， and Usman Ali. （2016， July 12）. "ESG Investing in Emerging and Frontier Markets." SSRN. https：//papers.ssrn.com/ sol3/papers.cfm？ abs tract_id=2808231.

Park， Jae Y.， Jae P. R.， and Hyun J. S. （2016）. "Robo-Advisors for Portfolio Management." Advanced Science and Technology Letters. https：//doi.org/10. 14257/astl.2016.141.21.

Rivera-Castro， R.， Pilyugina， P.， and Burnaev， E. （2019）. "Topological Data Analysis for Portfolio Management of Cryptocurrencies." 2019 International Conference on Data Mining Workshops （ICDMW）. https：//doi.org/10.1109/ icdmw.2019.00044.

Roncalli， T. （2013）. "Introduction to risk parity and budgeting, Chapman & Hall/CRC financial mathematics series." Boca Raton： CRC Press.

Sherwood， Matthew W.， and Julia L. Pollard. （2017）. "The Risk-Adjusted Return Potential of Integrating ESG Strategies into Emerging Market Equities." Journal of Sustainable Finance & Investment 8， No. 1， pp. 26 – 44. https：// doi.org/10.1080/20430795.2017.1331118.

Tokic， Damir. （2018）. "Blackrock Robo-Advisor 4.0： When

Artificial Intelligence Replaces Human Discretion." Strategic Change 27, No. 4, pp. 285 - 290. https: //doi.org/10.1002/jsc.2201.

Verheyden, Tim, Robert G. Eccles, and Andreas Feiner. (2016, September 6). "ESG for All? the Impact of ESG Screening on Return, Risk and Diver-sification." SSRN. https: //papers. ssrn. com/sol3/papers. cfm? abstract_id=283 4790.

Verma, D., Desai, N., Preece, A., & Taylor, I. (2017). "A Block Chain Based Architecture for Asset Management in Coalition Operations." SPIE Proceedings. https: //doi.org/10.1117/12.2264911.

Whelan, T., Atz, U., Van Holt, T., & Clark, C. (2021, September 28). "ESG and Financial Performance." Rockefeller Capital Management. https: //rcm. rockco. com/insights_item/esg-and-financial-performance/.

Zakhary, V., Amiri, M. J., Maiyya, S., Agrawal, D., & Abbadi, A. E. (2019, May 22). "Towards Global Asset Management in Blockchain Systems, ". https: // www. researchgate. net/publication/ 333337548_Towards_Global_Asset_Man agement_in_Blockchain_Systems.

第3章 机器学习和人工智能在金融投资组合管理中的应用

3.1 概述

3.1.1 机器学习基本介绍

机器学习融合了多门学科的知识，是人工智能和数据科学领域的关键组成部分。它不仅包含概率论、统计学、算法复杂性理论等学科，也专注于研究计算机如何模拟或实现人类的学习行为，旨在获得新知识或技能、重组现有知识体系，并持续提升性能。

机器学习的目标是让计算机通过从特定任务的经验中学习，来提高其执行任务的能力。机器学习技术涵盖了监督学习（如回归和分类）、无监督学习（如因子分析和聚类）以及深度学习和强化学习等新兴技术。这些技术通常用于分析非结构化数据，并在识别结构化数据中的数据模式方面显示出前景。机器学习可被视为数据科学的一个分支，它在很多情况下扩展并应用了众所周知的统计方法，该方法使用统计模型来绘制见解和做出预测。该模型作为后台进程运行，并根据训练方式自动提供结果。数据科学家可以根据需求不断优化训练模型，以确保其保持高效有效运行。一般来说，提供的数据越多，结果就越准确。

在金融服务行业中，处理庞大的数据集是常态。机器学习在金融领域的应用之所以引人注目，是因为它能够基于经验进行学习，而无须进行显式编程。在金融世界，机器学习被看作是一种揭示变量间关系的工具，能够基于历史的输入与输出数据样本预测未来结果。它还被视为一种独立于传统模型之外（不论是统计学的传统模型还是数据驱动的传统模型）的方法，用于在大数据集中识别模式。随着机器学习技术的进步，它已成为量化投资者乃至一些基本面投资者的标准工具。系统性策略，如风险溢价策略、趋势追踪以及股票量化多空策略等，将越来越依赖机器学习的工具和方法。随着机器学习技术的持续发展，越来越多的数据科学家利用现有数据集训练机器学习模型，并将这些训练好的模型应用于金融行业的各个方面。这种趋势预计将深刻地改变未来的投资模式。

3.1.2　机器学习在金融投资组合管理中的应用综述

机器学习作为金融科技的一部分，不仅将新技术引入金融领域，还为金融行业带来了创新变化。以《金融研究评论》编辑团队获得的研究成果为例，所涉及的应用可归纳为五大应用领域。

（1）移动支付

移动支付包括两种方式：近距离支付和远程支付。其中，近距离支付主要通过 NFC（近场通信）和 R-SIM 等技术实现。远程支付主要基于移动互联网在线支付方式，属于第三方电子支付的一个分支。实现方法分为短信、WAP、手机客户端等方式。

移动支付继续成为趋势。进入互联网时代，第三方支付公司应运而生。美国的 PayPal 和中国的支付宝借助数字和安全技术，打破了传统信用卡公司和银行的支付模式。它们成立了第三方支付平台，掀起了一场支付革命。今天，随着智能手机的普及，移动支付也成为许多金融科技公司关注的焦点。在毕马威（KPMG）和H2联合发布的最新金融科技公司TOP50排行榜中，支付行业有5家公司入围，排名第四。

目前，中国移动支付市场主要有三个参与者：以银联为代表的金融机构、运营商和以支付宝为代表的第三方支付机构。在商业模式方面，银联、运营商和第三方支付各占主导地位。前者拥有完善成熟的资金清算体系，后者拥有庞大的客户资源和销售渠道。中国人民银行的统计数据显示，2015年，移动支付服务138.37亿笔，金额共计108.22万亿元。同比分别增长205.86%和379.06%。未来随着移动设备渗透率的上升，移动支付有望成为人们日常消费的重要组成部分。

（2）对等网络（P2P）

2008年金融危机后，各大银行开始收紧消费者贷款政策。2010年通过的《多德-弗兰克华尔街改革和消费者保护法案》对消费者贷款施加了额外的限制。能够以低成本快速获得贷款的日子已经结束，消费者发现即使有良好的信用记录也很难获得贷款。

在银行借贷效率低下的情况下，出现了诸如LendingClub这样的网络借贷平台，它们是第一批真正面向消费者借贷的大型借贷平台，即P2P平台点对点借贷，可以为消费者提供简单快捷的贷款服务，为了降低风险，它们只为信用评分较高、贷款金额通常在20 000美元至30 000美元之间的消费者提供服务。

而OnDeck、Kabbage和FundingCircle专门从事小企业贷款，贷款金额从100 000美元到300 000美元。公司通常使用这些资金来支付仓储、特许经营和设备等成本。

在这些小企业网络借贷平台兴起的同时，根据多家银行的监管文件，大银行的贷款总额也大幅下降。2014年，美国排名前一的银行放贷447亿美元，比2006年725亿美元的峰值下降了38%。

P2P平台主要集中在京津冀、长三角和珠三角等中国经济较为发达的区域。广东的平台数量仍然是全国最多的。上述地区经济发达，融资投资需求旺盛，互联网渗透率较高，随着监管政策的不断出台，行业洗牌加速，那些以超高利率吸引投资者的P2P平台逐渐失去了市场空间。

（3）大数据分析

如今，数据已经渗透到每个行业和商业功能中，成为一个重要的生产要素，海量数据的挖掘和应用预示着生产力增长和消费者盈余的新浪潮，大数据分析技术大大提高了金融机构和企业的效率。

行业大数据不仅包括金融机构持有的信息，还包括金融机构计算机系统的运行日志。随着存储成本的增加和数据分析技术的减少，计算机的效率越来越高。这在财务信息的收集和分析方面取得了巨大进展。因此，金融机构的服务效率提高了，产生了新的金融业务。例如，通过数据的存储和分析，金融机构可以为消费者定制个性化产品，或者银行可以在几分钟内检查消费者的信用评级。这大大缩短了处理时间，提高了工作效率。BBVA银行正在与另一个信用评分平台Decametre合作。该银行的目标是增加拥有拉丁美洲信贷历史记录的客户的信贷渠道。Destácame通过开放的API访问公用事业计费信息。Destácame使用账单支付行为为客户生成信用评分，并将结果发送给银行。

如今，中国大数据的主要参与者是腾讯、阿里巴巴等互联网公司，以及金汇金融等具有金融背景和互联网基因的金融科技公司。这些公司使用大量技术来跟踪和分析用户行为，旨在更准确地向用户提供个性化的产品和服务。例如，摩根大通推出了一个智能合约（COiN）平台，该平台使用自然语言处理技术从法律文件中提取重要数据。一般来说，对12 000份年度商业信贷协议进行手动审查需要约360 000工时。然而，机器学习允许在几个小时内审查相同数量的合同。

此外，纽约梅隆银行将流程自动化集成到其银行生态系统中。这项创新每年可节省300 000美元，并带来了显著的运营改进。同样，乌克兰的

PrivatBank通过移动和网络平台引入聊天机器人，提升了客户咨询的处理速度，同时降低了对人工客服的依赖。

（4）数字货币与数据区块链技术

金融科技正深刻影响着金融行业的核心领域——货币。如比特币的数字货币，本质上是运行在大型服务器分布式网络上的计算机代码。这种技术颠覆了我们对传统货币的理解，并有潜力取代传统形式的货币。比特币背后的区块链技术是一项既具破坏性又富有创新性的技术。它也是一种将传统加密技术与互联网分布式技术相结合的新型网络应用技术。该技术消除第三方金融机构的中间环节，不仅可以实现全天付款的实时到达和无隐藏成本的简单提款，还有助于降低跨境电商资金的风险。此外，它还能满足跨境电子商务对支付和清算服务的及时性与便利性需求。

（5）智能交易与金融

通过计算机解释模型和系统，认知计算和人工智能技术的应用也将金融服务带入了一个新的阶段，这些模型和系统可以帮助人们做出何时购买股票的决策，甚至自动化交易决策。由于计算机的交易策略不会受到交易者心理状态噪声的干扰，因此它可以做出比人更准确的决定。计算机的高速传输能力和计算分析能力也有助于完成复杂的交易计算，从而抓住金融市场的短期套利机会（如图3-1所示）。

3.1.3　机器学习的实现条件

机器学习是计算机科学和统计学广泛领域的一个重要分支。虽然机器学习技术在许多问题上展现出巨大的解决潜力，但其应用仍受到特定条件和限制的约束。

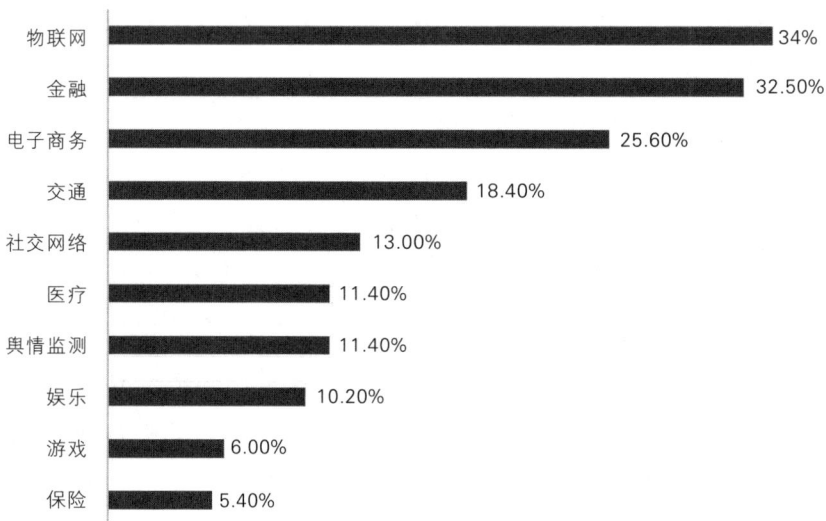

图 3-1 大数据应用行业

（1）大数据

几乎不存在不依赖数据支持的机器学习方法。一方面，输出结果受多个输入特征的共同影响，另一方面，特征通常不是完全独立的，而是具有交互作用的。因此，大量的数据对于准确描绘输入与投入或输入与输出之间的定量关系是必不可少的。

在过去的十年中，人们系统地收集了大量新数据，然后对其进行组织和传播，这导致了对大数据处理的需求。所谓"大数据"，其"大"指的是三个显著特征：体积大、更新快、类型多。

数量：通过记录、交易、表格、文件等收集和存储的数据量非常大，被称为"大"的主观下限并不断向上修正。

速度：发送或接收数据的速度通常将其标记为大数据。数据可以以批处理模式流式传输或接收。它可以是实时的，也可以是近乎实时的。

多样性：数据通常以多种格式接收，包括结构化（如SQL表或CSV

文件）、半结构化（如JSON或HTML）以及非结构化（如博客文章或视频消息）等形式。

大数据集和另类数据集包括个人生成的数据（社交媒体帖子、产品评论、互联网搜索趋势等）、业务流程生成的数据（公司气体排放数据、商业交易数据、信用卡数据、订单簿数据等）和传感器生成的数据（卫星图像数据、步行和汽车交通轨迹数据、船舶位置等）。另类数据的定义也可能随着时间的推移而改变。随着数据源的广泛可用性，它可能成为金融主流的一部分，不再被视为"替代品"。

数据的属性和质量同样是机器学习使用者需要考虑的重要因素。数据的一个重要属性是处理阶段，即获取数据的时间。基本面投资者更喜欢经过处理的信号和见解，而不是大量原始数据。当提供商出售可以直接输入到多信号交易模型中的信号时，处理程度会降低。数据质量是另一个重要特征，特别是对于数据科学家和分析师而言。具有较长历史记录的数据通常更适合用于测试目的。差距或异常值是一个至关重要的考虑因素。如果数据被回填，则必须说明缺失值的插补方法。如果数据的缺失是随机发生的或呈现某种模式，这一点必须得到明确。

（2）科技

大型的且结构化程度较低的数据集通常无法使用简单的电子表格工作和散点图进行分析。需要新的方法来解决新数据集的复杂性和数量。例如，图像、社交媒体和新闻稿等非结构化数据无法使用金融分析师的标准工具进行自动分析。即使对于大型传统数据集，使用简单的线性回归也往往会导致过度拟合或结果不一致。机器学习方法可用于分析大数据以及更有效地分析传统数据集。

毫无疑问，当机器学习技术应用于图像和模式识别、自然语言处理或驾驶汽车等复杂任务的自动化时，已经产生了一些惊人的结果，我们现在将机器学习技术大致分为有监督机器学习、无监督机器学习和深度学习，这将在下文中详细解释。

（3）人类

我们经常被问到的一个问题是，在大数据/人工智能"革命"之后，人类和机器在金融业中各自的角色是什么。首先，我们注意到人类在短线交易中扮演的角色很小，比如高频做市。机器在中期投资中变得越来越重要。该机器可以快速分析新闻提要和推文，处理收益表，抓取网站并立即进行交易。这些策略削弱了基本面分析师、股票多空经理和宏观投资者的优势。从长远来看，机器可能无法与强大的宏观投资者和基本面分析师竞争。目前人工智能的发展阶段并不深入。例如，机器仍在努力通过Winograd的测试。机器可能无法很好地评估市场转折点和进行预测，这些预测涉及解释更复杂的人类反应，例如政治家和央行行长的反应，了解客户定位或预测拥挤（如图3-2所示）。

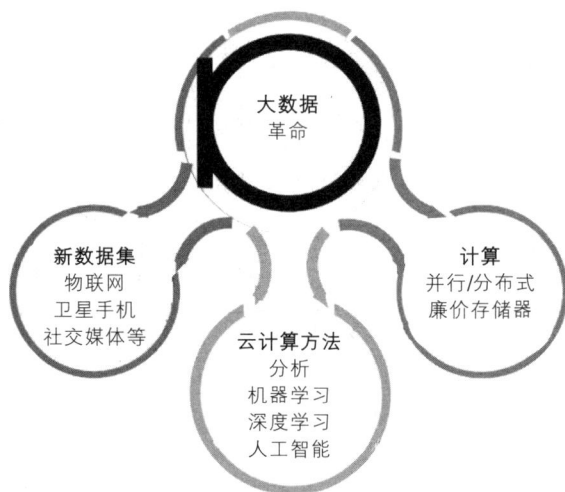

图3-2　大数据革命的条件

无论最终的投资格局如何发展，无论是时间安排还是形式上，我们坚信分析师、投资组合经理、交易员乃至首席信息官最终都必须熟悉大数据和机器学习的投资方法。这一点对于所有资产类别的基本面分析师和定量投资者都是适用的。

3.1.4　本章结构介绍

为了帮助读者更深入地了解机器学习，本章将被分成五个主要部分进行详述。第3.1节是概述，简要介绍了机器学习的定义和分类，并描述了其在金融领域的应用场景。本部分还介绍了机器学习的实现条件。也就是说，它需要大数据、适当的技术和熟练的人力的支持。

第3.2节是对机器学习应用的分析。本节将机器学习方法分为三类：高级机器学习、深度学习和其他学习方法，其中经典的机器学习方法可分为监督学习和无监督学习。本部分详细介绍了每种类型的机器学习方法，以及模型之间的连接，此外，还明确了各种模型的选择和优化。

第3.3节是机器学习应用的案例分析，本节从机器学习应用程序的背景开始，然后解释所使用的数据、模型和思想，在使用各种模型时，还比较了它们之间的优缺点，最后，分析了结果的灵敏度，并描述了从该应用示例中得到的创新贡献。

第3.4节是分析机器学习面临的问题和挑战。尽管机器学习展现出了良好的分析成果和实际应用价值，但现实情况是，大多数金融服务公司尚未完全准备好发掘这项技术的潜力。本节对这种情况进行了自己的理解和分析。

第3.5节是对未来的展望。本节总结了之前分析的结果和结论，并展望了机器学习在未来的应用前景和发展领域。

3.2　机器学习应用分析

机器学习方法可用于分析大数据以及更有效地分析传统数据集。毫无疑问，机器学习技术在应用于图像识别、模式识别、自然语言处理和自动驾驶汽车等复杂任务时产生了一些惊人的结果。那么，机器学习在金融领域的应用场景有哪些呢？这些方法彼此之间有何不同？

监督学习和无监督学习是经典机器学习方法的两大类。机器学习算法使用分析师提供的数据校准其参数。随着数据收集的增加，算法会学习或拟合模型并对其进行改进。术语"监督学习"来自声明分析师通过向计算机提供一组明确标记的输入变量和明确标记的输出或预测变量的训练集来指导并监督计算机的算法校准参数。

3.2.1 监督学习

在监督学习中，算法使用包含输入与输出变量的历史数据，其目的是发现一种关系，使之对样本外数据具备最佳的预测能力。我们试图找到一个可以用来预测变量的规则或"方程"。例如，我们可能想要寻找一个动量（趋势跟踪）信号，该信号将具有预测未来市场表现的最佳能力。这一目标可以通过高级回归模型的应用来达成，目的是评估哪个模型预测能力更强，并对外部条件的变化保持最大的稳定性。

监督学习方法可以进一步分为回归方法和分类方法。这也可以看作是相同的方法：回归是关于连续变量的；分类是针对离散变量的，两者之间的特征可以看作是离散变量。回归依据特定输入变量来预测输出变量，而分类方法则旨在将输出进行分类。

（1）分类

分类旨在将观测结果分为不同的类别，是根据样本特征对样本进行分类的过程。例如，我们可能希望将资产波动机制分为3种类型："高"、"中"和"低"波动。在本节中，我们将介绍以下分类算法：逻辑回归、支持向量机（SVM）、决策树和随机森林以及隐马尔可夫模型。

（2）逻辑回归

逻辑回归是一种生成二元决策输出的分类算法。它可以视为线性回归针对二进制输出变量情境下的一种简化形式。

其原理是存在一些原始数据点，通讨拟合这些点，得到最优拟合线。此拟合过程称为回归。回归完成后，我们得到最佳回归系数 w，即样本特征数量维度为"+1"的向量。回归公式为：$z = w_0x_0 + w_1x_1 + \cdots + w_nx_n$。最优拟合线是模型的分界线，也称为决策边界。将待测样本的特征代入回归公式得到 z 值，再用 Sigmoid 函数代入得到 0 或 1，即可得到分类类别。

大多数金融分析师将使用提供的逻辑回归算法通过像 R 这样的库，并且几乎不需要理解方法或推导背后的公式。

我们通过提高增持策略的性能来说明逻辑回归的应用。我们希望能够对股票进行定量选择，使人们能够提高覆盖策略的表现。

看涨期权覆盖的损益在标的股权回报中是准线性的。然而，二元结果取决于股票表现。股票表现与二元结果（股票与覆盖表现）之间的关系是非线性的。这将使逻辑回归的使用适合于确定哪些股票应该被覆盖，哪些股票应该只持有多头头寸。一旦我们预测了股票的表现，我们就可以预测覆盖策略表现更好或表现不佳的概率。这些概率的取值范围是 0 到 1。

我们可以使用"十因素"模型并将其分为四个组别。然后，如果看涨期权策略的表现优于股票指数，我们将输出变量 y 的值设置为 1，否则将 y 设置为 0。

为拟合逻辑回归模型，我们利用了 2012 年至 2015 年间大约 11 000 个股票数据点，并采用自举法以减小拟合过程中的方差。再次拟合后，预测系数见表 3-1。

表3-1　　　　　　　　　　逻辑回归：系数和Z值

因子	系数	Z值
3M 实现波动率	−0.36	−0.61
历史净资产收益率	−0.06	−1.5
1M 价格动量	−0.05	−1.2

因子	系数	Z值
1年期盈利收益率与国家/地区	−0.08	−1.2
每股收益增长	−0.05	−1.0
1年期收益率	−0.05	−0.8
盈利势头3M	−0.03	−0.5
净修正均值为第2财年每股收益	−0.02	−0.4
共识记录中的1M更改	0.00	−0.1
收益确定性	0.01	0.2
12M价格动量	0.11	2.3

从数据中，我们可以得出结论，我们应该选择具有12M价格动能高、收益率确定性的股票，避免3M实现低波动性的股票。

（3）支持向量机（SVM）

支持向量机是最常用的现成分类算法之一。它通过将数据集映射到高维空间，然后拟合线性分类器，通过抽象的数学过程对数据进行分类。它因为具有易用性和校准性而受到广泛应用。

给定一组训练示例，每个示例都标记为属于两个类别中的一个或另一个，SVM训练算法构建一个模型，将新示例分配给一个类别或另一个类别，使其成为非概率二元线性分类器（尽管存在支持向量机等方法在概率分类设置中使用SVM）。SVM模型是将示例表示为空间中的点，映射以便将不同类别的示例划分为尽可能宽的明显间隙。然后将新示例映射到同一空间，并根据它们落在差距的哪一侧预测属于哪一个类别。

我们可以通过SVM分类器从外汇波动性策略优化损益。跟踪1M ATM EURUSD期权中滚动多头头寸的损益，输出变量y通过3个类别定义：当损益小于−20个基点时，为"波动性卖出"类；当损益大于20个基点时，为"波动买入"类；当上述两者都不适用时为"中性"类。

为了评估不同的监督学习模型，我们考虑了过去10年的每日样本，获得了2 609个样本。数据集被划分为两部分：前8年的数据作为训练集，最后2年的数据作为测试集。我们使用10次交叉验证来训练模型。

表3-2是样本之外的结果列表。他们表明支持向量分类器包括线性核和三重多项式核。K-5 K-附近表现最佳。

表3-2　　2014—2016年监督学习模型对样本外数据的预测精度

算法	原始数据（%）	归一化（%）	PCA 180（%）	PCA 90（%）	PCA 60（%）
KNN	69.0	83.9	83.7	83.3	84.1
SVC（poly normal kernel—degree 3）	59.5	74.1	82.4	84.1	84.1
SVC 回归	62.1	80.8	83.3	83.3	82.4
Ridge 回归	81.0	80.8	73.9	68.4	69.3
Gaussian NB	67.2	68.4	69.2	69.5	69.3
线性判别分析	81.2	81.2	73.4	68.6	68.2
逻辑回归	79.3	79.9	74.1	68.6	68.0
CART决策树	75.7	76.1	61.9	68.6	67.6
PAC 回归	48.5	76.6	73.2	65.7	60.3
SGD 回归	41.2	76.4	69.3	64.9	57.5

（4）决策树

决策树本质上是业务管理和财务分析中常用的流程图。决策树试图找到最佳规则，根据一系列简单的决策步骤来预测结果。

为了构建决策树，我们需要对数据集做出第一个决策，以指定应该使用哪个特征来拆分数据。然后，我们将数据集拆分为子集。子集将遍历第一个决策节点的分支。如果这些分支上的数据属于同一类，我们可以对其进行适当分类，而不必继续拆分它。关于如何拆分此子集的决定与原始数据集相同，我们重复此过程，直到所有数据都已分类。我们选择以一种使我们的未组织数据更有条理的方式拆分我们的数据集。拆分前后的信息变化称为信息获取。信息增益最高的分拆开关是我们的最佳选择。

（5）随机森林

随机森林是一种基于决策树的分类机器学习方法。随机森林平均简单的决策树模型（例如，在不同的历史事件上校准），与决策树相比，它们通常产生更准确和可靠的预测。

随机森林是通过随机选择两个方面构建的：数据的随机选择和特征的随机选择。

随机选择数据：首先，从原始数据集中抽取一个样本来构建子集。子集中的数据量与原始数据集相同。不同子集中的元素可以重复，同一子集中的元素也可以复制。其次，子集用于构建子决策树。此数据放置在每个子决策树中，每个子决策树输出结果。最后，如果有新的数据需要按随机森林进行分类，可以通过对子决策树的判断结果进行投票来获得随机森林的输出。

随机选择特征：随机森林中子决策树的每次拆分过程不会使用所有要选择的特征，而是从所有要选择的特征中随机选择某些特征。然后，它从随机选择的特征中选择最佳特征。这允许随机森林中的决策树彼此不同，从而增加系统的多样性并提高分类性能。

关于随机森林模型在金融部门的应用，让我们考虑一个全球选股模型，该模型使用14个风险因素来预测摩根士丹利资本国际公司超过2 400只股票的一个月股票回报。我们选择了大约1 400只受这些因素影响的股票进行研究。

首先，我们通过高斯分布对变量进行归一化，然后使用R包"random forest"和"caret"来使用随机森林模型估计模型。我们在每个节点拆分时试验了不同数量的随机选择变量。最佳数字由OOB预测误差确定。通常，我们可以使用OOB误差来调整其他参数。此外，我们发现在每个节点拆分中使用 14 个因子会导致最低的 OOB 误差。

我们使用随机森林模型获得的回报预测作为选股信号，并考虑一个由五分位数组成的等权篮子，每个分位数在摩根士丹利资本国际公司中大约有 280 只股票。表 3-3 显示了基于随机森林模型的篮子的性能统计数据（2015 年 2 月—2017 年 3 月）。

表3-3　　　　　　　基于随机森林模型的篮子性能统计

篮子	累计收益率（%）	CAGR（%）	波动率（%）	IR（%）	最大回撤（%）	命中率（%）
1（低）	3.0	1.0	11.3	0.09	27.7	37.3
2	7.9	2.5	10.7	0.24	22.7	37.8
3	6.4	2.1	10.7	0.19	23.6	38.3
4	12.8	4.1	10.6	0.38	21.9	37.0
5（高）	19.2	6.0	11.1	0.54	20.9	39.5
L/S	15.4	4.8	4.2	1.16	6.9	37.7

（6）隐马尔可夫模型（HMMs）

隐马尔可夫模型起源于信号处理理论，在金融中用于对资产制度进行分类。HMMs 类似于卡尔曼滤波器，其中下一个状态的概率仅取决于当前状态。

隐马尔可夫模型是一个双重随机过程——具有一定数量的状态和一组显示的随机函数的隐马尔可夫链。隐马尔可夫模型是一种马尔可夫链。它的状态不能直接观察，但可以通过观测向量序列来观察。每个观测向量都由一些概率密度分布表示为各种状态。每个观测向量由具有相应概率密度分布的状态序列生成。在隐马尔可夫模型中，状态不是直接可见的，但输出取决于状态是否可见（时间上的识别模式）。每个状态通过可能的输出表示法都有可能的概率分布。因此，通过 HMMs 生成标记序列提供了有关某些状态序列的信息。

作为一个说明性的例子，我们设计了一个基于HMMs的市场时机交易策略。这是一种简单的趋势跟踪策略，如果市场趋势走高，我们买入标准普尔500指数，如果市场呈下降趋势，我们则不投资。

使用1971年4月以来标准普尔500指数的每日回报率，我们使用R包"mhsmm"来估计上述HMMs模型。我们从1975年1月开始估算，因此我们有大约4年的每日回报。在每个月的最后一个交易日，我们重新估计了HMMs模型。

每个状态下的概率如图3-3所示。这些概率将用于推断市场的状态。如果上升状态的概率大于50%，我们将当前状态视为上升。

使用每个月最后一个交易日的估计HMMs，我们可以确定市场的最新状态。简单的交易策略如下：如果市场状态在上涨，我们将买入标准普尔500指数，如果市场状态下跌，我们将不选择投资（零回报）。HMMs市场时机策略大大减少了回撤（与标准普尔500指数多头相比），并适度提高了整体夏普比率。

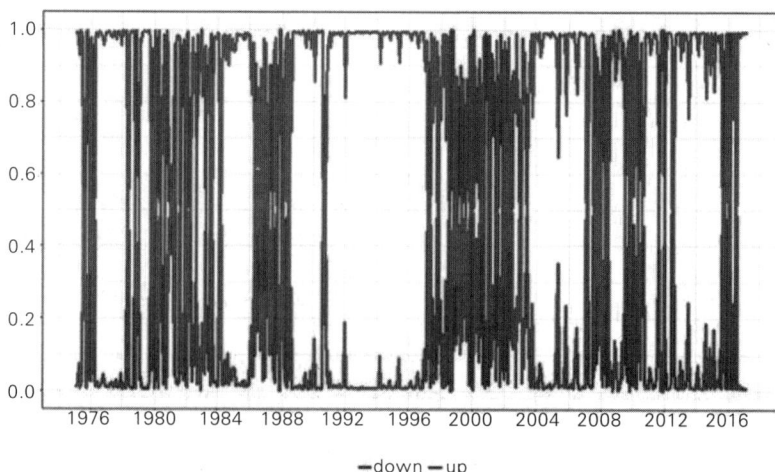

图3-3　每个状态（上涨或下跌）的估计概率

（7）回归

回归是指对现有点（训练数据）进行分析，以拟合适当的功能模型，其中 y 是数据的标签。对于一个新的自变量，标签 y 可以通过此功能模型获得。分类是通过分析输入特征向量并获取新向量的标签来完成的。监督学习算法通常分为参数和非参数。在参数化方法中，模型由一组参数描述，例如简单线性回归中的 β 值或惩罚回归中的 α。在非参数模型中，模型由非线性回归描述。惩罚回归技术，如 Lasso（也拼写为 LASSO）和 Ridge 是基于普通线性回归的简单修改，允许在许多潜在相关变量存在的情况下创建更强大的输出模型。当输入要素的数量很多或输入要素彼此相关时，经典回归有过度拟合或产生系数的趋势。但是，对于上面提到的回归，它是一种机器学习技术，可以减少样本外的预测误差。报告中提到，最小二乘法的目标函数可以通过添加惩罚项来修改，这反映了对具有许多 β 的复杂模型的厌恶。增加的惩罚项也具有系数 α。当 α 值增加时，我们选择了一个更小的数据集，它更接近重要的数据集。

我们通过在跨资产动量模型中估计资产的 1 天回报来说明 Lasso 的应用。我们的目标是预测 4 种资产的回报：标准普尔 500 指数，7～10 年期国债指数，美元（DXY）和黄金。对于预测变量，我们选择了这 4 种资产的滞后 1M、3M、6M 和 12M 回报，总共产生 16 个变量。为了校准模型，我们使用 500 个交易日（～2y）的滚动窗口；每 3 个月进行一次重新校准。该模型用于预测第二天的回报。如果第二天的预期回报为正，我们买入资产，否则做空。在回归之前，对所有输入进行归一化，以避免输入要素具有不同比例的问题。

（8）非参数回归：Loess 和 KNN

非参数回归方法，与参数回归方法相对，包括局部回归（Loess）、正交回归以及用于处理高维数据的非参数方法。这些非参数方法中也包括 KNN（K-最近邻方法）。KNN 建模的工作原理是直接识别类似的历史实例并假设行为相同，然后在给定新数据点的情况下搜索历史数据并识别 K 个相似的实例。线性回归和K-最近邻算法可以被视为机器学习谱的两端。一方面，线性回归倾向于产生较高偏差以换取较低的方差；另一方面，K-最近邻算法可能因数据过度拟合而导致较高的方差（但偏差较小），这是由于其较弱的结构假设。

研究表明，风险溢价策略在40年的延长期内提供了正的夏普比率，与传统资产类别的相关性较低且稳定。我们将尝试使用K-最近邻算法来说明基于宏观制度的这些跨资产风险溢价的时间潜力。

为了确定当前的宏观体系，我们使用了7个汇总的宏观指标：定量宏观指标、增长、流动性、情绪、通货膨胀、同步经济指标和综合宏观指标的变化。

我们制定了每月再平衡策略，该策略每月审视过去10年的滚动窗口数据。我们通过7个聚合指标的值来描述给定月份的宏观系统。然后我们寻找K-最近邻。对于每一个最近邻，我们计算了下个月所有20个跨资产风险溢价因子的平均回报率。然后，基于这些回报率对其进行排序，并选出表现最佳的因子子集S。

基于上述方法，我们发现使用1到10之间的K和10到19之间的风险因素数量通常优于等风险前提的简单组合。

（9）动态系统：卡尔曼滤波

动态系统对线性回归模型进行了进一步扩展，允许β系数随时间变化。从这个概念中衍生出了卡尔曼滤波的理念。研究发现，卡尔曼滤波算法是一种利用线性系统状态等价，通过系统输入输出观测数据对系统状态进行最优估计的算法。由于观测数据包括噪声和干扰对系统的影响，因此最优估计也可以视为一个滤波过程。该算法通常分为两个步骤。第一步是当前状态的估计和估计误差，第二步合并下一个预测以获得新的预测。此算法广泛应用于宏观经济学领域。

为了说明如何在金融中应用卡尔曼滤波，让我们考虑一个交易货币对的例子。一般来说，在应用任何货币对交易策略之前，有必要确定一对相关资产。让我们考虑一些众所周知的潜在ETF对。我们选择摩根士丹利资本国际澳大利亚ETF和加拿大ETF作为一对，因为两者之间存在很强的相关性。实际应用中表明，卡尔曼滤波在存在高斯噪声的线性系统中能够提供良好的结果，而对于非线性系统或含有非高斯噪声的系统，则采用一种称为粒子滤波的数值技术。

另外，当我们比较使用卡尔曼滤波的β系数估计值和使用滚动线性回归的估计值时，我们发现卡尔曼滤波的反应性更强。事实上，卡尔曼滤波与指数平滑密切相关。它为最近的观测增加了更多的权重，并且可以根据测量的"噪声"程度调整权重。

（10）极限梯度提升（XGBoost）

极限梯度提升是一种通过迭代组合较弱的学习器来形成强大预测能力的方法。该过程从弱学习器开始，逐步增强并减少学习器预测与实际输出之间的误差。在迭代的每个阶段，它使用误差来改进上一个迭代步骤中弱学习器的学习。

我们制定了多空策略来交易8种美国行业ETF：金融、能源、公用事业、医疗保健、工业、科技、非必需消费品和材料。我们使用XGBoost算法根据8个宏观因素预测第二天的回报。

在根据前一天的宏观因素获得美国行业的预测回报后，我们按预期收益率对每个行业进行排名，前三名做多，后三名做空。我们利用了R语言中可用的XGBoost开源实现，可通过"xgboost"包获取。为了优化参数和超参数，我们使用了5次交叉验证、30次提升迭代，并允许决策树的最大深度为7。该策略使用252天的滚动窗口，并在每天结束时重新平衡。此策略产生了10.97%的年化回报和12.29%的年化波动，夏普比率达到了0.89。该策略与标准普尔500指数的相关度约为7%。该策略与股票的多空风格以及其他跨资产风险假设的相关性也很低（见表3-4）。

表3-4　　适用于美国行业的XGBoost策略与跨资产风险溢价的相关性

XGBoost	债券（%）	商品（%）	股权（%）	外汇（%）
业绩分成	−3.9	3.5	0.7	0.4
动量	−3.7	−1.1	6.8	−1.8
值	−12.2	1.9	−5.3	−2.4
波动性	−6.2	0.5	0.8	−4.2
β系数	−7.2	−7.8	7.0	2.1

3.2.2　无监督学习

无监督学习算法通过分析数据集来识别变量及其共同驱动因素之间的关系。在无监督学习中，机器在不明确自变量和因变量的前提下处理所有资产的回报数据。

在无监督学习中，我们可以揭示数据的结构。例如，通过分析市场回报，我们尝试识别驱动市场的主要因素。一个成功的模型可能会发现，在某个时间点，市场是由动量因素、能源价格、美元水平以及可能与流动性相关的新因素驱动的。

（1）聚类

聚类是一种无监督学习方法。它根据样本的内在相似性或距离，将大量标记未知的样本分为多类。这使得同一类别中的样本相似性更大（距离更小），不同类别之间的样本相似性更小（距离更大）。

在可能涉及识别历史制度（如高/低波动性制度、利率上升/下降制度、上升/下降通胀制度等）的金融中，正确识别制度对于不同资产之间的分配和风险溢价非常重要。

（2）K-均值

K-均值是一种典型的分区聚类算法，通过聚类中心来代表各聚类，并在迭代过程中选定这些聚类中心。此方法将数据拆分为K个数据子集，以最大程度地减少每个聚类中心的分散性。

（3）Birch

Birch 建模使用基于树模型的数据集扫描，每个叶节点一个聚类，并用中心和半径表示。它适用于数据量很大且类别 K 的数量也比较多的情况。它运行速度很快，只能通过扫描数据集进行聚类。

（4）Ward 法

Ward 法采用最小化方差增量的原则进行聚类。类中所有样本之间的偏差总和（每个项目与平均项之差的平方和）最小化，类之间的偏差总和最大化。

（5）PCA 因子分析

因子分析的目的是确定数据的主要驱动因素，或找到数据的最优表示形式。例如，收益率曲线的变动可以用收益率的平行偏移、曲线的陡度或曲线的凸性来描述。在多资产投资组合中，因子分析将确定动量、价值、利差、波动性和流动性等主要驱动因素。

主成分分析（PCA）将 n 维特征映射至 k 维（k<n），形成重构的新维特征，而非仅从 n 维特征中剔除 n–k 维。k 维特征是主分量。PCA 方法从统计学领域延续到无监督机器学习，没有任何变化。

步骤如下：

数据中心化

求特征的协方差矩阵

求协方差矩阵的特征值和特征向量

取对应于最大 k 特征值的特征向量

将采样点投影到选定的特征向量上

同时，最大限度地保留了数据的特征，为后续分析提供了更直观的支持。

3.2.3 深度学习

深度学习是机器学习研究的一个新领域。其目的是建立和模拟人脑神经网络，以分析和学习数据，模仿人脑解释数据的机制。植根于人工神经网络的研究，它通过整合低级特征来形成更抽象的高级特征表示，以揭示数据中的分布式特性。具体来说，深度学习是一种通过多层非线性处理单元（神经元）来分析数据的方法。一旦从样本训练和学习数据集校准了信号权重，这些模型就具有很强的样本预测能力。这些模型通过多层信号处理单元或神经元，能够逐步从简单概念学习过渡到更复杂的概念学习。某些类型的深度学习架构更适合分析时间序列数据，而其他类型的架构更适合分析非结构化数据，如图像、文本。

通常认为，自动化（或"人工智能"）的目标是处理易于定义但执行起来单调的任务。同时，深度学习 AI 系统的目标是执行人们难以定义但易于执行的任务。深度学习的本质更像是人的学习方式，所以是人工再现人类智能的真正尝试。

（1）多层感知器（MLP）

作为多层神经网络的首批设计之一，多层感知器的设计方式是输入信号仅通过网络的每个节点一次（也称为"前馈"网络）。它采用完全连接的相邻网络的形式。MLP 可以看作是从学习的非线性变换 ϕ 进行输入层变换的逻辑回归分类器。此转换将输入数据投影到线性可分离空间中。中间层称为隐藏层。单个隐藏层使 MLP 成为通用估计器。

正如我们在极端梯度提升的应用中所做的，我们构建了一种多空策略，涉及交易 8 种美国行业 ETF，并利用 XGBoost 算法基于 8 个宏观因素预测次日回报。

在收到基于前一天宏观因素的美国板块预测回报后，我们按预期收益率对板块进行排名，前 3 名做多，最后 3 名做空。我们使用了 9 年的审查窗口，每天都在重新平衡。然后我们发现它的年化回报率为 6.7%，波动率为 8.0%，信息比率为 0.83。此外，该策略与标准普尔 500 指数的相关性为 26.5%，与其他主要风险因素（如动量、价值、波动性和套利）的相关性较低。

（2）时间序列分析：长短期记忆（LSTM）

长短期记忆是一种特殊的循环神经网络（RNN）。它是一种神经网络架构，包括元素之间的反馈循环，可以通过将先前的信号传递到相同的节点来模拟内存。LSTM神经网络适用于时间序列分析，因为它们可以更有效地识别不同时间尺度上的模式和制度。

LSTM和RNN的区别在于，在一个共同的RNN单循环结构中只有一个状态。LSTM的单个环结构（也称为单元）内部有4种状态。与RNN相比，LSTM循环结构保持一个连续传递的持久单元状态，用于决定忘记或继续传递哪个信息。在原始RNN的训练过程中，训练时间和网络层数的增加使得模型很容易出现梯度爆炸或梯度消失的问题。这导致无法处理更长的序列数据。因此，无法获得远距离数据的信息。

（3）卷积神经网络（CNNs）

卷积神经网络通过在重叠的数据段上传递多个过滤器来提取数据特征，因此它们通常用于对图像进行分类。

深度卷积神经网络模型通常由几个卷积层叠加由几个全连接层组成，还包括各种非线性操作和池操作。卷积神经网络也可以使用反向传播算法进行训练。与其他网络模型相比，卷积运算的参数共享特性大大减少了需要优化的参数数量。这提高了模型的训练效率和可扩展性，使其能够更好地处理图像，尤其是与机器学习相关的大图像问题。卷积网络通过一系列方法，成功地减少了大量数据的图像识别问题，并最终使其能够被训练出来。

我们的假设是，各种技术模式可以用来训练CNNs，然后进行严格的测试。这旨在评估特定模型甚至特定分析师在预测方面的能力。那些表现出显著预测能力的模型可以被工业化或自动化，以连续地应用于各种资产。这种规模的应用是"人类技术人员"所难以达到的。

（4）受限玻尔兹曼机（RBM）

玻尔兹曼机是一种特定类型的神经网络模型，而其变种受限玻尔兹曼机在实际应用中更为广泛。RBM模型本身很简单,只是一个两层神经网络,所以严格来说不能算是深度学习的范畴。然而,深度玻尔兹曼机(Deep Boltzmann Machine,DBM)可以看作是RBM的推广。

其结构为:神经元的上层形成一个隐藏层,h向量用于隐藏层神经元的值。下层的神经元形成可见层,可见层中神经元的值由v向量表示。隐藏层和可见层完全连接,隐藏层神经元独立,可见层神经元也独立。可见层的状态可以作用于隐藏层,隐藏层的状态也可以作用于可见层。

让我们测试一个简单的多头/空头策略,用于交易10种发达的市场货币。对于输入,我们使用过去10天内每种货币的滞后每日收益率(即,我们提供100个输入特征)。使用252天的滚动窗口校准了我们的机器学习模型,并预测了10种货币中每种货币的第2天回报。我们做多了预期次日回报率最高的3种货币,做空了预期次日回报率最差的3种货币。我们的预测模型分为三步:首先标准化输入数据(均值为0,方差为1),接着使用受限玻尔兹曼机降维到20,最后通过径向基函数(RBF)核的支持向量回归进行预测。对于支持向量回归器和RBM,我们在Sklearn中使用了实现;设置C=1(SVM中的正则化)和gamma=0.0001(对于RBF核心带宽)。多空策略的平均年化值为4.5%,年化波动率为6.7%,收益率为0.67。同期标准普尔500指数回报率的相关性为13.8%,DXY指数为-6%。

3.2.4　强化学习

机器学习的一个特别有前途的方法是强化学习。强化学习的目标是选择一种最大化某些奖励的行动方案。强化学习具有监督学习和无监督学习的属性。与通常是一个单步过程的监督学习不同,模型不知道每个步骤的正确操作,但随着时间的推移,了解哪个级联的步骤会在流程结束时带来最高的回报。

强化学习的核心是算法需要解决的两个挑战:

(1)探索与利用困境:算法应该探索新的替代行动,这些行动可能不会立即优化，但可能会最大化最终奖励，还是坚持既定的最大化即时奖励？

（2）奖励分配问题：鉴于我们只知道最后一步（例如，游戏结束、最终盈亏）的最终奖励，因此评估流程中的哪一步对最终成功至关重要并不简单。许多强化学习文献旨在回答奖励分配问题和探索开发困境的双重问题。

当与深度学习结合使用时，强化学习在机器学习中取得了一些最突出的成功，例如自动驾驶汽车。在金融领域，强化学习已经在执行算法和更高频率的系统交易策略中得到了应用。

3.2.5 主动学习

主动学习是一种主动选择和分析最有利于解决手头任务的数据集的方法。这是半监督机器学习的一个子集，其中学习算法可以交互式地、动态获取更多信息。它通常用于获取数据的"标签"，在计算上昂贵，可以通过仅请求所需的标签来更加节俭。

3.3 机器学习算法的比较

该部分通过引用领域内学者的研究，展示了对不同机器学习算法性能进行比较的示例。第一个示例显示了通过应用典型的监督学习回归方法来实证分析股票行业的交易策略并根据各种宏观变量的变化预测每日回报来处理的学习任务。第二个示例比较了机器学习算法在分类监督学习任务上的各种性能，该任务基于实际的财务数据集。最后一个示例显示了不同机器学习算法在聚类的无监督学习任务上的性能。在聚类分析示例中，数据是计算机生成的数据，而不是实际的财务数据。

3.3.1 监督学习算法回归的比较

以马尔科·科拉诺维奇的研究为例。根据不同的机器学习算法，石油、黄金、美元、债券等8个宏观因素；使用经济意外指数（CESIUSD）、10Y-2Y利差、IG信贷和HY信贷利差来预测次日收益，并预测模型中的超额部分。参数设置为默认值，使用最大似然估计进行参数估计，对于一些计算成本低的模型，使用五倍交叉验证来拟合超参数（见表3-5）。

表3-5 不同监督学习算法的性能

	模型	年化收益率%	夏普比率
1	极限梯度提升	10.97	0.89
2	逻辑回归-L1正则化	5.90	0.52
3	逻辑回归-L2正则化	4.59	0.40
4	线性判别分析	4.34	0.38
5	支持向量回归-高斯核	4.64	0.36
6	弹性网络	4.35	0.33
7	决策树	3.14	0.27
8	高斯朴素贝叶斯	3.19	0.27
9	支持向量机回归-高斯核	3.39	0.27
10	最小绝对收缩和选择算法	3.44	0.27
11	随机森林树=25	2.59	0.24
12	支持向量分类-高斯核	2.50	0.21
13	随机森林回归	1.95	0.17

结果显示，在最小绝对收缩选择算法（Lasso）和线性回归模型中，极限梯度提升（XGBoost）表现最佳，其夏普比率为0.89。XGBoost具有最

高的风险调整后性能，因为它有效地平均了不同的策略。除极限梯度提升外，逻辑反应和线性判别分析等准线性模型也表现出良好的性能。相关系数图展示了不同机器学习算法之间的相关性。分析结果表明，基于回归的策略之间的相关性更高，这为在投资组合层面上整合这些策略提供了可能。

3.3.2　监督学习算法分类的比较

想象一下，"绿色"点可以是"买入"信号，"红色"点可以是"卖出"信号。这就是分类模型旨在传递信息的方式。理想的分类器能够完美地区分两类样本点。一般来说，支持向量机和神经网络在多维和连续特征下往往表现得更好，而基于逻辑回归的系统在离散/分类特征下往往表现得更好。至于神经网络模型和支持向量机，它们在大样本的情况下表现出很高的预测准确性，而使用朴素贝叶斯判别在相对较小的数据集中表现良好。然而，当输入特征无关时，神经网络的训练效果非常低，甚至与实际情况有很大的偏差。由于大多数决策树算法难以有效处理对角线分割问题，因此在数据具有高度共线性且输入与输出特征之间存在非线性关系时，人工神经网络和支持向量机（SVM）的表现相对更佳。这使它们成为我们研究的更好选择。

不同模型对数据质量的敏感度各不相同。朴素贝叶斯模型对缺失值具有较高的稳健性，因其在计算概率时可以忽略这些值，而不影响最终输出。相比之下，K-最近邻算法和神经网络需要完整的数据才能有效工作。其次，朴素贝叶斯模型在训练和分类阶段都需要更少的存储空间，对于所有非惰性学习者来说，执行空间通常比训练空间小得多，因为生成的分类器通常是高度浓缩的数据摘要。最后，决策树和贝叶斯判别算法通常具有不同的操作模式。当一个非常准确时，另一个就不准确，反之亦然。虽然决策树和规则分类器具有相似的操作模式，但SVM和人工神经网络也具有类似的操作模式。没有一种学习算法在所有数据集上始终优于其他算法。不同类型的数据集和实例数量很大程度上影响算法的性能，表3-6给出了各种学习算法的对比分析。

表3-6　　　　　　　　　　　　学习算法比较

	决策树	神经网络	朴素贝叶斯	K-最近邻算法	支持向量机	规则学习者
一般精度	**	***	*	**	****	**
关于属性数量和实例数量的学习速度	***	*	****	****	*	**
分类速度	****	****	****	*	****	****
容缺性	***	*	****	*	**	**
容不相关度	***	**	**	*	***	**
容冗度	**	**	*	**	***	**
容相互依赖度（例如奇偶校验问题）	**	***	*	*	***	**
处理离散/二进制/连续	****	***	***	***	**	***
抗噪性	**	**	***	*	**	*
处理危险过度拟合	**	*	***	***	**	**
增量学习尝试	**	***	****	****	****	*
解释能力/知识透明度/分类	****	*	****	**	**	****
模型参数处理	***	*	****	***	*	***

注：*越多，说明表现越好。

Pablo D. Robles Granda 和 Ivan V. Belik 在他们的研究"应用于金融数据集的机器学习分类器的比较"中，在两个数据集（"欧洲公司"和"日本公司"）中，他们使用了三种算法（朴素贝叶斯学习，具有反向传播的前馈人工神经网络和使用C4.5的决策树学习）来比较它们的性能。结果表明，决策树算法在训练阶段与其他两种算法相比获得了最高的训练准确率，其中值得注意的是，使用朴素贝叶斯算法对"欧洲公司"进行分类的效率高于神经网络算法。然而，对于"日本公司"数据集，情况正好相反。使用十倍交叉验证后，所有算法的整体性能下降或保持不变，尤其是决策树算法。贝叶斯判别算法表现出较好的稳定性，神经网络整体计算速度较慢。

3.3.3 无监督学习的比较——算法聚类

聚类分析算法旨在通过某种相似度度量将数据点分组，并为不同的数据集分配特定的"颜色"。理想的聚类算法将完美地为不同的数据集分配"颜色"。K均值聚类是一种基于欧氏距离的线性分割方法，但模型的简单性会导致拟合不足。当样本数量较少时，亲和传播将提高性能，而均值偏移可能会导致算法彻底失败。更多的采样或更少的噪声并不能解决这一问题。光谱聚类在噪声较少的情况下效果很好，对样本大小不敏感，并且在噪声较高时变为线性拟合。对于计算机生成的数据，该算法比其他替代方案更有效。当样本数量很大时，Ward方法不如K均值有效。当样本量较大且噪声较低时，决策树可以实现有效的性能，因为它仅对噪声敏感，对样本量不太敏感。Birch性能类似于K均值，但算法更复杂，使K均值更有用。

3.4 最佳参数的选择

当机器学习算法应用于不同类型的数据时，通常需要进一步优化以获得最佳结果。"过度拟合"通常发生在模型在回测中表现良好但在样本外数据上表现不佳的情况下。样本外预报的稳定性是风险溢价策略面临的常见挑战，大数据和机器学习策略也不能幸免。

3.4.1 方差–偏差权衡理论

方差–偏差权衡理论是理解这类问题的核心，它认为样本内预测误差、模型不稳定性以及由无法预测的随机事件引起的误差，是影响样本外预测质量的3个主要因素。具体说来：

预测误差 = 样本误差 + 模型不稳定性 + 随机误差

影响预测质量的主要因素是样本误差和模型不稳定性。样本内误差会导致模型误差，但这种"模型偏差"可以通过增加模型的复杂性来减少，即通过向模型添加更多参数（噪声）。可以减少样本误差以更好地拟合模型并拟合历史数据，但这可能导致"过度拟合"并可能导致更大的采样误差。随着模型复杂度的增加，模型具有更高的不稳定性，也称为"模型方差"，并且会导致更高的预测误差。机器学习的一种"艺术"在于选择一个模型，能够在样本误差与模型不稳定性之间（即模型偏差与模型方差之间）找到最佳的平衡点。在几乎所有的金融预报案例中，我们只能在一定程度上对未来进行建模，因为总有一些随机的、特殊的事件会增加我们预测的误差。预测的质量在很大程度上取决于模型的复杂性。也就是说，模型越复杂，样本误差越小，不稳定性越高。根据数学理论，模型总是存在最优的模型选择和复杂性，从而将预测误差降至最低。

为了选择最合适的数据分析方法，我们需要熟悉不同的机器学习方法，它们的优点和缺点。这包括在财务预测中应用这些模型的细节，但也需要对正在建模的基础数据有深刻的理解，以及具有强大的市场直觉。

3.4.2 模型复杂性

在所有投资研究项目中，没有一个机器学习模型是完美无缺的。因此，定量分析师除了了解用于交易数据信号的分析方法、数据集和金融资产外，还应熟悉广泛的机器学习模型及其应用。使用数据集的第一步是有根据地猜测哪种分析方法有望产生最佳结果。

例如，当线性模型因过于简单而无法充分解释数据点时，采用高阶多项式可能会使历史数据的误差极小（低偏差），但这也可能引发过度拟合，意味着模型可能无法以同样的精确度预测新的数据点。这是对误差的误导性历史估计。在这一点上，模型方法和偏差之间存在权衡。随着模型复杂性的增加，偏差预计会减少，但方差会增加。因此，我们预测的总误差是方差和偏差的总和。由于交易策略会受到预测误差的负面影响，因此目标是最小化预测误差。同时，对模型的复杂性有一定的要求，不应该过于复杂。在模型的简单性与复杂性之间找到一个平衡点，对于控制方差来说至关重要。

另一个重要问题是我们如何衡量模型的复杂性。模型的复杂性通常通过参数的数量来衡量。那么我们如何选择最佳模型？可以使用交叉验证方法，交叉验证分数越高，表示模型越好。模型简化部分中的错误可归因于模型过于简单。随着模型复杂度的增加，误差自然会减小。虽然方差是通过拟合在任何有限填充抽样误差部分中发现的特殊和虚假模式而创建的，但方差随着模型复杂性的增加而增加。

3.5 机器学习在金融领域的应用

作为学术界和投资行业的主流理论，现代投资组合理论通常需要依据现有样本估计资产收益的分布，以选择最优的资产组合。这种方法经常由于第一步估计不准确而产生误差。针对复杂、动态、嘈杂、非线性交互的高级金融数据，或是一般社会科学领域的数据，传统计量经济学工具常显得无效。研究人员通常参考机器学习方法来解决这些问题。然而，大多数模型侧重于最小化错误定价或估计风险溢价，而不是直接优化投资者的目标。虽然应用程序中的统计包通常为科学、工程等学科提供数据处理方法，但针对金融领域量身定制的程序却相对罕见。

以林威廉聪、唐柯、王静元和张洋的研究为例，研究人员克服了以往投资组合管理的挑战，采用一种新的数据驱动的直接优化方法，开发了神经网络的多序列模型，以区分经济和金融数据的特征。其中，研究人员将该模型应用于对美国股市的实证分析，结果表明，该模型在各种经济约束（例如，不包括小盘股和卖空）、市场条件和样本外表现下表现良好。此外，我们通过多项式特征敏感性分析揭示投资业绩的关键驱动因素，并引入"经济蒸馏"程序来解释复杂的人工智能和大数据模型，允许从业者部署框架以提供交易和投资建议。

美国股市实证研究

数据描述：样本选取了1965年7月至2016年6月的公开美国股市数据，包括约180万个观测点。每月股票回报数据来自证券价格研究中心（CRSP）。该公司的资产负债表数据来自标准普尔的Compustat数据库。

目标：提高样本外投资组合绩效（OOS）参数。

设置：在测试样本中，利用公司1年后的数据更新其模型参数。输入特征变量分为六类：基于价格的信号，如月回报率；投资相关特征，如总资产的库存变化；利润相关特征，如经营资产回报率；无形资产，如经营权责发生制；价值相关特征，如账面市盈率；交易摩擦，如每日平均买卖差价。

分析思路：在获得数据后，我们使用1989年底之前的数据对模型进行训练，并用奖励来评估训练质量。我们调整了Alpha投资组合的超参数以更新参数。模型训练后，使用1990年以后的样本对模型进行测试，并调整数据频率以避免过度拟合。在经济应用中，微型股、非流动性股票、极端市场条件和投资组合权重等因素通常会对机器学习策略的表现产生负面影响。在模型中增加了各种经济约束，以验证AP的稳健性。最后，从折旧、行业属性和权重以及未评级或降级的公司等方面进行研究和解释。

结果：

（1）与其他投资组合相比，AP不像其他模型那样基于选择小型和非流动性股票。

（2）通过多因素模型等比较研究证明了强化学习和人工智能对投资改善的有效性。

（3）通过比较非参数模型和投资组合，AP的表现明显优于NP。

多项式灵敏度分析：采用基于梯度的方法获取特征重要性，以确定AP最依赖哪些特征。根据表达式计算综合分数和特征的灵敏度，并取其平均值来表示市场上所有可能的股票状态特征对获胜者分数的平均影响。其中，可以进行面板回归或Fama-MacBeth回归，每月进行组合，以获得所需的线性模型。

引入"经济蒸馏"：

其中心思想是将复杂的人工智能模型投射到线性建模或自然语言空间中，使它们更具可解释性和跨期性。由于商业环境、金融市场政策和消费者偏好的持续变化，难以确保盲目应用现成的机器学习软件包和大数据分析技术对经济与金融问题进行预测分析的有效性。大数据和人工智能的应用可能引起或加剧对特定群体的偏见。本节采用"经济蒸馏"程序。主要思想是将AP投影到更简单、更透明的建模空间中。提炼的模型可以表示或模拟复杂的AI模型，可以揭示原始模型的重要性并增强模型的可解释性。

本文提供了伪代码的两部分。算法1模拟Alpha投资组合进行OOS测试，算法2主要从训练集中提取Alpha投资组合学习的知识。前者提供有关模型在测试集上的行为的信息，而后者描述模型从训练集中学习的内容。在未来的工作中，这两种算法都可以扩展为捕获持久的潜在变量。

创新贡献：

（1）与以前的研究相比，这一创新研究成果具有相当大的贡献：直接开发了基于强化学习的框架，以优化投资者的目标，而无需资产回报分配或定价和中介估计。这克服了文献中的挑战，例如估计误差。

（2）由此产生的Alpha投资组合的表现优于大多数现有策略。

（3）这是首次研究人工智能在投资组合管理中的应用，对经济学领域内的社会科学做出了贡献，提倡采用通用、可扩展且直观的程序，以丰富计算机科学和机器学习领域。

（4）"经济蒸馏"不仅揭示了推动 Alpha 投资组合绩效的关键企业特征（包括其旋转和非线性），而且为机器学习和人工智能在金融和商业中的应用的经济解释提供了具体的支柱和演变。

（5）多项式敏感性分析建立在计算机科学的当前实践之上，但允许一个灵活的框架。

3.6　机器学习的问题分析

尽管机器学习具有出色的分析结果和实际实用性，但大多数金融服务公司尚未准备好应用该技术并释放其真正价值的原因有很多。这些原因包括：

①企业常对机器学习及其为组织带来的价值持有不切实际的期望，这导致预算分配不均衡。

②现有的金融公司没有足够的灵活性来更新其数据基础设施。

③机器学习工程师短缺。

摩根大通的报告还指出，向大数据框架的转化并非没有障碍，大数据和机器学习技术在金融领域的应用存在许多缺陷，例如：西西弗斯量化。

3.6.1　"筒仓（silo）"机制失效

使用"silo"机制的原因：由于管理人对不遵循特定理论或缺乏严格理论基础的全权委托投资组合做出投资决策，没有人能够完全理解他们押注背后的逻辑，因此很难形成见解。作为一个团队工作，也很难超越最初的直觉发展出更深入的见解。

"silo"机制的优势在于：投资经理之间的相互影响较小，这有助于保持投资多样性。

量化投资决策中"silo"机制的缺点确实存在。如果董事会对投资经理进行分析，对他们进行定量培训，即雇用一定数量的员工，要求他们在一定时间内制定投资策略，就会导致员工疯狂寻找投资机会。从定量的角度来看，他们最终会得到一个满足于误报并在过度拟合回归中表现良好的模型，或者一个未达到目标水平的过度拥挤的标准因子模型。

3.6.2 元战略范式

制定1种真正的投资策略所花费的努力几乎与制定100种真正的投资策略所花费的精力一样多。

过度拟合回归

如果机器学习模型基于特定数据构建，并在参数调整后获得极佳的回测结果，但在样本外预测中表现不佳，这显然是过度拟合。

特征的改进和重要性分析：研究的重点是以下问题：哪些特征最重要？这些功能的重要性会随着时间的推移而改变吗？能否识别和预测这些变化？进行特征重要性分析，是一种比回溯测试更为有效的研究策略。

3.6.3 采样效率低下

按时间采样

在市场信息传播的过程中，难免会缺少一些信息，即熵率会有一定程度的变化。因此，以时间间隔对数据进行采样意味着单个观测的信息内容不是恒定的。首先，市场交易信息的数量不会随时间均匀分布。交易通常在市场开盘后一小时比午休前一小时活跃得多。因此，使用时间柱线将导致更活跃的交易时间间隔。交易被遗弃的时间间隔的欠采样和过采样导致对柱线的需求。其次，按时间抽样的序列通常表现出较差的统计特征，包括序列相关性、异方差性等。

改进方法

将观察样本视为交换信息量的从属进程，例如：

☆ 刻度线

刻度线是指提取上述变量信息，每固定多少（如1 000）笔交易。一些研究发现，这种抽样方法产生的数据更接近独立正态分布和相同分布。

刻度柱的使用还需要注意异常值的处理。有的交易所会在开盘和收盘时进行集中竞价，竞价结束后再统一进行撮合。

☆ 成交量条和美元条

成交量条是根据固定成交量间隔提取的变量信息。而美元条则是基于营业额来提取的。

使用美元条有相对优势。假设某股在一定时期内股价翻倍，期初1万元可以购买的股票，将是期末1万元可以购买的股票数量的两倍。在股价大幅波动的情况下，即时报价柱和交易量柱的数量每天都会大幅波动。此外，股票的增发、配股、回购等事件也可能导致日均线和成交量柱的数量出现波动。

3.6.4 整数微分

平稳性和记忆之间的权衡

平稳性需求：为了便于推理分析，研究人员需要使用固定序列数据，例如价格回报、收益率变化和波动性变化。

记忆需求：记忆是模型预测能力的基础，这体现在过去数据对现在和未来的影响上。例如，均衡模型需要历史数据来评估价格过程偏离长期预期值的程度，以得出预测结果。

困境：金融中价格序列的稳定性并不好。也就是说，金融资产价格的预期和方差随时间波动很大，而监督学习的应用通常需要数据基本满足一个平稳的过程。跌宕起伏稳定，却不记忆；价格被记住但不稳定。

权衡：最小化方差，使价格序列保持稳定，同时保留尽可能多的内存。E-迷你标普500特征值就是一个例子。数据平稳性和数据信息保存之间存在权衡，非整数或分数差分是一个很好的解决方案。

固定时间范围标记方法

①金融领域几乎所有的机器学习论文都采用固定时间水平的方法来观察和收集数据。缺点是时间划分没有良好的统计属性，因为无论观察到的波动性如何，都使用相同的阈值。

②改进：三重障碍法通过考虑平仓的触发条件来优化处理，包含上下水平边界和右侧垂直边界，从而提供了一种更优的方法。水平边界需要综合考虑盈亏和止损，其边界宽度是价格波动的函数（大波动的宽边界，小波动的窄边界）；垂直边界考虑了开仓后的柱线流。

学习方向和规模

①缺陷：在金融中使用机器学习的另一个常见错误是同时学习头寸的方向和大小（许多交易只对买入/卖出方向做出决策，每笔交易的股票数量/数量是固定的）。具体来说，方向决策（买入/卖出）是最基本的决策，规模决策是风险管理决策。也就是说，我们有多少风险以及对方向决策的信心。通常，没有必要使用一个模型来处理这两个决策。最好构建两个单独的模型：第一个模型用于做出方向性决策，第二个模型用于预测第一个模型预测的准确性。

②元标注方法的改进：首先，建立高召回率模型；其次，通过识别原始模型并应用元标记来校正准确性。这样做的好处是：

☆机器学习一直受到批评，因为它是一个黑盒，很难解释，而元标记机器学习建立在白盒（基本模型）的基础之上，具有更好的可解释性。

☆元标记机器学习降低了模型过度拟合的可能性，也就是说，机器学习模型仅根据交易操作的大小做出决策，而不是事务的方向，从而避免了一个机器学习模型控制所有决策的情况。

☆元标记机器学习的处理方法允许更复杂的策略结构，例如：当基础模型判断应该做多时，使用机器学习模型来确定多头头寸的大小；当基本模型判断它应该做空时，使用另一个机器学习模型来确定空头头寸的大小。

☆输赢将超过收益，因此单独构建机器学习模型对于规模决策是必要的。

①缺陷：

☆标签由结果决定。

☆结果由多个观察结果决定。

☆由于标签在时间上重叠，因此无法确定哪些观察到的特征是有贡献的。

②改进：基于权重的抽样。

3.6.5 交叉检查集泄漏信息

☆金融中 k 折交叉校验方法的失败：

原因：基于观测结果独立且同分布的假设不成立，当相同信息同时出现在训练集和测试集时，就会导致信息泄露。

☆通过"清理"过程进行改进：需要警惕将未来信息引入财务培训集/简历集。减少信息泄漏的方法之一是从训练集中清除所有标签，以及清除测试集中包含的标签在时间上重叠的观察结果。

☆使用"禁运"方式改进：从训练集中删除与测试集密切相关的观察结果。

3.6.6 回测过拟合

☆缺陷：当多个测试中存在较大的选择偏差时，回测可能是错误的。因此，大多数量化公司都会根据错误的结论犯投资错误。

☆解决方案：一种解决方案是测试夏普比率。这个想法是给出夏普比率的一系列估计值，并估计原假设是否可以通过统计检验被推翻。

除了上述挑战之外，机器学习在现实世界中的应用可能还存在其他问题。例如，某些类型的数据是有偏见的，使得我们无法得出正确的结论。

不包含 Alpha 的数据集、输入数据容量太低而无法投资、快速下降或购买成本太高的数据集就是这方面的例子。只有足够数量的干净数据才能使机器学习的解决方案对现实世界的用户适用。其次，管理者可能会在不必要的基础设施上投入过多，例如构建复杂的模型和架构，并具有不合理的边际性能改进。由于大多数机器学习模型都是针对问题量身定制的，并且没有可以借用的现成模型，因此项目通常从最初始的步骤开始。这导致决策者对预算的估计不合理。

3.7　未来展望

基于上述分析，我们发现机器学习算法不能完全取代人脑使用当今技术进行决策分析。缺乏适当指导的复杂模型可能导致过拟合或错误地选择变量之间的相关性。为了选择最合适的数据分析方法，分析师需要熟悉不同的机器学习方法及其优缺点；包括在金融预测中应用这些模型的细节，需要对正在建模的基础数据有深入的了解，并具有强烈的市场直觉。

展望未来，值得注意的是，人力资源管理也将成为潜在的风险来源——聘请缺乏特定财务专业知识或直觉的数据科学家，可能使投资结果与预期相偏离，甚至在严重的情况下引发文化冲突。但事实上，在实施金融大数据和机器学习的应用分析时，理解数据背后的经济学含义比得出复杂的计算结果更重要。

第4章　金融领域的另类数据介绍

4.1　另类数据概述

自20世纪80年代以来，Man AHL以及Man Numeric等量化分析者一直在系统地利用数据来寻找价格、数量和基本数据中的可重复模式，从而预测资产价格。得益于新技术的发展，获取、分析及存储数据的能力实现了指数级增长。在过去几十年中，出现了一种新的数据集，被称为"另类数据"。另类数据（定义为"可用于投资过程的非传统数据"）在过去十年间受到了投资行业的广泛关注。

对于算法交易而言，另类数据可提供信息优势，帮助它们找到Alpha交易信号，因为另类数据可提供传统来源无法获得的信息，并提供访问途径，从而创造信息优势。

例如，虽然公司盈利能力的最准确信息通常来源于季报和年报，但这些会计信息受到数据来源、政府监管等因素的限制，导致投资者无法即时获得最新信息。市场非常关注这些指标，因此当这些报告发布时，股票价格可能会出现大幅波动。另类数据有望在正式发布之前帮助投资者了解公司的主要基本面。例如，一些数据提供商提供信用卡交易数据，以显示公司的销售额。这对零售商来说是一个重要指标。缺乏这类数据时，人们不得不依靠估算人流量和交通情况（如利用卫星图像统计商店外的车辆）来间接获取客流量的粗略信息。更简单的方法可能是统计Google Trend中公司产品的搜索量是否在上升。

最初，另类数据（也被称为"外部数据"）只用于对冲基金。很快，其他金融机构，包括私募基金和一些其他类型的企业对其需求增加。私募基金在交易和调整过程中需要整合另类数据，而企业则利用另类数据进行竞争情报分析、产品开发、成本分析、并购、新产品开发和尽职调查。

传统数据与另类数据的比较见表4-1。

表4-1　　　　　　　　　　传统数据与另类数据的比较

	频率	来源	形式
另类数据	实时提供，高频	有很多选择 个人：社交媒体、消费者交易、评论、评级、在线搜索； 传感器：卫星、位置和天气更新； 企业：企业洞察、商店定位	非结构化（图片、视频、文本、音频等）
传统数据	每季度/每年可能有固定的时间间隔，频率较低	公共信息	结构化

4.1.1　发展趋势

2020年以来，新冠疫情进一步加速了传统企业的数字化转型，在线业务量迅速增长。社交媒体和搜索引擎在为人们提供便利的同时，也扩大了另类数据的来源。另类数据统计显示，截至2017年，全球约有800家基金利用另类数据进行投资决策。2017年，投资机构在另类数据上的投资约4亿美元，标志着该行业正处于一个快速发展阶段（如图4-1所示）。

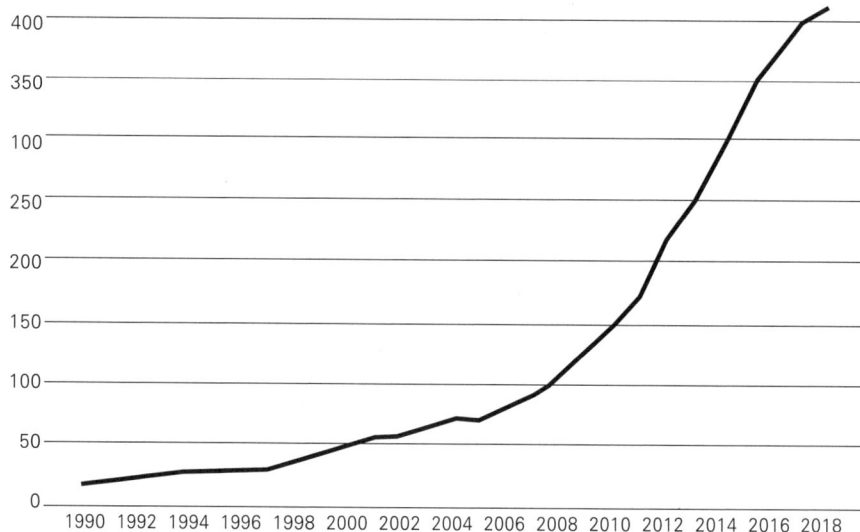

图4-1　1990—2018年数据提供商和机构数量

从地域上看，Eagle Alpha平台上的数据量在2021年增长了15%。欧美等主要发达市场的亚洲数据集也有类似的增长。前沿市场增长率突出的主要原因是基数较低。

类别更丰富。根据不同行业的使用情况，数据集的划分更加精细。一些热门前沿领域对另类数据的需求日益增长（如图4-2所示）。在24个类别中，增长最快的是情感、ESG、B2B、专家观点和消费者交易。

区域

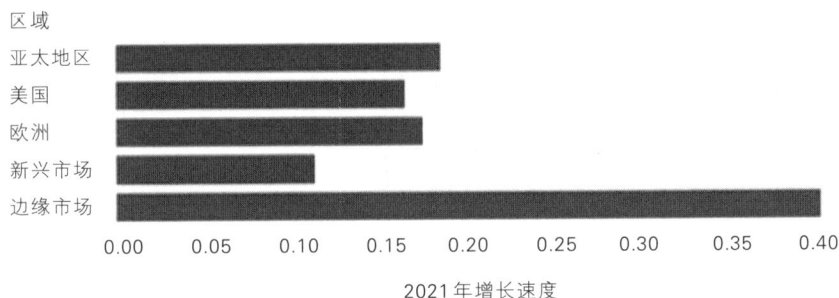

图 4-2　另类数据全球地区增长率

目前流通的另类数据量惊人。如今，其中许多数据集对投资经理来说已变得越来越无价。据 IBM 统计，目前流通的数据中有 90% 是另类数据。然而，正如 Eagle Alpha 在其年度报告中披露的那样，他们只有 5% 的数据被转化为有用的信息。大量数据和对另类数据日益增长的需求赋予了数据提供商讨价还价的能力。数据科学家和其他相关专业人员的薪酬也在不断上涨，这反过来又导致了从业人员数量的增加。这一趋势自 2005 年以来呈指数级增长。

4.1.2　风险

不过，使用另类数据也有风险。与买卖双方使用的其他类型数据类似，数据的价值往往会随着时间的推移而消退。投资者接触得越多，数据就越容易商品化，从而无法产生超额回报。即使有另类数据，创新和新数据源也是保持竞争力的关键。

4.2　另类数据来源

另类数据是从各种非传统渠道中提取数据，以产生更多洞察力并优化决策的过程。另类数据集的来源很多，但一般可分为三类（如图 4-3 所示）。

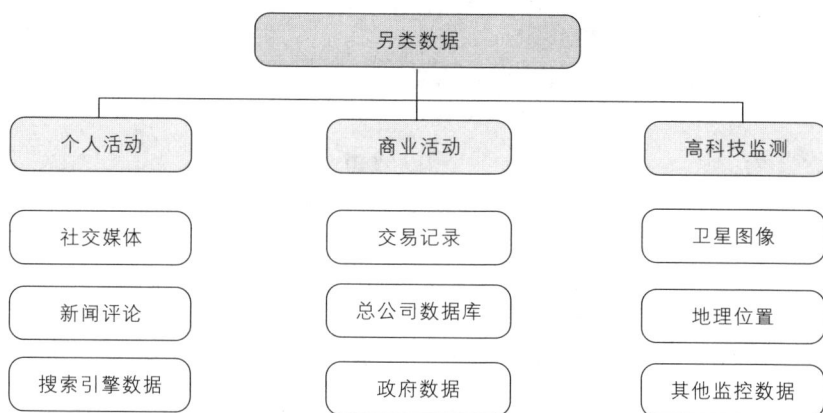

图 4-3　另类数据来源类型

4.2.1　个人活动产生的数据

第一类是个人活动产生的数据，如社交媒体、新闻稿、评论、搜索引擎数据、网络搜索量和点击率。

社交媒体平台 Twitter，每天产生 5 亿条内容，已成为一种流行的另类数据源。早在 2010 年，美国印第安纳大学的研究团队就开始研究 Twitter 信息能否连续预测道琼斯指数。研究团队分析了每天的推特内容，并将其分为 6 种情绪状态。利用时间序列法发现，Twitter 情绪可以有效预测市场指数的涨跌，准确率高达 87.6%。

近年来，越来越多的投资机构在其交易策略中考虑了社交媒体信息。许多技术公司提供不同的应用接口，帮助客户获取和处理社交媒体数据。例如，位于纽约的新兴科技公司 Dataminr，通过实时监测和挖掘 Twitter 上的信息，识别异常信号，并迅速发现对特定企业客户至关重要的推文，以快速预警企业客户，对极不寻常但影响巨大的"黑天鹅"事件保持高度警惕，在风险控制和事件驱动投资策略领域具有实用价值。通过对社会化媒体的信息整合和分析，Dataminr为客户提供各种预警和提示信息，帮助客户更有效地控制风险和实施投资决策。

尽管获取信息的低成本促使Twitter应用数据被越来越多的企业所采用，但将社交媒体信息整合成易于处理的数据仍面临不小的挑战。大多数社交媒体的数据历史较短，而且每个内容的输出形式可能各不相同，因此需要针对不同的社交媒体风格进行自然语言处理。此外，包括新闻媒体、网络搜索、专业论坛在内的许多其他渠道也不断产生大量的个人活动数据。如何从数据海洋中挖掘出与投资决策相关的信息，需要数据使用者的谨慎判断。

4.2.2 商业活动产生的数据

第二类是商业活动产生的数据，如交易记录和信用记录。此外，一些另类数据公司还收集传统商业数据，比如大型百货商场和主题公园的客流量。

商业活动产生的数据由企业、政府部门或第三方机构收集和汇总。许多数据公司与金融机构合作，获取匿名交易数据和信用记录。例如，另类数据提供商Eagle Alpha可以通过收集和分析信用卡账户和电子邮件收据显示的交易信息，有效预测零售和餐饮企业的收入，纠正样本偏差，并在官方财报公布前捕捉到投资机会。

由商业活动产生的信息往往拥有较长的数据历史。数据采集和处理方法也比较成熟。这些信息往往价格昂贵，高质量信用数据的成本可能高达每年数百万美元。一些监管机构还担心，这些信用数据的处理不够匿名，仍有可能泄露一些个人信息。

4.2.3 高科技监测获得的数据

第三类是通过高科技监测获得的数据，如卫星监测图像、地理定位和气候变化数据。

近年来，各种高科技监测手段的成本大大降低，卫星图像等监测手段也被应用到投资分析中。例如，成立于 2013 年的 Orbital Insight 是一家基于卫星图像的数据公司，其主要业务是利用深度学习中的机器视觉和图像识别技术，对卫星图像进行大规模分析，从而推断经济数据。

高科技监测方法也面临各种挑战，例如不同地点的云层对卫星监测图像精度的影响。这些图像和信息往往需要经过复杂的处理。除卫星图像外，无人机、热成像仪、手机地理定位等其他监测工具也可获取有用信息，用于投资决策。科技公司正在不断挖掘各种监测工具的潜在价值。

4.3　另类数据集的评估标准

另类数据的最终目的是在竞争中提供信息优势，寻找能产生 Alpha（即不相关的正投资回报）的交易信号。在实践中，从另类数据集中提取的信号可以单独使用，也可以与其他信号相结合，作为量化策略的一部分。另类数据属于数据类别之一。因此，它不仅符合数据评估的一般标准，还有其独特的附加标准。另类数据的评估标准概述如下（如图4-4所示）：

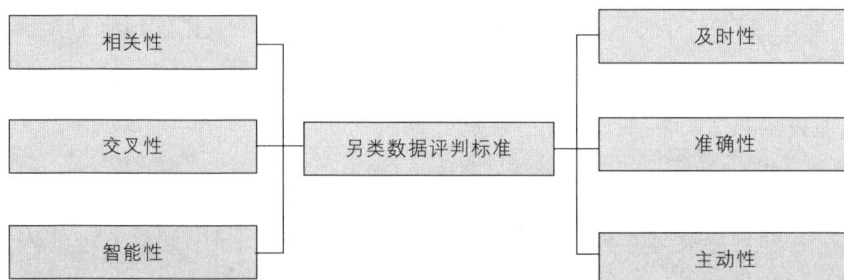

图 4-4　另类数据评估结构

相关性：相关性，顾名思义，就是密切相关、紧密相连。举个比较简单的例子，调查 A 公司经营情况时，主要收集与 A 公司密切相关的 B 公司、C 公司等的数据，通过这些侧面数据评估 A 公司的经营状况。简而言之，通过搜集与 A 公司有合作、雇佣、供应等联系的其他实体的数据，来预测 A 公司的发展前景和趋势。

交叉性：交叉性指的是另类数据的复杂性和多元性。数据源的收集不是对单一的数据源，而是收集多个数据源的信息，对数据进行交叉验证。没有单打独斗的企业，只有感兴趣的合作伙伴。一个企业必须拥有多条相关产业链，并与其他多家企业建立合作关系。因此，在收集相关企业的备选数据时，可以获取多个关联企业的业务数据，利用多个数据的信息交叉，对原企业进行综合全面的评价，避免单一数据源造成的信息茧。

智能性：智能性指采用更先进的数据收集方法。随着人工智能和物联网技术的发展，技术和数据采集来源越来越广泛，也越来越智能。从过去的报纸、电视、广播、书籍，到现在以互联网为主要媒介的智能化采集方式。信息智能化是采集另类数据的重要原则之一。利用机器学习、人工智能、AI 学习分析等前沿技术对数据进行检测和评估，是目前最流行、最有前景的信息采集方法之一。

及时性：及时性指的是信息必须在特定时间内才具有决策价值的特性。从数据生成到数据录入数据库有一定的时间间隔。如果时间间隔过长，分析得出的结论就可能失去意义。众所周知，只有第一手资料才是最有价值的，因此数据的时效性非常重要，另类数据也不例外。在收集备选数据时，我们也要尽快发现最新的新闻动态，从第一时间开始收集和分析数据，这样才能获得最有效、最有价值的前沿信息。

准确性：准确性用来描述一个数值与其所描述的客观事物的真实值之间的接近程度。一般来说，它指的是数据中记录的信息是否存在异常或错误。这一原则同样适用于另类数据。在收集另类数据时，我们必须确保数据来源的可靠性和数据信息的准确性，切勿弄虚作假，造成麻烦。

主动性：主动性强调的是另类数据采集的主动和前瞻性。我们希望通过另类数据的采集，积极、主动地掌握相关企业的经营信息。通过对收集到的数据进行合理计算，主动预测企业的发展状况，在企业月度或季度总结发布前，利用现有的备选数据完成评估预测。因此，我们收集的信息能否积极有效地帮助我们实现企业的发展预测就显得极为重要。

4.4 另类数据集的使用

利用另类数据信息分析市场，正吸引着越来越多财经学者的投资目光。另类数据的出现必将更新金融领域，为金融领域的投资贡献新思路。越来越多的"大数据"反映了我们日常活动的方方面面，为科学家解决金融市场的基本问题提供了全新的机遇。由于金融市场的动向对个人财富和地缘政治事件产生了巨大影响，因此，将另类数据应用于投资决策的新举措引起了科学界的极大关注和对商业利益的极大重视。

在此，我们将介绍3个应用案例，具体说明企业如何将另类数据作为分析统计数据和预测趋势的有效工具。

4.4.1 应用案例：Google（谷歌）

谷歌搜索是一个常用的搜索引擎。在另类数据逐步发展的时代，人们搜索记录中存储的大量信息已经成为可以利用的宝贵信息。谷歌的操作原理也非常简单，可以简化为"抓取—索引—显示"三个步骤：

（1）爬虫（又称抓取器）从某个原始网页（或已知网页）开始，沿着网页上的链接在互联网上搜索。当发现一个未被收录到索引库中的新网页时，搜索引擎算法会对其进行处理，然后决定是否将其收录到索引库中。

（2）根据索引原理，一旦捕捉到一个新页面，爬虫就会分析页面内容、嵌入式目录图片和视频文件，或以其他方式试图了解页面信息。

（3）根据搜索引擎的算法，谷歌会在索引库中找到最相关的答案并显示结果。

谷歌搜索获得的数据可以用来衡量人们对某一话题的关注程度，也可以用来研究人们对某一事件的社会情感态度。这一系列另类数据来源于人们的认知和主动搜索，因此具有很好的大众代表性。此外，由于数据量大，覆盖人群多样，往往可以用来研究大型事件或概念的认知趋势。

在ESG中，E代表环境，是指企业在生产经营过程中的绿色投资和集约利用，资源能源的循环利用、有毒有害物质的处理、生物多样性的保护等都与政府的调控政策目标相契合。S代表社会，指企业与利益相关者之间的协调与平衡。G代表管理，主要指企业的董事会结构、所有权结构、管理层结构以及商业道德规范，具体包括董事会的独立性和专业性、公司的愿景和发展战略、信息透明度充分、信息披露以及避免腐败的措施等。如果我们想探究公众情绪中对ESG的看法，可以使用谷歌集成的另类数据。

以谷歌搜索的搜索热度为感知指标，我们可以发现ESG概念近五年的发展趋势。根据中国指数图，ESG概念从2016年到2019年呈现出断断续续的高频词态势，而整个流行度在2020年达到顶峰。持续的高关注度也反映了公众对ESG概念的热情。

从2016年到2021年，ESG的指数热度不断攀升。其中，新闻、网页等端口对这一概念的关注度占比最大，这也体现了潮流导向的舆论对新概念渗透的推动作用。对ESG的关注首先在2019年第四季度爆发，并在2020年1月至2月间升至新高，但随后在新冠疫情中受到冲击。然而，自2020年9月以来，"ESG"的全球搜索量再创新高。这足以证明谷歌搜索和趋势在情绪指数和实时预测方面的有效性。

4.4.2　应用案例：Peloton

以互动健身为主业的互联网公司 Peloton 在新冠疫情中迎来了快速发展。与以往的健身机构不同，Peloton 不再单纯局限于线下健身培训和课程教学。Peloton 采用的是线上线下相结合的经营模式。

作为一家活跃且互动性强的健身公司，Peloton 的教练粉丝数量反映了公司的互动程度，如表4-2所示：

表4-2　　　　　　　　　Peloton 教练INS粉丝数量和增长率

姓名	职业	粉丝数（万）	一周后粉丝数（万）	15天后粉丝数（万）	周增长率（%）	15天增长率（%）
One Peloton	官方账号	174.7	175.6	176.6	0.52	1.09
Olivia Amato	运动员	36.5	36.7	37	0.55	1.37
Leanne Hainsby	教练	28.7	28.8	29.1	0.35	1.39
Emma Lovewell	公众人物	52.6	52.9	53.3	0.57	1.33
Robin Arzon	公众人物	90.5	91	91.6	0.55	1.22
Becs Gentry	运动员	12.4	12.4	12.5	0	0.81
Cody Rigsby	健身教练	100.2	100.6	101	0.40	0.80
Ally Love	公众人物	80.8	80.9	80.9	0.12	0.12
Alex Toussaint	公众人物	51.8	52	52.3	0.39	0.97
Kendall Toole	公众人物	59	59.3	60	0.51	1.69
Tunde Oyeneyin	公众人物	47.2	47.4	47.7	0.42	1.06
Average		66.9	67.0	67.5	0.40	1.08

表4-2展示了Peloton官方账户及随机抽选的10名Peloton健身教练的INS粉丝数量。这些数据跟踪周期为半个月。分别记录了10位教练和Peloton官方账号的每周增长率和半个月增长率。从表中可以看出，每位教练都有自己独特的身份，可以是运动员，也可以是公众人物。因此，他们本身就具有一定的社会号召力，可以发现Peloton官方账号的关注度高达170多万。这相当于一个百万级的博主（考虑到中国约14.1亿人口的基数和美国约3.3亿的总人口，中国的粉丝数相当于为427万）。从比例上看，Peloton的国民关注率更高。此外，这10位健身教练的粉丝数从几十万到上百万不等。

粉丝的数量可以在一定程度上反映群众的反应。此外，Peloton有数千名教练。如果一个人的号召力有几万，那么每个教练的号召力就是一个庞大的数字。分析完基数，再看粉丝增长率。周平均增长率为0.4%，月平均增长率为1.08%。通常，当粉丝数量达到一定水平后，再实现显著增长变得更加困难。根据INS的明星数据，1月前粉丝数为95万，半个月后为95.5万，增长率为0.5%。如此对比，这些健身教练的粉丝增长应该是不错的数据。更重要的是，无论是官方账号还是教练粉丝数量，数据量都是正增长。这是否也能证明，Peloton在美国人心中依然值得信赖呢？

4.4.3　应用案例：WeWork

美国商业地产公司WeWork为初创科技企业提供灵活的共享办公空间，并为其他企业提供服务。WeWork筹划在2019年上市时，典型的另类数据来源为WeWork描绘了一幅美丽的前景：

（1）据苹果公司的数据，相关的APP下载量正在增加。

（2）LinkedIn显示，WeWork员工人数2019年增加了73%（如图4-5所示）。

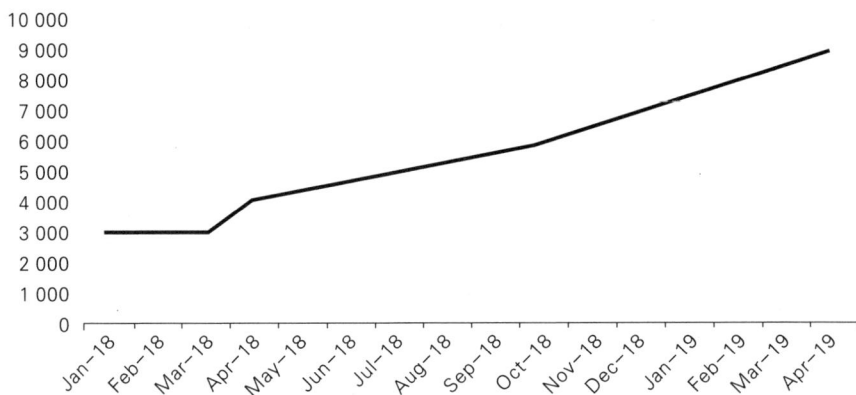

图 4-5　LinkedIn 上的员工（总和）

2018 年 8 月，软银首席执行官孙正义在向诺伊曼公司开出一张 10 亿美元的新支票后不久说："WeWork 是下一个阿里巴巴。"这无疑让所有人都兴奋不已：2000 年 2 月，阿里巴巴刚刚起步时，孙正义就向其投资了 2 000 万美元；而阿里巴巴目前的市值是 5 000 亿美元。

不过，我们通过其他数据也发现了一些危险的迹象：

（1）2018 年 11 月 21 日，WeWork 承认至少裁员 2 400 人。

（2）2018 年，WeWork 的亏损和收入翻了一番，分别达到 19 亿美元和 18 亿美元。据《金融时报》报道，"尽管该公司预计明年 3 月的收入将达到 30 亿美元，但 2019 年第一季度却亏了 7 亿美元"（de la Merced，M. J.，2019 年 3 月 25 日）。

（3）另外其前任首席执行官诺伊曼也有一系列的"黑历史"：为"we"商标收费。此次荒唐的自卖自夸事件发生在 2019 年 7 月，这也是公司更名为"we company"的一部分原因。为了重塑品牌，公司向诺伊曼个人有限责任公司支付了 590 万美元的股份，以获得"we"系列商标的使用权（Palmer，A.，2019 年 9 月 4 日）。而且据《华尔街日报》报道，2018 年夏天，诺伊曼在与朋友乘坐湾流 G650 私人飞机前往以色列时吸食了大麻。

（4）另一个数据提供商 Meltwater 也发现了大量负面信息。Meltwater 通过机器学习模型运行文章信息，可以自动为投资者筛选出重要信息。例如，有一篇文章解释了WeWork如何设计新的会计类别来掩盖它消耗了多少资金。Quartz的艾莉森－格里斯沃德（Alison Grisward）说："WeWork的IPO将不仅是在考验投资者对他们烧钱的方式的容忍度，更是在考验投资者对虚构会计指标的容忍度"。此外，该文章还指出，WeWork的创始人之一通过销售和贷款套现了至少7亿美元。由于存在ESG问题，投资者大大削减了对WeWork的投资。

最终，该公司糟糕的盈利模式和过高的估值没能成功完成"共享办公"第一股的上市计划。2019年9月17日，WeWork的母公司"we company"推迟了上市进程，公司估值也从当年1月初获得私募基金时的470亿美元急剧下降至200亿～300亿美元。

参考文献

de la Merced，M. J.（2019，March 25）．"WeWork's Losses Swell to Nearly \$2 Billion as It Seeks Global Expansion"．Available at SSRN：https：//www.nytimes.com/2019/03/25/business/dealbook/wework-loss-billion.html.

Palmer，A.（2019，September 4）．"WeWork CEO Returns \$5.9 Million the Company Paid Him for 'We' Trademar"．Available at SSRN：https：//www.cnbc.com/2019/09/04/wework-ceo-returns-5point9-million-the-company-paid-for-we-trademark.html.

第5章　从国家角度看另类数据的利用

5.1　美国

5.1.1　Microsoft（微软）

SQL Server是一款关系型数据库管理系统，由微软、Sybase与Ashton Tate合作开发，其首个版本于1988年发布于OS/2平台。SQL语句可用于执行各种操作，如更新数据库中的数据或从数据库中提取数据。当前，绝大多数主流的关系型数据库管理系统，包括Oracle、Sybase、Microsoft SQL Server和Access，均采纳了SQL语言的标准。尽管许多数据库已重新开发和扩展了SQL语句，但仍可使用标准SQL命令（包括选择、插入、更新、删除、创建）来完成大多数数据库操作。该产品的最新版本是SQL Server 2008，也是迄今为止功能最强大、最全面的SQL Server版本。公司可以使用SQL Server系统进行存储和管理，包括XML、电子邮件、时间/日历、文件、文档、地理位置和其他数据类型。同时，它还能提供丰富的服务与数据交互，如搜索、查询、数据分析、报告和数据集成。它还可以同步数据。用户可以在任何设备（从台式机到移动设备）上访问从创建到归档的信息。它更安全、更高效、更智能，使企业能够以高度的安全性、可靠性和可扩展性运行关键的应用程序，减少开发和管理数据基础设施的时间和成本，并在用户需要观察信息时，提供一个全面的平台（如图5-1所示）。

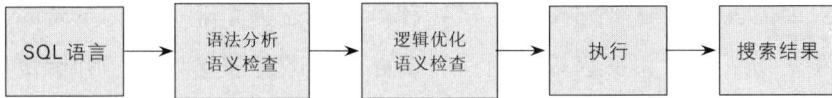

图5-1　SQL服务流程图

5.1.2　BondCliQ

BondCliQ是一家提供金融服务的监管机构，能够跟踪交易数据，并提供公共及私人公司债券的综合交易信息。BondCliQ还为计算交易的T、I、Z和G点提供了丰富的数据。BondCliQ是一个具有独特协议的市场数据系统，可适当扩大重点机构获取定价信息的渠道，逐步提高交易前数据的质量，并提供交易后和交易前定价信息的静态平面文件。其用户主要是获取基础数据的学者和中后台专业人员。其创新的数据可视化功能也是市场专业人士分析数据的有力工具。

5.1.3　EventVestor

EventVestor是领先的云端金融数据和智能平台。它拥有业内最全面、最精细、最准确的数据，并且每天更新。数据维护严格按照时间节点和时间轴进行，不存在生存偏差和前瞻偏差。EventVestor的数据管理平台和分析应用程序旨在提供高效的数据收集、复杂的数据分析和灵活的数据配置，为包括公司（发行人）在内的投资专业人士和投资者关系提供服务。包括证券交易所和机构投资者在内的2 000多家机构正从EventVestor的事件驱动分析和机构分析中受益。它拥有一个全面的企业活动数据平台，包含100多种事件类型，可以提供最精细、最结构化的市场波动信号。通过关键事件对高精度数据进行量化和采样，从而建立 Alpha 生成模型。EventVestor 的目标是成为向机构投资者、投资者关系部门和公司治理专业人士提供事件驱动洞察力的领导者。公司还为企业、机构投资者和证券交易所开发和销售基于网络的事件驱动数据服务、分析和解决方案。使用独特的技术和流程，可以将非结构化数据转换为高度结构化的数据。EventVestor 通过高度结构化和精细事件的数据，可以为技术和基础投资者、投资者关系部门、公司治理和其他公司高管提供价值。通过这种方式，它可以为投资者和企业高管的市场推广活动引入背景和清晰度。

5.1.4 Verbatim

Verbatim 开发并销售用于存储、移动和使用数字内容的创新型高品质产品。自 1969 年成立以来，Verbatim 一直走在数据存储技术发展的前沿。多年来，Verbatim 一直是数据存储行业最负盛名的品牌之一，也是国际市场上光学和磁性媒体、计算机硬件和计算机耗材分销领域的领导者。Verbatim 在光学介质刻录（包括 Mo 和 CD/DVD 系列）领域的领先地位尤为明显。Verbatim 提供的技术支持和服务使客户能够最大限度地提高产品性能，并利用市场变化，从而继续保持在数据存储领域的领先地位。

5.1.5 Thinknum

Thinknum 的"Facebook followers"数据集能够让我们深入了解消费者如何通过 Facebook 与企业品牌互动。用户可以看到其他人发布了多少帖子，以及他们的签到情况。这揭示了公司内部的战略趋势。通过跟踪公司何时雇佣或解雇员工、他们与客户的互动、他们的移动产品以及公司业绩的许多其他指标，用户无须工程师就能与数据互动。用户能够借助直观的工具创建和分享查询，从而迅速解读数据。另一种方法是扫描数百万家公司的数据点，并在相关指标超过关键阈值时接收电子邮件。用户还可以访问现有的地图、图表、文字云和其他可视化工具，了解客户数据的快照。用户还可以建立自定义小部件，以客户希望的任何方式查看数据。Thinknum可以探索来自超过45万家公司的数据集，拥有最悠久的另类数据历史。它还允许对以单一命名结构组织的数据集进行高效搜索。

5.1.6　IBM

IBM在另类数据领域的主要创新是推出了一个全新的非结构化数据平台，专门用于存储和管理另类数据。该数据平台称为IBM云对象存储，提供可扩展性、可用性、安全性、可管理性、弹性和较低的总拥有成本（TCO）等功能。

传统的孤立数据存储面临着许多问题，如流动性、交互性和安全性能。此外，它还不适合人工智能、数据分析、物联网、视频和图像存储库等诸多场景。其云对象存储可兼容不同来源的物理和虚拟服务器，并实现快速运维（O&M），确保长期可靠性和可用性。

5.1.7　Oracle

Oracle提供80多种云基础设施和平台服务。Oracle云基础设施提供迁移、构建和运行从现有企业负载到新的云原生应用和数据平台的所有内容所需的所有服务。大多数地区还提供Oracle的云应用（SaaS）产品组合。通过公有云和混合云选项，Oracle可以跨应用和基础设施工作。它还提供本地访问、区域合规性和真正的业务连续性。借助Oracle Live，用户可以了解新的核心基础设施功能，这些功能程序可帮助更快、更安全、更经济地运行。

5.1.8 Google

谷歌云是Google推出的云服务器平台。其产品包括谷歌搜索、谷歌广告、YouTube、DeepMind和Waymo。谷歌将其母公司最初使用的技术工具打包成谷歌云上的服务。后来，它作为谷歌云平台上的Kubernetes向公众发布。随后，它开放了源代码，成为软件开发行业使用的容器编排引擎。除了Kubernetes，谷歌还提供数据分析系统，如Cloud Spanner、Firestore和BigQuery，以及机器学习平台TensorFlow。谷歌云平台包括vertex AI、vision AI、翻译、自然语言和其他面向用户的机器学习平台和功能。谷歌云的产品、功能和服务包括存储、数据库、数据分析、网络、管理工具和工作空间平台。

5.1.9 Amazon

Amazon提供的解决方案和服务在行业中最为广泛，包括：

归档：适用于GB到PB数据归档备份和恢复的经济解决方案、持久且经济高效的备份和恢复选项；

区块链：多方共享的可信交易账本；

云迁移：将应用程序和数据轻松迁移到AWS容器，为每个工作负载提供完全托管的服务；

内容分发：以加快网站分发、API和视频内容；

数据库迁移：支持迁移到完全托管的数据库，以节省时间和成本；

数据湖和分析：全面、安全、可扩展且具有成本效益的数据湖和分析解决方案；

开发和运营：使用开发和运营快速可靠的构建和交付产品；

电子商务：利用Amazon高度可扩展且安全的在线销售和零售解决方案，促进小型或大型电子商务企业的发展；

将数据移近最终用户进行分析；

前端 Web 和移动应用程序开发：以快速构建和部署安全且可扩展的移动和 Web 应用程序；

针对复杂问题的高性能计算、增强型网络和云规模集群；

混合云架构：用于将 IT 基础设施扩展到 AWS 云；

物联网：扩展到数十亿台设备和数万亿条消息；

机器学习：使用强大的服务和平台以及最广泛的机器学习框架，支持任何地点的建设；

现代应用开发：通过快速创新周期开发应用；

远程工作：为远程员工、客户服务中心专家和创意专业人士提供 AWS 解决方案；

科学计算：分析、存储和共享海量数据集，无须服务器计算。

Amazon 还构建和运行了可在任何服务器上运行的应用程序，提供可靠、高度可扩展、低成本的网站和网络应用托管服务。

5.1.10　HP Vertica

Vertica 的 SQL 数据库赢得了包括 Cerner、Etsy 和 Uber 等世界领先的数据驱动型公司的信任，它能够为关键任务的分析提供快速、大规模和可靠的支持。Vertica 既是一个数据库也是一个查询引擎，它充分发挥了云技术的优势，同时也支持在企业内部部署。利用 SQL、Python、时间序列、地理空间和机器学习分析可以帮助客户释放数据的真正潜能。

Vertica 将高性能和大规模并行处理 SQL 查询引擎的强大功能与高级分析和机器学习相结合。转换服务，如 Hive、Impala 和 Presto，为用户在 Hadoop 分布式文件系统（HDFS）的数据仓库中选择合适的数据库提供便利。与此同时，Vertica 还提供了一个高性能分析引擎，它可以像分析数据湖中的半结构化数据一样，轻松地进行分析。Vertica 可以部署在本地、云中或作为混合模型部署。它也可以作为 SaaS 的完全托管服务运行。对于数据存储库，它可以无缝集成裸机、云对象存储或本地对象存储。不再有专有的基础设施锁定或关闭系统。

5.1.11 Intel（英特尔）

英特尔正在通过优化 PC 更新和利用遥感技术对用户进行细分，为员工定制新 PC，旨在提升员工的工作效率和满意度。

Wi-Fi 6：英特尔已对 Wi-Fi 6 进行了测试，旨在挑战性的真实场景中展示其性能提升，并为成功部署提供重要见解。

端点设备管理：英特尔端点管理助手是英特尔用于远程管理全球数千个英特尔 Unite 集线器和数字标牌的企业级解决方案。

5.1.12 Teradata

Teradata Vantage 是一款云计算数据分析平台，能够整合各种内容，包括数据湖、数据仓库、分析及新的数据源和数据类型。从工业传感器到社交媒体，Vantage 可统一和集成企业内任何类型的数据源，为用户提供单一的真实数据源。Vantage 支持所有常见的数据类型和格式，包括 JSON、BSON、XML、Avro、parquet 和 CSV。它可以在不影响任何方向的情况下向各方向扩展处理能力。它还提供强大的现代分析云架构，将分析、数据湖和数据仓库统一起来。Teradata Vantage 可以灵活扩展，以应对已在云中的架构的增长挑战，按需付费的方式提供了最大的灵活性。无论企业是正在向云迁移、拥有混合基础架构，还是已经充分利用 Teradata 云平台，Teradata 都能将云分析转化为解决问题的答案。具体使用案例包括测试和开发系统以及数据实验室。

5.2 中国

5.2.1 CDP（云数据平台）

　　CDP Data Hub 是云数据平台（Cloud Data Platform，CDP）公共云服务上提供的一项功能强大的分析服务。它能以我们熟悉的云中集群模式，方便快捷地实现从边缘到人工智能的高价值分析。它能整合本地数据中心（私有云）与公有云架构，促进数据管理和分析工作负载，并通过统一且安全的治理机制无缝迁移数据至云环境。在云数据中心（Cloud Data Hub）的帮助下，数据可以向任何方向移动，而无须在云之间进行跨越，也无须进行代价高昂的重写或重建。Cloud Data Hub 提供以从业人员为中心的模块化分析功能，在任何云环境中均可提供一致体验。CDP Data Hub 拥有最广泛的分析工作负载，包括流、ETL、数据集市、数据库和机器学习。它可以轻松地将现有工作负载从本地部署迁移到云中，或直接在云中构建。CDP Data Hub 具有强大的治理能力，实现了公有云的可用性，将工作负载的灵活性优化为两种部署模式，加快了复杂工作负载在公有云中跨数据生命周期的部署，并以基于云计算的架构部署灵活的自定义分析工作负载（如图5-2所示）。

| 收集
数据流 | → | 丰富
数据集 | → | 报表
数据仓 | → | 运行
数据库 | → | 机器学习
预测 |

图5-2　云数据中心流程图

5.2.2 Huawei（华为）

Huawei Fusion Insight 是华为推出的一款数据采集与分析平台。它可以根据多种需求提供各种数据的处理程序，其中大部分是另类数据。它的应用领域非常广泛。举例来说，它与招商银行合作构建了互联网金融生态系统。利用另类数据分析平台 Insight，在分析框架中衡量零售银行的效率指标，使得小微信贷的客户转化率相比传统方式提升了 40 倍。除了金融领域，广东移动在通信行业也借助与华为 Insight 数据分析平台的合作，与政企客户共同打造了智能电网、智能港口、高清视频等一系列标杆应用。在此过程中，视频图像取代了传统数据，承载信息流的作用。分析平台对这些信息进行提取和处理，用于内部业务支持和外部应用授权。

5.2.3 Alibaba Group（阿里巴巴集团）

新华智云科技有限公司，是一家大型数据人工智能技术企业，由中国国家通讯社新华社和阿里巴巴集团共同投资成立。新华智云推出的首个智能视频舆情数据平台，在数据采集后，通过视频智能标签、图像文字识别、语音识别等技术，实现对不同备选数据的关键内容提取和针对性分析。结合知识库和知识图谱，可以判断舆情。即使没有标题、标签、描述，只要视频中出现了具体内容、地点等信息，系统也能抓取并分析。捕捉到信息数据后，人工智能中心站可以基于大数据、NLP 和视频理解算法能力进行结构化处理。它还能实现多模态数据理解、识别和自动索引，提供精准的内容识别、检索和分析服务。从而实现舆论监督的智能化技术。

5.2.4 Super Pair Technology（超级配对技术）

超级配对技术通过情绪指数来辅助量化投资。通过收集电商平台和娱乐平台的商品库存、销售、评论、打赏等数据，并进行细粒度数据分析，它可以在财务报表发布前了解企业营收情况。首席架构师吴恒奎指出，市场情绪的驱动力主要来源于三方面：个人认知、新闻媒体报道，以及对券商发布内容的态度。这些信息主要来自社交媒体，综合起来，这些另类数据代表了整体市场情绪背后的驱动力。投资策略和模型也可以围绕这些情绪数据来建立。

5.2.5 Choice

数据科学的发展、另类数据的兴起以及金融建模方法的革新，为创造Alpha回报提供了新的视角。通过金融终端的选择，可以为投资者提供一套宏观的行业和公司研究的另类数据系统。这些系统旨在帮助机构投资者做出决策，并获得超越市场的回报。此外，这些系统还提供各种指标，包括新开户数估计、基金是否达到预期的预测、股东人数、账户持有人的观察清单以及个股的8大特征情绪指标。这些系统还广泛应用于金融市场情绪监测，以反映资本市场的整体氛围。此外，它们还可用于以全新的视角解读投资趋势、市场趋势分析和多空市场趋势。

5.2.6 SmarTag

"Open：Factset"作为一个另类数据市场渠道，为超过5 000家专业金融机构及超过10万名使用Factset产品的国际专业用户提供了"SmarTag"数据流服务。多个"SmarTag"库专注于通过先进的NLP技术实现数据流，将市场上的高频非结构化金融信息转化为机器可读的结构化元数据。这样，用户就可以从正文中准确提取公司或机构信息进行挖掘。其中包括情感、事件、行业、产品、地区以及投资理念或量化因素。这为构建量化交易策略提供可靠依据。

5.2.7 Jove Bird

Jove Bird是一款基于专业财务分析模型与先进的跨语言大数据技术的另类数据分析平台。它使用一系列独特的财务分析算法，如基本面分析、情绪分析和相关性聚类来分析来自世界各地的另类数据。此外，它还分析了纳斯达克、纽约、伦敦、香港、上海、深圳和其他10个股票市场，覆盖全球3万家上市企业。它也提供动态智能分析，辅助投资研究机构、信用评级机构和金融监管机构做出投资决策，辅助信用评级，加强行业监管等服务。Jove Bird指数结合了20多个因素，包括传统的财务参数和另类数据指数。这些数据可以帮助投资者将真实市场事件理解为现有评估模型的输入数据。这样就可以消除信息不对称风险，预测上市公司股价走势，实现超额收益。

5.2.8　IUAP Yonyoucloud（用友云）

用友云通过创新颠覆的数据驱动方式，帮助用户实时在线查询企业多维度信息，获取准确、全面、可靠的企业情报趋势。用户可以通过它评估企业的信用调查能力，详细了解合作企业，防范潜在风险。它还能洞察商业风险，提供早期风险预警和应对措施。它可以识别潜在客户和现有客户，防范合作中的风险。运营商可以全面洞察客户群，为客户推荐更适合的产品，提高营销水平和客户满意度，扩大客户群。全数字化智能再造，内置智能算法，支持整个业务流程的数字化智能再造。这包括营销、财务、供应链、采购和人力。它还支持开发、标准化和加速挖掘数据价值，支持标准化仓库建模、专业离线开发和实时开发，提高数据标准化和开发效率。它可实现多业务聚合，打破数据孤岛，支持 MySQL 和 Oracle 等20多个数据源。它还统一了数据收集和导出。此外，它可以降低技术门槛，并使所有用户都能参与。它可以封装大数据技术，并提供易于使用的操作界面和操作流程，使专业化资产管理实现数据元素的量化价值，建立覆盖整个数据操作过程的数据资产管理规范。这包括数据标准、处理、显示等步骤，并提供实现企业数据资产价值的可量化机制。它还允许多类型数据源访问和多模式数据建模，包括使用仪表板、分析卡配置工作台、快速精细的大屏幕定制、自由组合、丰富的样式、跨模型关联、模型填充、免费填充、高保真移动应用程序分析和设计、仪表板、免费报告、AI驱动的WYSIWYG Bi分析、灵活的模板、自动数据检索、无插件二次处理等。

5.2.9　Sugon（曙光）

曙光涵盖科技、教育、制造、媒体、医药、电力、食品、金融等行业。此外，它还提供包括高性能计算、人工智能、云计算、数据中心以及大数据的安全与存储在内的通用解决方案。

其GPU深度学习平台的解决方案，优化并整合了计算加速、存储系统、网络系统、作业调度系统、集群管理以及软件框架。它还帮助用户解决训练过程中阻碍深度学习的棘手计算问题，简化深度学习平台的构建过程，降低业务投资成本，使用户能够学习深度学习。该平台已被广泛应用于图像识别、人脸识别、语音识别和自然语言处理等多种应用场景中。它使用人工智能云计算平台解决方案，提供快速、稳定、弹性的GPU计算资源。同时，平台集成了数据集管理、模型管理、训练等服务。它还支持各种深度学习框架，如Caffe/TensorFlow，以及灵活的资源调度策略，使训练过程更加高效和灵活。此外，它简化了企业构建深度学习平台的过程，提高了资源利用率，降低了业务投资成本，并使用户能够更专注于深度学习应用本身。它主要用于深度学习训练/推理、图形和图像处理以及科学计算。

5.3　欧洲

5.3.1　PatentSight

PatentSight收集了来自全球超过95个权威机构的详尽专利数据，包括全面的全文专利数据、超过1亿份英文专利文件、约7亿张附图和发明插图，以及近1亿个通过OCR技术可搜索并可快速下载的PDF文件。

专利面向未来，具有很强的预测能力。由于从专利到产品的平均时间为2~5年，因此专利数据经常被用来及早识别技术趋势和颠覆性创新。专利数据还可用于识别具有潜在影响力的新创公司，或评估技术驱动型公司可能面临的风险和机遇。PatentSight为投资者提供全面的专利数据集。它的数据集包括所有标准专利衡量指标和独特的创新关键绩效指标，可帮助投资者做出投资决策。

5.3.2　Peekd

Peekd是一个电商智能平台，助力在线企业做出明智的决策并抓住机会。有了Peekd，企业就能从数据中寻找自身独特的战略优势。全球成千上万的企业依靠Peekd产品优化在线业绩，充分释放潜力。Peekd帮助初创企业启动并增加收入，帮助成熟企业加速进入新市场。

5.3.3　Unacast

Unacast创造了一个将物理与数字世界连接起来的平台，精确了解并尊重用户的具体位置。它的任务是为市场提供最准确的位置数据，从而为新服务提供动力。该公司从智能手机和移动应用程序中收集汇总的GPS数据，在征得用户同意后，对数据进行分析和情景化处理，从而提供准确的位置情报。这些数据可用于广告、受众细分、竞争景观、城市规划，以及更好地了解基于人类的移动分析，如迁移模式的变化和基于地区的人口数据。Unacast经用户授权，从超过1.3亿部智能手机和移动应用程序中收集汇总的GPS数据。通过覆盖4 500个品牌和150万个兴趣点，它可以识别单个地点或品牌整个市场的模式。数据更新频率介于每4至26天一次，具体依据所用数据集而定。它利用来自公共数据集的数据，通过补充数据集进一步简化数据模型，其范围从单个物业边界到城市再到美国。Unacast的数据源被多个行业使用，包括房地产和股票投资、用于选址和测量商店客流量的零售商，以及用于规划公共空间和重要基础设施的公共部门。物流公司也将其用于与仓储和运输的通信，金融业则将其用于确定 Alpha、检测市场变化和衡量投资组合风险。

5.3.4 Owlin

Owlin 为全球领先的企业、金融机构、咨询公司和支付公司提供强大的预测性文本分析解决方案。其灵活的 SaaS 平台包含宝贵的先进工具，可对非结构化数据进行聚类、提取、评分和可视化。它可对数百万个数据源进行实时索引和挖掘，以确保捕捉到重要事件。

Owlin 可以监控第三方环境，进行第三方风险管理，了解交易对手组合，标记新出现的风险，从噪声中过滤信号，以管理交易对手风险。它可以监控跨语言和跨地域的商户组合，降低退单风险，同时提高资本效率。Owlin 还有助于做出明智的战略决策，并监控市场趋势、同行活动和重要发展。

5.3.5 EPFR

EPFR 是 Informa 金融情报的一个组成部分，为全球金融机构提供资本流动和资产配置数据。EPFR 跟踪全球注册总资产达 24.5 万亿美元的传统基金和另类基金。此外，EPFR 也揭示了机构和个人投资者的资金流向，以及促进全球市场发展的基金经理的配置动态。Informa 提供给金融机构的智能分析，使它们能够做出明智的决策、掌握过去的趋势、预测未来的表现、提升盈利能力，并增加收益。EPFR 还为客户提供市场领先的竞争基准、客户分析和专业数据。EPFR 主要服务于金融业。交易员、定量分析师、对冲基金经理和策略师依靠其数据的预测能力来识别关键市场趋势，并设计投资模型以产生 Alpha 并降低 Beta 系数。EPFR 涵盖了从提案到绩效衡量的整个财富管理生命周期。它还向资产管理公司提供干净、可靠、可信赖、及时且细致的广泛数据和洞察。它还利用咨询方法在日常投资过程中为客户增加价值。自1983年以来，EPFR一直在研究零售银行业，以确定具有潜在竞争优势的领域。EPFR可以提供市场上最好的投资分析和数据，促进资产配置，衡量和报告绩效，并进行尽职调查。通过这种方式，EPFR利用市场研究和竞争产品数据优化业务决策，内容涵盖从机构到产品，再到消费者参与的全方位服务和解决方案。

5.3.6 Huq Industries（Geo-Location）

对于金融市场的投资者来说，Huq的流动性数据可以帮助它们更快地找到Alpha。Huq提供了3种移动数据产品，包括宏观指标、手机销售数据和每日汇总数据。Huq还更新了以美国和欧洲为重点的100多个市场领域和国家的宏观指标指数。其独特的方法论从根本上保证了在广泛的地区和主题范围内提供尽可能高的测量细节。Huq利用这一强大的基础数据集，清晰有效地洞察全球消费者的行为，以及在这一快速发展的环境中消费者行为的变化情况。Huq的第一方地理数据是唯一一款专门为金融、房地产和咨询研究人员设计的数据集。Huq的手机销售数据专门设计以满足投资者需求，能够准确、高频率、细致地衡量不同市场和移动网络运营商的手机型号采用率。数据全面、分析灵活、易于访问。Daily Rollups Feed按商店位置、小时和天数汇总唯一访问量，加快了收集结果的过程。

5.4 亚洲（除中国外）

5.4.1 Nikkei（日经）

日经新闻是公认的亚洲最大的经济与企业新闻媒体集团。自成立以来，日经FTRI一直致力于金融数据分析，并向客户提供相关支持。特别是SMACOM，它提供独特的各种信息，协助专业投资者做出投资决策。它利用日经FTRI分析的分数和数据来实现这一目标。SMACOM通过从多种类型的数据中提取（并根据这些数据进行校准）的输出结果吸引投资组合经理和量化分析师。这些数据包括企业信息披露、新闻、微观经济和宏观经济数据以及POS等其他形式的金融信息。SMACOM能够利用日经指数宝贵的源数据池。它覆盖约40 000家上市公司，涉及51个主要市场，包括大部分经济合作与发展组织（OECD）成员的市场。

5.4.2　QMIT

QuantZ Machine Intelligence Technologies（QMIT）是从 QuantZ Capital 的统计套利对冲基金衍生出的信号提供商。它提供可投资的信号（衍生分析）给投资者，致力于实现对冲基金 Alpha 的普及。QMIT结合机器学习与广泛的股票情报及其他数据，使投资者或管理者能够对任何股票做出判断。

5.4.3　Datapulse

Datapulse的洞察力源自对全球互联网基础设施实际行为的观察。这就形成了一个包含其他网站网络流量的概览，从而能够对完整的域名和品牌组合进行评估。通过这种方式，它可以建立竞争情报档案并创建行业基准。

Datapulse分析的互联网数据是由所有线上操作不断产生的：从浏览互联网到点击超链接，再到发送或检查电子邮件。Datapulse针对分析服务提供商、品牌监测和商业情报机构以及营销洞察专家的需求，设计科学合理的信息产品。

5.4.4　Liases Foras

Liases Foras 是一家专注于房地产数据分析的公司，其数据覆盖了印度的 25 个城市。该公司声称，其服务每季度覆盖 15 000 多个新房地产项目和 8 000 多家房地产开发商。其销售数据通过一系列服务产生效用，涵盖市场预测、风险评估及估值报告。

Liases Foras 依据其专有的房地产数据，创建了房地产灵敏度指数（RESSEX™）。其特点包括用户友好的分析仪表板，可逐层剥离深入的房地产数据，点击选择，并以多种格式（CSV、PDF 或图片）下载。RESSEX 允许用户通过交互式分析，从宏观层面到单个项目层面，对复杂的数据进行全面灵活的分析。RESSEX™ 覆盖了泛印度 56 个人口普查城市 90% 以上的初级供应。它提供了价格、库存、销售和效率等因素的趋势，有助于决策。事实证明，RESSEX™ 是开发商、投资者、银行、房地产金融公司、FII、私募股权基金、REIT、REMF、股票分析师和投资银行家在决策过程中不可或缺的资源。

5.4.5 Propstack

Propstack 是印度领先的房地产数据提供者，同时也是该国房地产、金融科技以及数据和工作流解决方案平台的佼佼者。它是为满足提高市场透明度和效率的需求而开发的。其支持数据包括写字楼数据、开发商贷款数据和住宅数据。此外，它们还收集并维护印度最大、最全面的房地产交易数据集，并利用其庞大的数据集创建分析和洞察力，帮助客户做出更好的决策。Propstack 还开发技术应用和平台，为贷款人、投资者、开发商和消费者提供帮助。

参考文献

Alibaba Group. https：//www.alibabacloud.com/ ［Online； accessed 18-March-2022］.

Amazon. https：//aws. amazon. com/kinesis/? nc1=h_ls ［Online； accessed 19-March-2022］.

Bondcliq. The Inside Market. http：//www. bondcliq. com/blog-2/ ［Online； accessed 15-March-2022］.

Datapulse. http：//www.datapulse.global/ ［Online； accessed 20-March-2022］.

EPFR. http：//informaresearchservices. com/ ［Online； accessed 16-March-2022］.

EventVestor. http：//www. eventvestor. com/ ［Online； accessed 18-March-2022］.

Google. https：//www.cloud.google.com ［Online； accessed 18-March-2022］.

HP Vertica. https：//www.vertica.com/overview/ ［Online； accessed 15-March-2022］.

Huawei. FusionInght Intelligent Data Lake. https：//e. huawei. com/cn/solutions/cloud-computing/big-data ［Online； accessed 20-March-2022］.

Huq Industries. https：//huq.io/ ［Online； accessed 15-March-2022］.

IBM. IBM DataStage. https：//www. ibm. com/products/infosphere-datastage? mhsrc=ibmsearch_a&mhq=infosphere ［Online； accessed 16-March-2022］.

Intel. https：//www. intel. com/content/www/us/en/it-management/intel-it-best-practices/big-data-securing-intel-it-apache-hadoop-platform-paper. html ［Online； accessed 15-March-2022］.

IUAP Yonyoucloud. https：//iuap.yonyoucloud.com/ ［Online； accessed 16-March-2022］.

Liases Foras. http：//www. liasesforas. com/ ［Online； accessed 16-March-2022］.

Microsoft. Microsoft-sql-server. https: //www. microsoft. com/en-us/ research/publication/microsoft-sql-server/, 1997 〔Online; accessed 15-March-2022〕.

Nikkei. https: //www.nikkei.com/ 〔Online; accessed 15-March-2022〕.

Oracle. Oracle Private Cloud Appliance. https: //www. oracle. com/ engineered-systems/big-data-appliance/ 〔Online; accessed 17-March-2022〕.

Owlin. http: //www.owlin.com/ 〔Online; accessed 17-March-2022〕.

PatentSight. https: //www. patentsight. com/ 〔Online; accessed 17-March-2022〕.

Peekd. https: //peekd.ai/ 〔Online; accessed 18-March-2022〕.

Propstack. http: //www. propstack. com/ 〔Online; accessed 19-March-2022〕.

QMIT. https: //www.qmit.kr/ 〔Online; accessed 18-March-2022〕.

Sugon. XData Big Data Intelligent Engine. https: //www. sugon. com/ product/324.html 〔Online; accessed 15-March-2022〕.

Teradata. https: //www. teradata. com. cn/Products/Software/Vantage 〔Online; accessed 15-March-2022〕.

Thinknum.https: //www.linkedin.com/redir/redirect? url=http%3A%2F% 2Fre-analytics% 2Ecom&urlhash=4Z3X&trk=about_website 〔Online; accessed 16-March-2022〕.

Unacast. http: //www. unacast. com/ 〔Online; accessed 19-March-2022〕.

Verbatim. www. verbatim. com/global 〔Online; accessed 15-March-2022〕.

第6章 基于文本数据和机器学习的智慧型投资策略和风险因子

6.1 导言

文本，作为一种常见的数据源，包含丰富信息，但受到文本分析技术难度的限制，其重要性过去常常被忽视。随着大数据时代的到来、结构化文本源的出现以及先进算法的发展，文本分析变得更加容易和有益使用。如今，文本分析已成为经济研究者，特别是在会计与金融领域的基础工具。研究人员已经发现了企业财务信息披露与股票价格、交易量、波动性、未来的意外收益等之间的各种联系。此外，社交媒体平台和监管机构意见函等另类文本数据源也被发现可预测公司的股票表现。

在介绍文本分析的框架之前，我们不妨先来了解一下语言结构的全貌，它可以分为六个层次：语音学、音系学、词法学、句法学、语义学和语用学。随着层次的深入，复杂性呈几何级数上升，分析的难度也相应增大。基础的文本分析主要集中在词法和句法层面，而深度学习提供了达到更高层次的可能性。下一节我们将快速回顾金融研究中文本分析的主流方法。

6.2　文本分析技术

金融研究中完整的文本分析流程包括数据收集、预处理、特征提取和文档词条矩阵构建。其中最重要的部分是从大量数据中提取有限的有用特征。自然语言处理（NLP）与机器学习/深度学习（ML/DL）构成了两大主要研究方向。前者处理杂乱无章的自然语言，并将文本转换为结构化、可量化的变量，后者则用于理解信息背后的语义。

6.3　自然语言处理

自然语言处理的核心思想在于用有限的定量维度表示原始文本。大体上来说，语言模型可分为两类：字典模型和统计模型。正如 Matthies 和 Coners（2015）所言，尽管这两类模型倾向于捕捉词语的不同维度，但它们之间具有相当的互补性。

字典模型是指在现有字典数据库的基础上识别单词的特征，并利用单词的特征来表示原始文本。第一道程序是将原始文本分割成片段，然后进行单词计数。词袋模型（BoW）常用于计算词频，例如词频-逆文档频率（TF-IDF）矩阵。然后，根据上下文或特定领域词典（如 Loughran-McDonald 大词典）对常用词进行分类。根据这些结果，研究人员可以构建定量指数或因子，并将其用于股价预测。BoW 进一步发展为连续词袋模型（CBoW）。Tsai 等（2016）利用 CBoW 从大量 10-K 财务报告中发现财务关键词。他们发现，根据 CBoW 识别的预测关键词能有效预测事件后波动性、股票波动性、异常交易量和超额收益。

然而，这种处理方式的局限性是显而易见的。虽然词的计数包含很多有价值的信息，但它忽略了词的顺序。最重要的是，常用词的多义性很普遍。如果不考虑整个句子，就很难识别一个词的真实情感或语气。Loughran 和 McDonald（2014）已经指出了字典模型存在大规模误分类的风险。然而，大多数研究都是机械地应用这种方法，很少有研究认真讨论这些模型的准确性。

最近，矢量表示法的广泛应用极大地提高了简单字典模型的性能。潜在语义分析（LSA）和隐含狄利克雷分配（LDA）是先行的两种方法，其后发展了如全局向量表示（GloVE）、上下文向量（CoVE）、Elmo 和 Word2Vec 等技术。自注意力驱动的语言表征，包括生成预训练（GPT1 和 GPT2）和双向自注意力编码器表征（BERT），也取得了不错的成绩。越来越多的研究人员试图利用这些先进的语言模型来提高传统分析框架的准确性和可靠性（Chen 等，2017）。

6.4 机器学习/深度学习（ML/DL）

尽管 NLP 模型已经对原始文本进行了许多分析，但仍有大量信息尚未开发。在性能更好的硬件和算法（ML/DL）的帮助下，提取更深入的信息成为可能。

最著名的机器学习分类器包括支持向量机（SVM）、朴素贝叶斯（NB）、多项式朴素贝叶斯（MNB）、隐朴素贝叶斯（HNB）、最大熵（MaxEnt）、决策树（DT）、随机森林（RF）、K 近邻（KNN）和逻辑回归（LR）等（Iqbal 等，2021）。在分类的数据集上，NB 及其延伸（MNB 和 HNB）和 MaxEnt 通过概率进行分类，其中 NB 揭示了每个特征的条件独立性，在高维输入处理中特别有用。MNB 在 NB 的基础上对每个特征采用了多项式分布，而 HNB 则通过放宽其独立性假设对 NB 进行了延伸。不同的是，MaxEnt 使用 MLE 为训练数据的特征创建权重。DT 是一种基于算法技术的预测建模方法。当大量 DT 组合为一个整体时，它就变成了随机森林。KNN 根据最近的数据点对数据进行分类，而 LR 是用因变量估计逻辑函数，并使用这些函数进行预测。

大量研究发现，当决策过程是非线性的时候，机器学习可能比传统算法有更强大的优越性。例如，机器学习已成功提高了人们发现金融欺诈的能力。Zhang（2016）利用现代机器学习技术追踪虚报的财务状况，并比较了不同主流算法的性能。根据 Zhang 的评估，在逻辑回归、人工神经网络、支持向量机、决策树和引导聚合算法 5 种最先进的分类模型中，最后 1 种表现最佳。

近期，得益于图形处理器（GPU）计算能力的突破性进步，深度学习得到了显著推动。与机器学习相比，深度学习在训练数据充足的情况下性能更好。通过实施神经网络架构，文本分析的深度学习算法可以构建多层神经元，并生成原始文本的语境导向表示。Minaee 等（2021）总结了 150 多种深度学习模型，并根据模型架构将其分为 11 种类型：前馈网络、基于递归神经网络（RNN）的模型、基于卷积神经网络（CNN）的模型、胶囊网络、注意力机制、记忆增强网络、图神经网络、孪生神经网络、混合神经网络、自注意力模型和无监督学习。限于篇幅，这里主要介绍前 5 种。

除了上文讨论过的最简单的前馈网络（如 Word2Vec）外，基于 RNN 的模型将文本视为单词序列，并捕捉单词相关性和结构来进行文本分类。长短时记忆（LSTM）网络是最流行的网络。LSTM 采用分层结构和多个隐藏层，从排序的词序列中提取特征，并发现高度非线性关系，如与上下文语境相关的含义。在处理存在很长依赖关系的序列输入时，LSTM 利用遗忘门防止反向传播过程中梯度爆炸。与传统方法相比，深度学习在针对财务信息披露的股价预测方面更为准确（Kraus 和 Feuerriegel，2017）。

与识别跨时间模式的 RNN 不同，CNN 经过训练可识别跨空间模式。它在检测局部和位置不变模式方面表现出色。CNN 有多种类型：Kim-

CNN、动态CNN（DCNN）、字符级CNN、深度CNN（VDCNN）、基于树的CNN以及其他有趣的模型。以Kalchbrenner等（2014）提出的DCNN为例。它采用动态k-max池化对句子进行语义建模。通过建立不同长度句子的特征图，DCNN能够明确地检查短程和长程关系。该网络的一个突出特点是不依赖于任何语法树，适用于多种语言。根据Kalchbrenner等（2014）的研究，该模型在小规模二元和多类情感预测以及六项问题分类中表现优异。在其他实验中，与基准相比，该模型也大大减少了误差。

尽管RNN和CNN能够成功识别突出特征并降低计算复杂度，但它们在空间关系方面存在很大的信息丢失风险，而且有可能诱发误分类。为了解决这些问题，深度学习领域引入了"胶囊"（Capsule）的概念，即用一组神经元来表示句子和文档。使用胶囊的算法层出不穷，其中，Zhao等（2019）开发的NLP胶囊框架包含四层：卷积层通过卷积运算从文档中提取特征；初级胶囊层将特征转化为初级胶囊；聚合层将高度聚合胶囊传送到下一层；顶层包含通过最小化负得分函数生成的最终胶囊。根据他们的论点，胶囊网络具有可扩展性、可靠性和通用性等优点，适用于解决大规模问题。

受到人类如何将视觉注意力分配至句子中不同关键词的启发，研究者们开发了基于注意力机制的模型。简单来说，文本分析中的注意力类似于权重向量。我们可以通过聚合注意力向量加权值作为目标的近似值来预测单词。例如，Santos等（2016）提出了一种注意力池（AP）模型。通过双向注意的应用，AP将配对输入投射到一个共同的表征空间中，从而进行更合理的比较。而且，它能有效匹配长度差异较大的输入。

6.5 根据文本数据集分析的金融因子

利用上述技术，文本分析可以从多个维度描述文本的特征，包括数量

（如以文档长度衡量）、可读性（如以迷雾指数衡量）、语气（如以管理者情感指数衡量）、可比性（如以文本相似性衡量）、语义（如以语言的极端性衡量）、可访问性（如以社交媒体的使用率衡量）、准确性（如以新闻的真实性衡量）和流行度（如以搜索频率衡量）。

6.5.1 可读性

美国证券交易委员会（SEC）规定，上市公司须以易于普通投资者理解的通俗英文披露信息。Li（2008）使用计算语言学中的"迷雾指数"（Fog Index）来衡量上市公司年报的可读性。Li 观察到一个有趣现象：年报较长且难以理解的公司往往收益较低，而那些年报易读的公司的正收益持续时间更为长久。一种可能的解释是，管理者有向投资者隐瞒不利信息的动机。Lo 等（2017）基于"迷雾指数"进一步扩展了 Li 的研究，探讨了模糊性是否使信息披露变得更复杂。他们的研究表明，具有较大收益管理可能性的公司，其年报中的管理讨论与分析部分（MD&A）更为复杂。Lehavy 等（2011）研究了公司 10-K 报告可读性与卖方财务分析师行为的关联，发现 10-K 报告可读性较低时，分析师对盈利的预测分歧更大、准确度更低，且整体不确定性增加。同时，作为公司与投资者之间的信息中介，分析师会花费更多精力收集信息，并为那些披露信息可读性较低的公司编制报告。既然信息环境会受到财务报表书写不清的负面影响，那么自愿披露就能在一定程度上起到缓解作用。Guay 等（2016）发现，财务报表的复杂性与后续公司自愿信息披露之间存在稳健的正相关关系。这种联系可能更为紧密。

然而，所有上述研究均假设公司信息披露中的复杂语言旨在混淆管理层的真实意图。但实际情况并非总是如此。Bushee 等（2018）强调，复杂的语言同样可能出现在信息技术披露的部分，技术术语使得报表变得更加复杂。他们建议未来研究应将混淆因素与技术披露本身区分开来，从而进行更有效的测试。通过研究季度财报电话会议中语言复杂性成分与信息不对称之间的关系，他们发现管理者语言复杂性中的信息成分与信息不对称负相关，而混淆成分则相反。

不仅是上市公司，信息披露的可读性对共同基金也很重要。Hwang和Kim（2017）专注于封闭式基金（CEF），即在证券交易所公开交易的共同基金。其价格反映了投资组合的资产净值，并根据市场供求关系波动，因此CEF的市场价值与其基础资产之间会存在折价（或溢价）。Hwang和Kim（2017）研究了影响文件可读性的关键"书写缺陷"的普遍性，并发现财务信息披露的书写质量不佳会导致CEF股票出现更大的折价。当投资者更加依赖年度报告时，可读性的负面影响也会变得更大。

此外，分析师报告的可读性也很重要。与公司信息披露类似，分析师报告的可读性也会对股票表现产生影响。De Franco等（2015）将经验丰富、声誉良好且及时、频繁、持续提供盈利预测的分析师定义为"高质量"分析师。他们发现，高质量的分析师更有可能撰写可读性更强的报告，而分析师报告的可读性更强则与更大的交易量显著相关。

6.5.2　语气和情绪因子

（1）上市公司披露信息的语气因子

Mayew等（2015）探讨了文字披露的语气是否能预测公司的持续经营能力。通过对破产企业的抽样调查，他们发现管理层对持续关注问题的看法和MD&A信息披露的文本特征在预测公司是否会在真正破产发生前3年退出市场方面非常有效。这证明了强制要求管理层对公司未来运营态度的定性披露仍然很重要。通过剔除公司当前业绩、未来业绩和战略激励，Davis等（2015）发现电话会议中存在管理者独有的语气特征。还有证据表明，过度乐观可能会误导投资者对电话会议披露信息的判断。Allee和Deangelis（2015）发现叙述中语气词的分布程度与分析师及投资者对电话会议内容的反应有关。根据他们的研究，自愿披露叙述的结构暗示了当前的总体和分类绩效、未来绩效以及管理者的财务报告决策和看法。基于企业财务信息披露的综合文本语气，Jiang 等（2019）构建了经理情绪指数来估计未来的股票回报率。与宏观经济变量相比，其预测能力相当强。较高的经理情绪与较低的总异常收益以及较高的总投资增长之间存在很强的相关性。

（2）媒体的语气因子

媒体报道的语气会对投资者的决策产生很大影响。Hillert 等（2014）通过研究美国全国性和地方性报纸上的文章发现了一个有趣的事实，即被媒体报道的公司表现出明显更强的势头。文章的语气影响了这种效应，加剧了投资者的偏见。他们的结论是，那些受到公众关注的公司的回报可预测性极强，这在一定程度上有助于解释动量效应。Frank 和 Sanati（2018）研究了市场对正负价格冲击的不同反应。根据他们的观察，正向价格冲击预示着反转，而负向价格冲击则暗示着漂移。这可以解释为投资者对好消息反应过度、对坏消息反应不足。当注意力偏差较强或套利资本稀缺时，这两种模式都会变得更加明显。

因此，企业有强烈的动机操纵媒体的正面或负面报道。Baloria 和 Heese（2018）进行了一项准自然实验，观察企业对潜在的媒体负面新闻报道采取的行动。他们发现，受到倾斜性报道威胁的公司会在事件发生前压制信息发布，并在事件发生后发布信息，这表明公司在进行战略性声誉资本管理。

此外，媒体的语气因素也有助于预测房价。Soo（2018）首次提出通过量化当地住房新闻的定性语气来衡量住房情绪的想法，并发现住房媒体情绪早在两年前就能极大地预测未来的住房价格。对于那些投机性投资者较多、知情需求较少的市场，媒体情绪指数有更好的表现。

媒体的语气还受到媒体与本地公司之间关系的影响。与非本地公司相比，媒体在报道有关本地公司的新闻时更倾向于使用较少的负面词汇。Gurun 和 Butler（2012）将原因归结为本地公司通过广告支出赞助本地媒体。对于规模较小、主要由个人投资者持有、较少受到分析师关注以及股票流动性较差的公司，这种效应尤为明显。

（3）投资者社区和社交媒体的情感因子

文本分析也可应用于投资者交流平台和社交媒体。文章、评论和非官方披露的信息反映了市场情绪，有助于预测股票的未来表现和交易量。Antweiler 和 Frank（2004）通过计算语言学方法测量了看涨情绪，并开创性地研究了互联网股票留言板对市场的影响。他们指出，尽管股票留言板在统计学上能预测市场波动，其实际影响却相当有限。Chen 等（2014）重点研究了社交媒体平台"Seeking Alpha"上投资者的热门文章对股票回报和盈利意外的影响。他们发现，文章和评论都有助于回报预测。Cookson 和 Niessner（2020）通过分析投资者在社交媒体投资平台上的情感表达，研究了投资者之间分歧的来源。他们论文中引人入胜的一点是，总体分歧中近一半是投资方法（如技术面、基本面）的不同造成的。对于交易策略设计而言，投资者之间的分歧程度有助于解释异常交易量和市场波动。

（4）员工评分的情感因子

随着在线雇主评价和招聘网站的兴起，提取员工评分中的情感因子成为了一种可能。与正式披露和发布的新闻不同，员工评分独立于公司的主动策略，有时能反映公司运营的真实情况。Green 等（2019）发现，众包雇主评分的下降会显著暗示股票回报的表现不佳。当评分来自在职员工，尤其是那些在总部工作的员工时，这种效应更加显著。作为公司的内部人，员工对公司业绩的知情度和敏感度更高。因此，他们的评级可以反映公司的销售和盈利能力，并预测异常收益。

（5）客户评分的情感因子

在线零售平台积累了海量的消费者评价文本，内含丰富的公司产品质量信息。对这一新数据源进行文本分析，挖掘与顾客相关的情感因子，可能会为交易者带来收益。Huang（2018）探究了消费者评价与股票基本面的关系，并提出了一种套利策略：做多评价异常高的股票，做空评价异常低的股票。在控制了财务因素、研发费用和交易量后，该策略的收益仍可预测。

6.5.3　相似性因素

相似性因素被广泛用于检查产品描述和 MD&A 披露。Hoberg 和 Phillips（2010）通过对 10-K 产品描述进行新颖的文本分析，发现描述的相似性可以预测公司的重组交易，因为资产的相似性与重新部署的难度相关。此外，当存在类似的备选目标公司时，目标公司的公告收益会更低。如果一家公司收购的目标公司与自己相似，又与竞争对手公司不同，那么该公司就更有可能实现更多的利润增长、销售增长以及产品描述的增加变化。基于之前的研究，Hoberg 和 Phillips（2016）从每年向美国证券交易委员会提交的 50 673 份 10-K 报表中测算出产品的差异化，并生成了一个新颖的行业和竞争对手数据集。与现有文献相比，创新数据集对经理人确定的同行公司、公司特征（包括盈利能力和杠杆作用）以及管理层竞争的解释更为透彻。此外，它与内生产品差异化理论、企业研发和广告推动的差异化竞争相一致。Brown 和 Tucker（2011）对企业 MD&A 披露的信息量表示担忧，因为他们发现 MD&A 的有用性近年来正在下降。随着 MD&A 披露的篇幅越来越长，MD&A 与之前的披露也越来越相似。价格对 MD&A 的反应也在减弱。尽管一些投资者仍依赖 MD&A 信息进行投资，但分析师已不再将其作为修正盈利预测的信息来源。他们的研究还探讨了公司在相邻会计年度经历的经济变化程度是否会影响 MD&A 的相似性。

6.5.4　语义因素

（1）上市公司披露信息的语义因素

Bochkay 等（2019）研究了首席执行官在季度收益电话会议上披露风格的动态变化。有趣的是，新上任的首席执行官在任期内往往会变得越来越悲观和短视。此外，CEO 的年龄、经验以及是否为外部聘用都会影响他们对公司盈利能力和未来发展的态度。Bochkay等（2020）在对盈利电话会议中的语言语调进行控制后发现，在公司报告中使用极端语言会导致电话会议前后的交易量和股票价格上升。语言的极端性还与分析师的观点和公司的未来运营有关。Buehlmaier和Whited（2018）基于Fama和French因子模型，捕捉了企业进入股票市场、债务市场和外部金融市场的机会，并通过年度信息披露的文本分析设计了新的财务约束衡量标准。他们的重要发现是，受约束的企业总能获得更高的市场回报。计算语言学也可用于风险评估。Hanley和Hoberg（2019）采用动态可解释方法预测金融行业的潜在风险，包括单个银行、房地产、预付款和商业票据。

（2）监管评论的语义因子

当美国证券交易委员会的审查员发现某个问题值得澄清、修改或在公司定期财务报告中补充披露时，公司就会收到一封意见函，要求尽快回复。因此，意见函可被视为反映会计及信息披露质量的指标。根据Ryans（2021）的研究，基于用量化方法衡量和文本分析的意见函分类与未来的重述和减记有关。这些主题反映了监管的重点和投资者的关注点，但在以往的文献中并没有得到太多的重视。

（3）另类数据的语义因子

Bandiera等（2020）通过应用无监督机器学习算法解析细粒度的CEO日记数据，将经理人分为两种类型，并以此研究CEO行为与公司业绩之间的相关性。他们发现，不同类型的经理人有不同的会议倾向。在控制了公司层面的标准变量后，CEO花更多时间与C-suite高管开会并在一次会议中涉及多个职能部门的公司与更高的生产率显著相关。

6.5.5 不确定性因子

金融市场一直在寻找发现风险和减少不确定性的新方法。9·11袭击、地区战役、贸易战以及其他许多"黑天鹅"事件都加剧了市场的波动，导致大量投资者蒙受巨大损失。将文本分析引入媒体领域为在真实事件发生前发现风险提供了一种可能的方法。例如，Baker 等（2016）在媒体报道频率的基础上开发了一种广泛使用的测量方法——经济政策不确定性指数（EPU）。根据他们的测算，EPU 在预测股票波动、投资、政策情绪行业就业和宏观经济因素方面表现良好。基于 EPU，大量研究开始关注与未来政策相关的不确定性与企业战略之间的关系。Gulen 和 Ion（2016）发现有证据表明，政策的不确定性会对企业层面的资本投资产生负面影响，尤其是对那些具有较高投资的不可逆程度、与政府支出的联系更紧密的企业而言。

Bonaime 等（2018）研究了监管不确定性与并购（M&A）活动之间的联系。在宏观和企业层面，当政策不确定性较高时，尤其是有关税收、政府支出、货币和财政政策以及行业监管的政策不确定性较高时，并购会受到抑制。他们还讨论了交易特征以及产品需求和股票回报敏感性方面的异质性效应。

6.5.6 精度系数

除了明确新闻的语气，文本分析还可用于识别新闻的准确性。媒体有通过"制造"轰动性新闻来吸引观众眼球的倾向。Ahern 和 Sosyura（2015）分析了关于企业合并的"独家新闻"准确性，指出这类报道往往采用模棱两可的语言并聚焦于知名企业，目的是吸引读者注意。他们提供了一种方法，利用记者的经验、专业教育和行业专长来预测兼并报道的准确性。他们还进一步讨论了假新闻对投资者的影响。与注意力有限理论相一致，投资者往往会在初期反应过度，随后又恢复正常。此外，Kogan 等（2019）利用新型数据集和语言检测算法来识别假新闻。他们发现，不准确的报道会增加交易量和价格波动。新闻被发现是假的之后，其危害是巨大的。读者不再信任新闻，即使是立法的新闻，也会产生巨大的间接负面溢出效应。

6.5.7 人气因子

（1）公司信息披露的流行因子

事实上，公司官方披露的信息并未得到广泛关注。对于个人投资者来说，通过阅读分析师报告或财务披露来追踪最新消息的时间成本很高。对于知名度不高的公司来说，通过报刊等传统媒介获得广泛报道的难度更大，这一问题尤为显著。社交媒体平台的出现为投资者提供了及时关注市场的机会，也为知名度较低的公司提供了宝贵而廉价的信息发布窗口。因此，社交媒体平台将市场主体更紧密地联系在一起，降低了信息不对称的程度。

社交媒体平台上传播的市场新闻总是简短而内容丰富的。例如，Twitter将信息限制在140字以内。Blankespoor等（2014）研究了Twitter的使用对科技公司的影响，发现额外的传播渠道有助于降低异常买卖价差、增加异常深度和改善股票流动性。

然而，当新闻不那么好时，企业更愿意战略性地隐藏信息。Jung等（2018）研究了标准普尔1 500家公司的Twitter使用情况，发现这些公司避免传播坏消息。此外，当消息不佳时，它们更愿意少发盈利公告推文和"重提"推文。对于诉讼风险高的公司来说，这种策略尤为突出。他们还发现了Twitter传播的弊端。根据他们的实证结果，一家公司的追随者在Twitter上发布和随后转发坏消息，与传统媒体关于该公司的负面文章数量呈正相关。

（2）市场趋势的流行因子

如今，搜索频率已成为衡量市场热点的另类指标。Da等（2011）通过构建谷歌搜索量指数（SVI），提出了一种创新的市场热点衡量方法。在衡量投资者关注度时，该指标比换手率、极端回报率、新闻和广告费用更为直接。SVI与这些间接指标相关，并能预测未来几周的股票价格。此外，它还能部分解释一些新股的首日高回报率和长期表现不佳的原因。

6.6 结束语

随着硬件和算法的发展，文本分析的应用越来越广泛，尤其是在金融领域，每天都会产生大量的信息披露和文本信息。虽然在数据获取方面还存在很大的技术壁垒和限制，但研究人员已经发现了大量隐藏在文本背后的信息与公司业绩之间的有趣关系。随着机器学习、深度学习以及传统NLP方法的快速发展，人们很快就会发现文本分析在金融领域的更广泛应用。虽然技术和应用乍一看可能过于困难和复杂，但请记住一点，任何时候跟进都不晚。事实上，当你进入其中时，它就会变得很有趣。

参考文献

Ahern, K. R., & Sosyura, D. （2015）. "Rumor Has It: Sensationalism in Financial Media". The Review of Financial Studies, 28 (7), 2050–2093.

Allee, K. D., & DeAngelis, M. D. （2015）. "The Structure of Voluntary Disclo-sure Narratives: Evidence from Tone Dispersion". Journal of Accounting Research, 53 (2), 241–274.

Antweiler, W., & Frank, M. Z. （2004）. "Is All That Talk Just Noise? The Infor-mation Content of Internet Stock Message Boards". The Journal of Finance, 59 (3), 1259–1294.

Baker, S. R., Bloom, N., & Davis, S. J. （2016）. "Measuring Economic Policy Uncertainty". The Quarterly Journal of Economics, 131 (4), 1593–1636.

Baloria, V. P., & Heese, J. (2018). "The Effects of Media Slant on Firm Behavior". Journal of Financial Economics, 129 (1), 184 - 202.

Bandiera, O., Prat, A., Hansen, S., & Sadun, R. (2020). "CEO Behavior and Firm Performance". Journal of Political Economy, 128 (4), 1325 - 1369.

Blankespoor, E., Miller, G. S., & White, H. D. (2014). "The Role of Dissem-ination in Market Liquidity: Evidence from Firms' Use of Twitter". The Accounting Review, 89 (1), 79 - 112.

Bochkay, K., Chychyla, R., & Nanda, D. (2019). "Dynamics of CEO Disclosure Style". The Accounting Review, 94 (4), 103 - 140.

Bochkay, K., Hales, J., & Chava, S. (2020). "Hyperbole or Reality? Investor Response to Extreme Language in Earnings Conference Calls". The Accounting Review, 95 (2), 31 - 60.

Bonaime, A., Gulen, H., & Ion, M. (2018). "Does Policy Uncertainty Affect Mergers and Acquisitions?". Journal of Financial Economics, 129 (3), 531 - 558.

Brown, S. V., & Tucker, J. W. (2011). "Large-Sample Evidence on Firms' Year-Over-Year MD&A Modifications". Journal of Accounting Research, 49 (2), 309 - 346.

Buehlmaier, M. M., & Whited, T. M. (2018). "Are Financial Constraints Priced? Evidence from Textual Analysis". The Review of Financial Studies, 31 (7), 2693 - 2728.

Bushee, B. J., Gow, I. D., & Taylor, D. J. (2018). "Linguistic Complexity in Firm Disclosures: Obfuscation or Information?". Journal of Accounting Research, 56 (1), 85 - 121.

Chen, H., De, P., Hu, Y. J., & Hwang, B. H. (2014). "Wisdom of Crowds: The Value of Stock Opinions Transmitted Through Social

Media". The Review of Financial Studies, 27 (5), 1367 - 1403.

Chen, Y., Rabbani, R. M., Gupta, A., & Zaki, M. J. (2017). "Comparative Text Analytics via Topic Modeling in Banking". In 2017 IEEE Symposium Series on Computational Intelligence (SSCI) (pp. 1 - 8). IEEE.

Cookson, J. A., & Niessner, M. (2020). "Why Don't We Agree? Evidence from a Social Network of Investors". The Journal of Finance, 75 (1), 173 - 228.

Da, Z., Engelberg, J., & Gao, P. (2011). "In Search of Attention". The Journal of Finance, 66 (5), 1461 - 1499.

Davis, A. K., Ge, W., Matsumoto, D., & Zhang, J. L. (2015). "The Effect of Manager-Specific Optimism on the Tone of Earnings Conference Calls". Review of Accounting Studies, 20 (2), 639 - 673.

De Franco, G., Hope, O. K., Vyas, D., & Zhou, Y. (2015). "Analyst Report Readability". Contemporary Accounting Research, 32 (1), 76 - 104.

Frank, M. Z., & Sanati, A. (2018). "How Does the Stock Market Absorb Shocks?". Journal of Financial Economics, 129 (1), 136 - 153.

Green, T. C., Huang, R., Wen, Q., & Zhou, D. (2019). "Crowdsourced Employer Reviews and Stock Returns". Journal of Financial Economics, 134 (1), 236 - 251.

Guay, W., Samuels, D., & Taylor, D. (2016). "Guiding Through the Fog: Finan-cial Statement Complexity and Voluntary Disclosure". Journal of Accounting and Economics, 62 (2 - 3), 234 - 269.

Gulen, H., & Ion, M. (2016). "Policy Uncertainty and Corporate Investment". The Review of Financial Studies, 29 (3), 523 - 564.

Gurun, U. G., & Butler, A. W. (2012). "Don't Believe the

Hype: Local Media Slant, Local Advertising, and Firm Value". The Journal of Finance, 67 (2), 561 – 598.

Hanley, K. W., & Hoberg, G. (2019). "Dynamic Interpretation of Emerging Risks in the Financial Sector". The Review of Financial Studies, 32 (12), 4543 – 4603.

Hillert, A., Jacobs, H., & Müller, S. (2014). "Media Makes Momentum". The Review of Financial Studies, 27 (12), 3467 – 3501.

Hoberg, G., & Phillips, G. (2010). "Product Market Synergies and Competition in Mergers and Acquisitions: A Text-Based Analysis". The Review of Financial Studies, 23 (10), 3773 – 3811.

Hoberg, G., & Phillips, G. (2016). "Text-Based Network Industries and Endogenous Product Differentiation". Journal of Political Economy, 124 (5), 1423 – 1465.

Huang, J. (2018). "The Customer Knows Best: The Investment Value of Consumer Opinions". Journal of Financial Economics, 128 (1), 164 – 182.

Hwang, B. H., & Kim, H. H. (2017). "It Pays to Write Well". Journal of Financial Economics, 124 (2), 373 – 394.

Iqbal, S., Hassan, S. U., Aljohani, N. R., Alelyani, S., Nawaz, R., & Born-mann, L. (2021). "A Decade of In-Text Citation Analysis Based on Natural

Language Processing and Machine Learning Techniques: An Overview of Empirical Studies". Scientometrics, 1 – 49.

Jiang, F., Lee, J., Martin, X., & Zhou, G. (2019). "Manager Sentiment and Stock Returns". Journal of Financial Economics, 132 (1), 126 – 149.

Jung, M. J., Naughton, J. P., Tahoun, A., & Wang, C.

（2018）．"Do Firms Strategically Disseminate？ Evidence from Corporate Use of Social Media"．The Accounting Review， 93（4）， 225‑252.

Kalchbrenner， N.， Grefenstette， E.， and Blunsom， P. （2014）． "A Convolutional Neural Network for Modelling Sentences"．In Proceedings of the 52nd Annual Meeting of the Association for Computational Linguistics （ACL'14）．

Kogan， S.， Moskowitz， T. J.， & Niessner， M. （2019）．"Fake News：Evidence from Financial Markets"．Available at SSRN 3237763.

Kraus， M.， & Feuerriegel， S. （2017）．"Decision Support from Financial Disclo‑sures with Deep Neural Networks and Transfer Learning"． Decision Support Systems， 104， 38‑48.

Lehavy， R.， Li， F.， & Merkley， K. （2011）．"The Effect of Annual Report Read‑ability on Analyst Following and the Properties of Their Earnings Forecasts"．The Accounting Review， 86（3）， 1087‑1115.

Li， F. （2008）．"Annual Report Readability， Current Earnings， and Earnings Persistence"．Journal of Accounting and economics， 45（2‑3）， 221‑247.

Lo， K.， Ramos， F.， & Rogo， R. （2017）．"Earnings Management and Annual Report Readability"．Journal of accounting and Economics， 63（1）， 1‑25.

Loughran， T.， & McDonald， B. （2014）．"Regulation and Financial Disclosure：The Impact of Plain English"．Journal of Regulatory Economics， 45（1）， 94‑113.

Matthies， B.， & Coners， A. （2015）．"Computer‑Aided Text Analysis of Corpo‑rate Disclosures‑Demonstration and Evaluation of Two Approaches"．The International Journal of Digital Accounting Research， 15（21）， 69‑98.

Mayew, W. J., Sethuraman, M., & Venkatachalam, M. (2015). "MD&A Disclo-sure and the Firm's Ability to Continue as a Going Concern". The Accounting Review, 90 (4), 1621 - 1651.

Minaee, S., Kalchbrenner, N., Cambria, E., Nikzad, N., Chenaghlu, M., & Gao, J. (2021). "Deep Learning-Based Text Classification: A Comprehensive Review". ACM Computing Surveys (CSUR), 54 (3), 1 - 40.

Ryans, J. P. (2021). "Textual Classification of SEC Comment Letters". Review of Accounting Studies, 26 (1), 37 - 80.

Santos, C. dos, Tan, M., Xiang, B., and Zhou, B. 2016. Attentive Pooling Networks.

Soo, C. K. (2018). "Quantifying Sentiment with News Media Across Local Housing Markets". The Review of Financial Studies, 31 (10), 3689 - 3719.

Tao, J., Deokar, A. V., & Deshmukh, A. (2018). "Analysing Forward-Looking Statements in Initial Public Offering Prospectuses: A Text Analytics Approach". Journal of Business Analytics, 1 (1), 54 - 70.

Tsai, M. F., Wang, C. J., & Chien, P. C. (2016). "Discovering Finance Keywords via Continuous-Space Language Models". ACM Transactions on Management Information Systems (TMIS), 7 (3), 1 - 17.

Zhang, M. (2013). "Evaluation of Machine Learning Tools for Distinguishing Fraud from Error". Journal of Business & Economics Research (JBER), 11 (9), 393 - 400.

Zhao, W., Peng, H., Eger, S., Cambria, E., and Yang, M. (2019). "Towards Scalable and Reliable Capsule Networks for Challenging NLP Applications". In Proceedings of the Annual Meeting of the Association for Computational Linguistics (ACL' 19). 1549 - 1559.

第7章 基于物联网的智能测试版和风险因素

7.1 简介

物联网（IoT）被广泛认为是信息和通信技术（ICT）行业的新引擎，预计将在未来10年引领市场。物联网在消费和技术领域的分支机构对信息和通信技术产业的革命具有非凡的影响。

物联网技术在金融领域的应用广泛，包括创造新融资场景、创新商业模式以及扩展金融服务范畴。此外，物联网还能缓解信息不对称问题，解决数据维度单一的问题，保证数据及时更新，并提供多维度数据验证。同时，物联网还可以提高管理效率，实现智能化管理、动态管理、特殊风险管理和及时处置。

物联网还能够创新信用体系，升级验证和监控手段，完善系统的风险管理。此外，它还可以提高中小企业的信息化和数字化水平，使企业主能够实时了解企业的经营情况。

本章重点讨论了物联网及其与人工智能结合（AIoT）在构建风险指标方面的最新进展。

从宏观的角度来看，通过应用物联网技术，金融机构可以更准确地了解企业的生产经营情况，从而减少了对抵押品、核心企业担保和第三方担保的需求。

利用物联网技术，银行能够实现对动产的全面、全天候监控，及时了解动产的状态和变化。这样，就可以缓解动产融资过程中存在的信息不对称的问题，以及动产固有融资的风险。同时，物联网监控也可以提高对企业的真实性验证，并协助对资产的价值属性进行评估。

物联网技术使金融机构能够构建动态风险控制系统及企业信用信息共享平台。银行可以对企业信用数据进行实时评估，可以缓解银行与企业之间的信息不对称性，减轻由此带来的金融业务风险。

金融业本质上是一个风险管理的行业，而风险控制是金融创新的关键。物联网系统使用户能够从两个维度来感知现实世界：物理世界中的时间和空间。它们还允许他们跟踪历史，观察当前，并预见金融服务管理中的每一个运营环节的未来。

物联网及人工智能物联网（AIoT）在金融领域的各个分支都扮演着关键角色。目前，越来越多的学者在研究物联网和AIoT在各企业风险指标建设体系中的作用。

He等（2022）建立了基于物联网的针对配电网运行状态的物流风险预警系统。他还建立了一个基于物联网的物流风险预警系统。

Petar Radanliev和David De Roure（2020）已经表明，由于没有量化物联网网络风险态势的自我评估方法，目前的技术水平存在差距。他们的研究论文探索并适应了物联网风险评估的4种替代方案，还确定了目标依赖建模作为研究的风险评估模型的主要方法。文章中新的面向目标的依赖模型能够评估复杂物联网系统中不可控的风险状态，并可用于物联网网络风险态势的定量自我评估。

7.2 一种基于IoT和AIoT的风险评估模型

7.2.1 层次分析法

层次分析法（AHP）是一种系统的、分层的、多迭代的决策方法。AHP采用了从分解到综合的设计原则，以分析复杂问题中的因素及其相互关系。基于物联网安全体系结构，将系统分解为不同层次，从而建立了物联网的层次模型。在每一层次中，可以根据指定的准则，成对比较该层次的元素以构造判断矩阵。接着，通过计算判断矩阵的最大特征值及其对应的正交化特征向量，得到该层元素的相对权重。通过一致性测试后，我们可以得到物联网信息安全风险指数系统的权重，从而计算出不同方案的权重，并为选择最优方案提供依据。

AHP能够针对实际系统中难以量化的风险因素进行分析。在判断矩阵的构建过程中，通过对评价方法的定量处理来确定每个威胁风险的相对规模。这为风险排名判断提供了基础。该方法已在航空和农业产业链的物联网系统中得到应用和验证。

AHP层次决策模型的优点是，它将对象视为一个系统，并建立一个根据分解、比较、判断和综合思维模式从下到上进行分析的决策模型。专家评估可以提高决策的可执行性，决策者可以与决策分析师进行沟通，以改进决策能力。

其缺点是，在应用AHP时，比较、判断和决策的准确性较低。此外，由于专家的知识、技能、领域和偏好的差异，结果可能会受到主观因素的影响。为了提高评价的准确性和一致性，研究人员开发了基于层次分析模型的模糊层次分析和灰色关系分析。

7.2.2 人工免疫模型

人工免疫模型模拟了自然免疫系统的机制，用于识别和抵抗网络入侵者。作为一种网络入侵检测系统，它可以定义自我部分和非自我部分，并检测系统是否受到了外部的入侵。在排除自我部分后，剩余的即为非自我部分，其中负向选择算法在确保用户安全方面发挥着先进作用。人工免疫系统在识别、学习、记忆、特征提取和适应等方面具有优势，能够应对多网络物联网系统中的复杂挑战，并有效检测频繁发生的攻击和入侵。

入侵检测系统中的元素对应于免疫系统中的元素（如图7-1所示）。

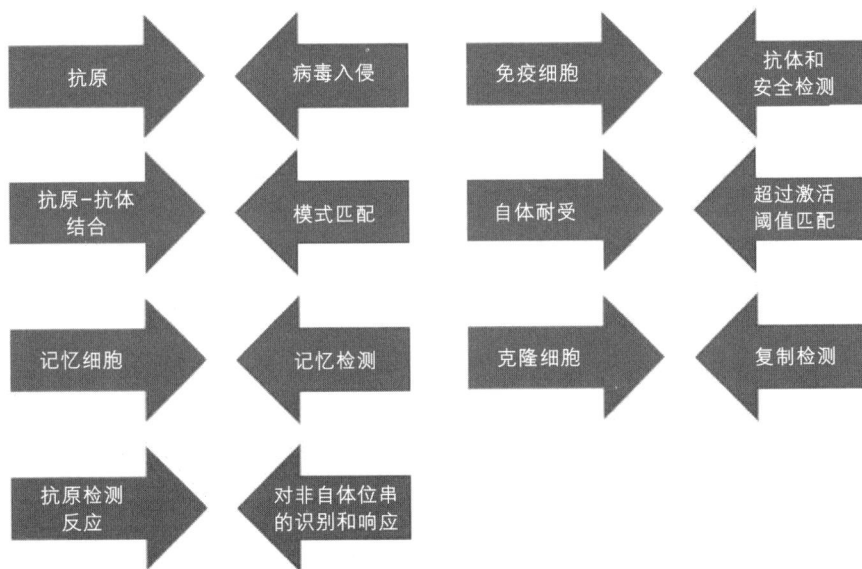

图7-1　入侵检测系统中的元素对应于免疫系统中的元素

该系统模拟了人类免疫系统中负向筛选、克隆筛选和记忆细胞的基本工作原理和机制，将入侵检测任务分配给6个功能主体（监测、决策、响应、沟通、筛选和测试），并通过信息共享和合作来识别异常行为模式。近年来，基于人工免疫系统的模型和算法已广泛应用于工程实施，如信息安全领域。

7.2.3 云转换模型

云转换模型的基本原理是利用随机变量来表示数据的隶属程度，这是将定性概念量化的一种方式。其主要特点是实现定性概念与定量值之间的转换。定性概念和定量值之间存在着普遍的不确定性，特别是随机性和模糊性。云转换模型可以将模糊性和随机性相结合，形成定性和定量之间的映射。数值特征分别用期望值（Ex）、熵（En）和超熵（He）表示。一个"云"由许多"云滴"组成，每个"云滴"都是定性概念映射到数字空间的一个点，表明了概念的确定性。该云模型得名于自然云，而自然云也具有不确定的属性。

有两种类型的云转换模型——前向云生成器和后向云生成器。前向云生成器依据三个值生成"云滴"在数域空间中的位置，以及有多少"云滴"。后向云生成器则依据"云滴"在数值域空间中的位置计算三个数值特征。

风险本质上具有客观性和随机性。风险评估具有明显的主观性、随机性、模糊性和不可预测性。物联网的大数据特性进一步增加了随机性和不可预测性。云转换模型能够缓解这一问题。目前已经有几种方法可以使用云模型进行安全评估，如从定量值中提取定性概念，然后获得概念之间的关联标准，并客观地反映安全威胁的分布。另一个例子是将定性概念转化为定量值，然后根据风险评估标准计算风险相关值。

7.3　IoT 和 AIoT 在金融领域中的应用

物联网在金融领域具有许多实际应用优势，见表7-1：

7-1	物联网在金融中的应用
优势	应用程序
实现设备可视化/自动化控制	通过发现每个物理/虚拟设备、该设备的数据中心、云计算和生产环境，物联网会自动根据设备类型、功能、操作系统、版本、供应商和操作模型进行实时分类
降低业务点风险中断	通过检查网络流量，直接集成网络基础设施，监控各种网络协议，被动地发现、分析技术和收集信息，可以将操作风险降至最低
收集实时操作数据	通过对内部信息的深入了解和对其他创新技术的集成，如人工智能和机器学习算法，企业可以增强它们对客户行为、行业趋势以及产品和服务的变化的理解
减少管理费用	这具有覆盖面积大、增益高、功耗低、终端连接大、网络建设成本低、对电源的依赖性小、通信模块成本低等优点
创造一个安全的交易环境	通过追踪客户消费的数量和地理位置，并创建防止借记卡和信用卡交易欺诈的技术，物联网可以促进金融最佳实践和完整性
实现差异化定价	基于物联网提供的数据，金融机构可以创建个性化的客户折扣和奖励，通过集成现有的系统和工作流程的物联网获得更多的好处，并开发金融产品和服务的方式，差异化定价

7.3.1　恶意软件捕获

IoT-23是一个来自物联网（IoT）设备的新网络流量数据集。它包含20个在物联网设备中执行的恶意软件捕获，以及3个针对良性物联网设备通信的捕获。该数据集于2020年1月首次出版，捕获时间范围是2018年到2019年。它的物联网网络流量已在CTU大学（位于捷克共和国）AIC集团的平流层实验室被捕获。它的目标是为研究人员提供一个真实的和已标记的物联网恶意软件感染和物联网良性流量的大数据集，以供研究人员开发机器学习算法。该数据集及其研究由Avast软件公司（位于布拉格）资助。IoT-23数据集由23个物联网网络流量的捕获（称为场景）组成。这些场景被分为20个来自受感染物联网设备的网络捕获和3个来自真实物联网设备的流量网络捕获。该数据集总共包含20个恶意软件捕获点。对于每个恶意场景，它们都在树莓派（Raspberry Pi）上执行了一个特定的恶意软件样本，它们使用了多个协议并执行了各种操作。良性场景捕获的网络流量是通过捕获3种设备的网络流量获得的：飞利浦Hue智能LED灯、亚马逊Echo家庭智能个人助理和Somfy智能门锁。请注意，这3种物联网设备都是真正的硬件，而不是模拟设备。这允许捕获和分析真实的网络行为。这个数据集的目标是向社区发布两个数据集：第一个包含恶意物联网流量，第二个仅包含良性物联网流量。良性和恶意流量都有两列新的网络行为描述标签。

7.3.2　在信贷领域

通过物联网技术实时监控抵押品状态，物联网融资提高了风险控制的精度。在融资租赁领域，物联网融资通过物联网技术实时对融资租赁标的物进行监控，确保设备安全、不被挪用。同时，通过生产设备的状态，对企业的生产经营信息进行监控和分析。这就保证了企业的正常还款能力，从而保证了融资租赁机构的风险控制的准确性。2013年，平安银行利用RFID技术监控中国品牌酒的库存，进行追踪和质量控制。日照银行将物联网技术应用于动产质押融资。这增加了灵活性，使动产具有不动产的属性，开辟了新的贸易金融风险防范和控制模式，为我国沿海城市商业银行贸易金融风险防范和控制模式的改革和创新提供了可借鉴的实践案例。

2015年，平安银行在钢铁行业引入了传感罩、传感盒等物联网传感设备，建立了由"重力传感器+精确定位+电子围栏+料仓分区+等高线扫"组成的智能监控系统。这使它们能够识别、定位、跟踪和监控钢铁动态。

7.3.3　在保险领域

物联网金融通过车联网技术了解驾驶员的驾驶习惯，与车辆信息、周边环境等数据相结合，建立了人、车辆、道路（环境）的多维模型定价体系。这有助于保险公司进行合理的定价，获得客户，并降低它们的损失率。英国保险公司在汽车上安装了一个装有GPS、运动传感器、SIM卡和电脑软件的盒子。这项技术能够跟踪被盗车辆，检测车辆碰撞或坠毁，并帮助分析车辆损失。2014年，平安银行通过感知卡实现车辆智能监控，车辆移动实时跟踪，历史跟踪回放、查询。通过这种方式，该系统可以在出现异常时产生早期预警。此外，该系统还可以监控施工车辆的使用情况，并通过电子设备锁定它们。

7.3.4　在运行监控领域

物联网在运营监控中也发挥着重要作用。2018年3月，影子控股公司发布了影子猪脸技术。该应用包括猪的识别、育种管理、养猪场生产管理、猪群健康管理、智能体重测量、母猪的准确饲养和食品安全可追溯性等场景。2018年11月，京东发布了农牧智能农业解决方案，包括"神农脑（AI）"+"神农物联网（IoT）"+"神农系统（SaaS）"。该方案可以通过农业检测机器人、饲养机器人、3D农业摄像机等设备识别每头猪的信息和生长状态。这样可以实现猪保险、数字农业贷款的数字化、智能化和农牧物联网。

参考文献

M. Abdel-Basset, G. Manogaran, M. Mohamed and E. Rushdy, "Internet of Things in Smart Education Environment: Supportive Framework in the Decision-Making Process", Concurrency Computation. Practice and Experi-ence. pp. e4515, 2018.

Agarwal, R., & Karahanna, E. (2000). "Time Flies when you're having fun: Cognitive Absorption and Beliefs About Information Technology Usage". MIS Quarterly, 24 (4), 665 – 694. https: //doi. org/10.2307/3250951

Robert, D., Arnott, & Peter, L. Bernstein (2002). What Risk Premium Is 'Normal'? Financial Analysts Journal, 58 (2), 64 – 85, Posted: 2002 – 03

Batalla, J. M., K.Sienkiewicz, and W.Latoszek. 2018. "Validation of Virtual-ization Platforms for I-IoT Purposes." The Journal of Supercomputing 2018: 4227 – 4241. https: //doi. org/10.1007/s11227-016-1844-2.

M. Boujnouni, M. Jedra and N. Zahid, "New Malware Detection Framework based on N-grams and Support Vector Domain Description", 11th Interna-tional Conference on Information Assurance and Security (IAS), December 2015.

A. Curado and S. I. Lopes, "RnMonitor: Online Monitoring Infrastructure and Strategies for Active Indoor Radon Gas Mitigation", CARIBMAT 2018: 2nd Caribbean Conference on Functional Materials Cartagena de Indias (Colombia), February 6 – 9, 2018.

A. Curado, J. P. Silva and S. I. Lopes, "Radon Risk Assessment in a High-Occupancy School Building: a dosimetric approach for Radon Risk Management", ICEER2019—6th International Conference on Energy and Environment Research, 22–25 July 2019.

I. U. Din, M. Guizani, S. Hassan, B.-S. Kim, M. K. Khan, M. Atiquzzaman, et al., "The Internet of Things: A review of enabled technologies and future challenges", IEEE Access, 7, 7606-7640, 2018.

R. E. Hiromoto, M. Haney and A. Vakanski, "A secure architecture for IoT with supply chain risk management," 2017 9th IEEE International Conference on Intelligent Data Acquisition and Advanced Computing Systems: Technology and Applications (IDAACS), 2017, pp. 431–435. https://doi.org/10.1109/ IDAACS.2017.8095118.

Lee I. (2020). Internet of Things (IoT) Cybersecurity: Literature Review and IoT Cyber Risk Management. Future Internet, 12 (9): 157. https://doi.org/ 10.3390/fi12090157

Lee I. Internet of Things (IoT) (2020). Cybersecurity: Literature Review and IoT Cyber Risk Management. Future Internet, 12 (9), 157. https://doi.org/ 10.3390/fi12090157

S.-E. Lee, M. Choi and S. Kim, "How and what to study about IoT: Research trends and future directions from the perspective of social science", Telecommun. Policy, 41, 1056-1067, November. 2017.

A. Pérez-Martín, A. Pérez-Torregrosa and M. Vaca, "Big data techniques to measure credit banking risk in home equity loans", Journal of Business Research., 89 (1), 448-454, August. 2018.

S. Rezaei, A. Afraz, F. Rezaei and M. Shamani, "Malware Detection using Opcodes Statistical Features", 8th International Symposium on Telecommuni-cations (IST), September 2016.

C. Shepherd, F. A. P. Petitcolas, R. N. Akram and K. Markantonakis, "An Exploratory Analysis of the Security Risks of the Internet of Things in Finance", 14th International Conference on Trust, Privacy & Security in Digital Business (ICTPDB), pp. 164 - 179, July. 2017.

"U.S. Federal Trade Commission Report", Internet of Things: Privacy & Security in a Connected World, 2016, [online] Available: https://www.ftc.gov.

He, Jinding, Baorui Cai, Wenlin Yan, Bin Zhang, Rongkui Zhang. 2022. "Internet of Things-Based Risk Warning System for Distribution Grid Oper-ation State." Journal of Interconnection Networks 22, no. 03. https://doi.org/10.1142/S0219265921450079

第8章　环境、社会和公司治理（ESG）因素

8.1　环境、社会和公司治理（ESG）介绍

8.1.1　ESG 的发展

如今，全球资源的稀缺性已变得极为突出，对可持续发展的需求与日俱增。投资者越来越重视这一视角，在投资决策和战略中考虑可持续价值，从而形成了责任投资。责任投资也被称为道德投资，它不仅倡导财务绩效，还将公司在环境、社会和治理方面的影响纳入考虑范围。责任投资的具体标准包括 SRI（社会责任投资）、II（影响力投资）、SI（可持续投资）、GF（绿色金融）等。不久之后，又引入了 ESG（环境、社会和公司治理）。

第一届联合国全球契约领导人峰会于 2004 年 6 月在前联合国秘书长科菲·安南、瑞士政府和国际金融公司（IFC）的合作下举行，首次引入了 ESG 的概念。之后，科菲·安南和联合国全球契约与瑞士政府合作，于 2004 年至 2008 年发起了"Who Cares Wins"（WCW）活动，以更好地将 ESG 纳入应用。

大约 10 年后的 2017 年，有数据显示，当时全球有超过 25% 的管理资产是根据"ESG 因素会对公司业绩和市场价值产生重大影响"这一前提进行投资的，而到了 2020 年，85% 的投资者在投资时考虑了 ESG 因素。

随着 ESG 投资理念被广泛接受，ESG 已成为欧美市场成熟的投资策略，并逐步在全球范围内发展起来。根据全球可持续投资联盟（GSIA）的预测，全球主要地区（欧洲、美国、加拿大、日本和大洋洲）的可持续投资资产将从 2012 年初的 13.2 万亿美元增长到 2020 年初的 35.3 万亿美元，年复合增长率为 13%，远远超过全球 6% 的平均管理资产增长率。

8.1.2　ESG 的定义

如今，企业与环境、社会和公司治理问题深度交织在一起，这三个非财务因素通常被视为可持续发展的指标，将是否综合利用环境、社会和公司治理作为衡量标准，以 ESG 的形式确定公司未来财务业绩的质量。这种投资方式将三个因素的价值和关注点纳入其战略中，而非仅考虑投资机会可能带来的潜在盈利或风险，同时这些因素也是识别投资风险和捕捉机会的重要工具。

ESG 是 Environmental（环境）、Social（社会）和 Governance（公司治理）的缩写，是一种财务标准，被投资者用来评估和确定公司未来的财务表现以及可持续性。ESG 标准从名称上就可以看出，它是根据环境、社会和公司治理指标来定义公司的财务能力。环境指标考虑的是公司作为自然管理者的表现。社会指标考察公司如何处理与员工、供应商、客户和社区的关系。公司治理指标涉及公司的领导力、高管薪酬、审计、内部控制和股东权益。

（1）环境指标

环境指标衡量的是公司通过各种因素对自然世界保护的贡献（如图8-1 所示）。环境指标包括公司对气候变化、环境机会、污染和废物以及自然资源的贡献。随着应对全球变暖的努力不断加强，减排和去碳化变得更加重要。因此，这个子因素是通过数据来衡量的，这些数据显示了企业吸收的能源量和排放的废物量，以及它们对碳排放和气候变化的贡献。对于其他子因素，应采取类似的措施来确立 ESG 标准下的环境指标。

环境因素	气候变化	碳排放	产品碳足迹	融资环境影响	气候变化脆弱性
	环境机会	清洁技术机会	绿色建筑中的机会	可再生能源中的机会	
	污染与废物	有毒废物与排放	包装材料与废弃	电子废物	
	自然资源	水压力	生物多样性与土地利用	原材料开采	

图 8-1　环境指标的细节

来源：普华永道：ESG 报告和可持续发展报告的编写。

该指标还可用于分析公司在业务中可能面临的任何环境风险，以及公司如何管理这些风险。例如，可能存在与受污染土地的所有权、危险废物的处理、有毒排放物的管理或遵守政府环境法规有关的问题。

（2）社会指标

社会指标通过不同因素对人类、权利和相互依存关系的贡献来衡量（如图8-2所示）。

社会因素	社会机会	获取医疗保健	获取金融服务	获取通信服务	营养与健康机会
	产品责任	产品安全与质量	化学安全	金融产品安全	隐私与数据安全
	人力资本	劳工管理	健康与安全	供应链劳工标准	人力资本发展
	利益相关者反对	有争议的采购			

图 8-2　社会指标的细节

来源：普华永道：ESG 报告和可持续发展报告的编写。

社会指标从社会机会、产品责任、人力资本和利益相关者的反对意见等不同层面和角度审视公司的业务关系。社会指标较高的公司倾向于和持有与自身相同价值观的供应商合作，并将一定比例的利润捐献给当地社区，或鼓励员工在当地从事志愿工作。公司的工作条件也会显示出对员工的健康和安全的高度重视。简而言之，这关系到企业在其业务所在社区的关系和声誉。人权就是一个例子，它对劳工管理很有帮助。社会指标是最难衡量的指标，它包含大量的子因素。

（3）公司治理指标

公司治理指标通过不同因素衡量企业或组织运行的物流绩效（如图8-3所示）。

治理因素	公司行为	商业道德	反竞争	腐败和不稳定性	金融系统不稳定	税务透明度
	公司治理	董事会多样性	执行薪酬	所有权结构	会计	

图8-3　公司治理指标的细节

来源：普华永道：ESG 报告和可持续发展报告的编写。

公司治理指的是公司采用的内部习惯、控制和程序体系，以遵循法律并满足外部利益相关者的需求。其衡量标准在于评估公司采取的治理措施的优劣，包括公司行为和公司治理质量。

投资者可能希望了解公司是否使用准确透明的会计方法，是否允许股东就重要问题进行投票。他们可能还希望了解公司在选择董事会成员时是否避免利益冲突，是否不带政治色彩。是否通过捐款以获得不正当的优惠待遇，并参与非法行为。

8.2　投资者眼中的ESG

目前，投资者对 ESG 投资存在两种相互矛盾的观点，一些投资者对 ESG 投资持积极态度，并将其纳入自己的投资战略；另一些投资者对 ESG 投资持消极态度，由于缺乏有效的证据而不将其纳入自己的投资战略。

对于那些对 ESG 持积极态度并将其纳入投资战略的投资者来说，这主要是因为它们相信 ESG 能够跑赢市场，而且在长期投资目标中，其成本可持续降低，它们的客户也要求它们这样做。另一方面，对 ESG 投资持怀疑态度的投资者认为，ESG缺乏跑赢市场的证据，它们对高回报的投资选择持开放态度，不管ESG的价值如何。

来自不同地区和资本市场的投资者对这些观点的看法也不尽相同。即使对于这三种因素本身，每个评估者的衡量标准也不尽相同。

8.2.1　投资者对ESG投资持积极态度

据报道，一项针对2016年全球投资者的研究显示，大多数投资者认为环境、社会和公司治理（ESG）因素十分重要。如果企业忽视这些因素，它们将撤资。近年来，约80%的投资者表示，ESG是其投资决策中的关键因素。近70%的人认为，高管薪酬目标中应考虑ESG因素。在长期投资目标方面，环境、社会和公司治理（ESG）成本的持续降低，不仅与长期财务价值的创造密切相关，还能助力投资表现超越市场。投资者在决定投入资本之前，如果没有遵循一个能够识别该公司环境缺陷的流程，很可能会与该公司一起蒙受损失。

越来越多的投资者开始将ESG纳入投资，这表明大多数投资者对ESG投资持积极态度。例如，苹果、星巴克和联合利华等全球知名品牌，通过采纳全球报告倡议组织（GRI）的标准，调整运营和流程以符合环境、社会和公司治理标准方面取得了长足进步。在2011年至2015年之间，标准普尔500指数中发布企业社会责任报告的公司比例从20%增加到80%以上。这些措施促进了可持续产品及其供应的增长，并提高了消费者对此的认识。

随着金融市场股东激进主义的兴起，ESG日益成为干预的焦点。根据ESG研究与咨询公司机构股东服务公司（Institutional Shareholder Services）的数据，截至2018年8月10日，在美国共提交了476项关于环境与社会（E&S）的股东提案。在全部决议中，关注环境与社会问题的决议所占比例从2006年至2010年的33%左右增长到2011年至2016年的45%左右。到2017年，这一比例略高于50%。这些决议的主要议题包括气候变化和其他环境问题、人权、人力资本管理以及劳动力和公司董事会的多样性。

一项调查还显示，投资者将 ESG 纳入决策的主要原因是客户要求它们这样做。似乎对一些投资者来说，ESG 已经成为投资界的主流。大多数投资者还将 ESG 的价值观融入投资中，这不仅是为了自身的利益，也是为了社会的利益。虽然 60% 的投资者表示考虑 ESG 因素是应客户要求，但超过 50% 的投资者认为这么做是为了紧跟市场趋势并造福社会。这表明投资者相信，ESG 不仅能造福社会，还能带来卓越的投资业绩（如图 8-4 所示）。

投资者将ESG标准整合进投资策略的常见原因

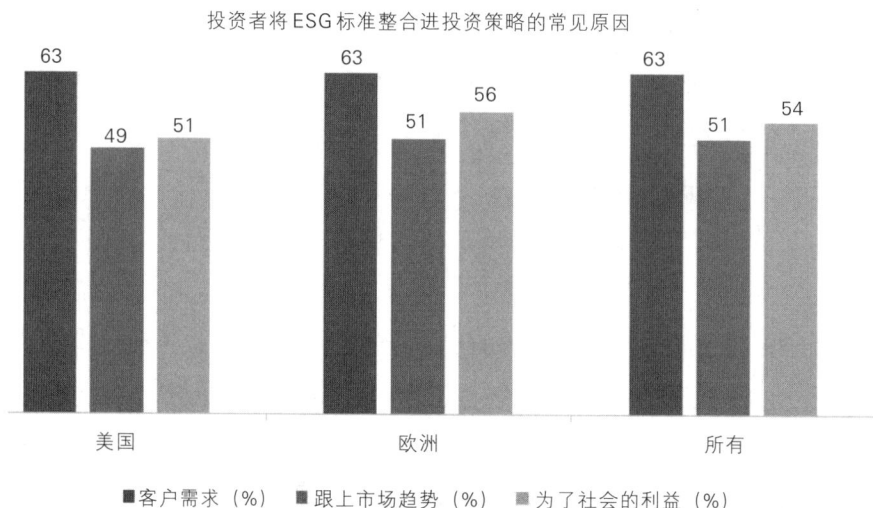

图 8-4　投资者为何将 ESG 纳入投资战略

来源：德意志银行：ESG 调查——企业和投资者的看法。

8.2.2　投资者对 ESG 投资持消极态度

同时，有 81% 的投资者表示，它们不愿意为了追求环境、社会和公司治理（ESG）目标，而让自己的投资回报率降低超过 1 个百分点。德意志银行对投资者进行了一项调查，询问它们为什么不纳入 ESG，大多数投资者的回答是缺乏 ESG 优于市场表现的证据。许多受访者还表示，ESG 与它们的价值观不符。显然，一些商界领袖的印象是，ESG 还不是投资界的主流（如图8-5所示）。

2018 年，负责任投资原则组织（PRI）的一项研究显示，ESG 基金的表现很难超过主要股指。研究人员分析了 18 只拥有完整 10 年跟踪记录的 ESG 基金，发现相较投资于标准普尔 500 指数基金的 1 万美元，同样金额投资于 ESG 基金在 10 年后的价值将减少 43.9%。

投资者不将ESG标准整合进投资策略的常见原因

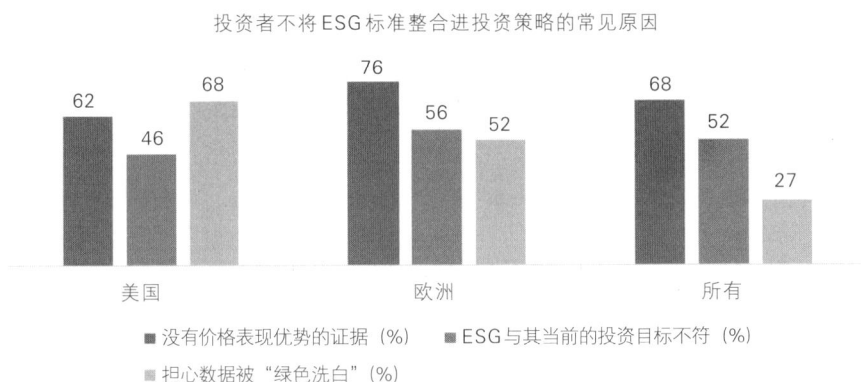

图 8-5　投资者为何不将 ESG 纳入投资战略
来源：德意志银行：ESG 调查——企业和投资者的看法。

此外，在《财富》杂志的年度"改变世界榜单"上，那些以利润驱动社会影响力的公司并没有在其所在行业中获得ESG排名第一，在其股票登记册中也没有SRI基金的显著存在。然而，在 2015 年至 2017 年间，被列入《财富》榜单的上市公司在榜单公布后的一年内，其平均表现超越MSCI世界股票指数3.9%。不仅如此，卖方分析师还多次低估了这些公司的盈利能力；在公布后的 12 个月内，每四家公司中就有三家出现了一次或多次正面盈利惊喜。

实际上，有研究表明，在环境、社会和公司治理（ESG）方面表现优异的公司，其盈利能力更强，这与长期财务价值的创造密切相关。

2020年在《Elsevier突发公共卫生事件资源库》上发表的一项研究显示，相较于低ESG评分的投资组合，高ESG评分的投资组合显著地代表了更高的累计回报。2017年7月，高ESG投资组合累计回报仍持续高于低ESG组。在2017年7月至2019年12月期间，两组的累积回报率差值约为12.83%，整个样本差值为9.4%。

2021年，摩根士丹利资本国际公司（MSCI）的研究结果显示，ESG评级较高的公司更具竞争力，能够实现超额回报，通常具有更高的盈利能力和股息支付率，尤其是与评级较低的公司相比。与ESG评级较低的1/5公司相比，ESG评级较高的1/5公司总是显示出较高的毛利润以及较高的货币流通和均值。

然而，不管是ESG投资的可持续性还是效率更高，只要存在盈利机会，许多投资者对于各种类型的投资都持开放态度。据德意志银行2021年的一项调查显示，即便某些投资机会与ESG标准不符，投资者仍将考虑涉足这些潜在领域（如图8-6所示）。

投资者可能会考虑的常见潜在投资领域，是否与ESG冲突

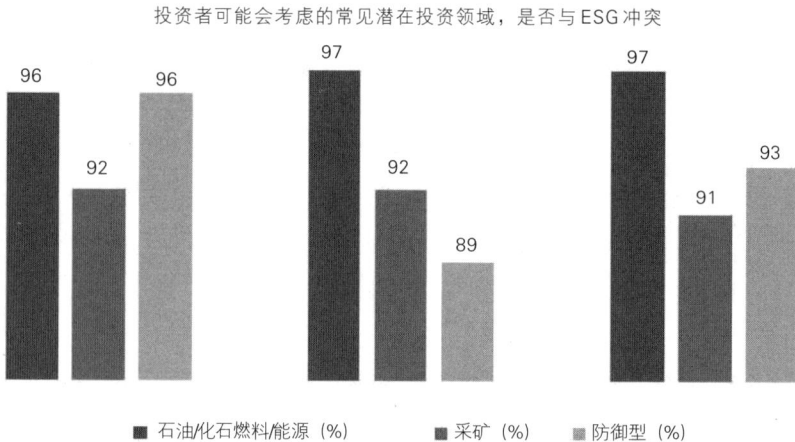

■ 石油/化石燃料/能源（%）　■ 采矿（%）　■ 防御型（%）

图8-6　投资者不考虑与ESG冲突的领域

来源：德意志银行：ESG调查——企业和投资者的看法。

8.2.3　投资者对差值投资态度的地区差异

差值投资呈现出积极增长的趋势，许多投资者对不同利率的差值投资持积极态度。

如图 8-7 所示，ESG 在美国和欧洲分别对 66% 和 83% 的投资者及其投资产生影响。区别在于，ESG 对美国投资者的影响小于对欧洲投资者的影响。相较于欧洲，有 17% 的美国投资者表示 ESG 对其投资过程没有任何影响。相反，比之美国，有 21% 的欧洲投资者表示他们已完全将 ESG 融入其整体投资过程中，体现了 ESG 的深远影响。

投资者认为ESG对其投资过程的影响

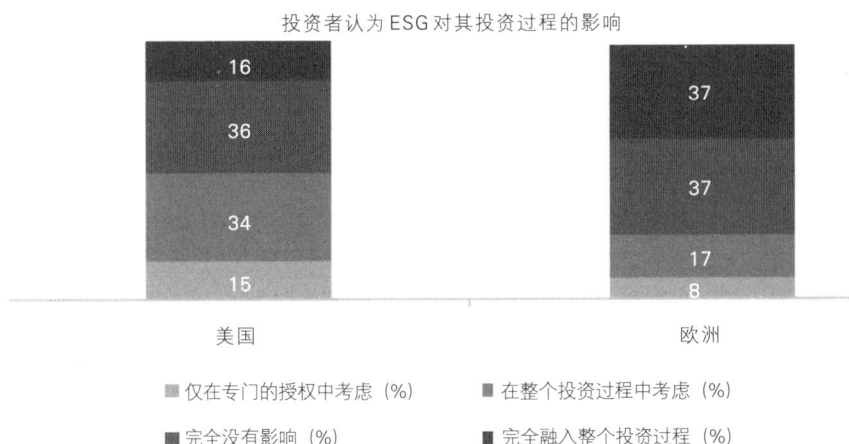

■ 仅在专门的授权中考虑（%）　　■ 在整个投资过程中考虑（%）
■ 完全没有影响（%）　　■ 完全融入整个投资过程（%）

图 8-7　投资者认为 ESG 对投资过程的影响

来源：德意志银行：ESG 调查——企业和投资者的看法。

然而，相较于全球同行，亚洲投资者在采纳 ESG 投资方面仍显落后。这一低采纳率反映了其 ESG 投资环境的不成熟，同时也与历史遗留问题、短期行为、认识不足和人才缺口有关。

8.2.4 投资者眼中的 E、S、G

投资者主要关注环境（E）和公司治理（G）因素，但美国和欧洲的投资者希望社会（S）因素的重视度能显著提升。处理环境因素可减少可能影响运营和业务的环境风险，而处理公司治理因素则可减少可能影响运营和业务的治理风险。处理社会因素可以降低社会风险，提高管理效率。然而，关注这三个指标中的任何一个都要付出代价。大多数投资者关注环境和公司治理因素多于关注社会因素的原因在于，一个强有力的社会因素指标意味着对社会因素的大量关注，包括在员工福利、供应链管理、社区参与和管理社会争议等方面的持续表现，而在实践中，为了稳定企业和提高劳动效率，只包含了一定量的工作。但是，强有力的环境和公司治理因素指标包括环境管理体系认证、节水、节能、减少废气排放、减少意外废物和泄漏、政策、海外税收承诺、董事会多样性、审计师独立性、举报、治理负面事件管理等方面的表现，而这些方面需要花费的精力远远超过社会因素。

8.3 ESG 对公司风险的影响

首先，我们从风险衡量的角度来讨论 ESG 的作用。

企业的一切生产和营销活动都是在社会环境中进行的。复杂的环境给企业的发展带来了很多不确定因素：

（1）极端天气引发的自然灾害可能会破坏资产，威胁员工安全，从而导致公司运营困难；

（2）公共安全突发事件导致资源产品价格上涨；

（3）新的行业法规要求对生产线进行调整，导致成本上升；

（4）员工待遇和管理培训等社会责任因素会影响人力资本的发展；

（5）企业声誉影响产品竞争力。

对环境、社会责任和公司治理的重视能够帮助企业最大限度地降低这些风险。

从环境角度看，气候环境因素影响企业资产安全、资源成本等基本因素。从社会责任角度看，员工待遇、产品质量等都影响着企业的良性发展。例如，随着知识产权和服务变得越来越重要，人力资本正成为许多企业最宝贵的资产。那些能提供更安全的工作场所和更好的薪酬待遇的企业，更能吸引和留住人才，提高员工的工作效率。从公司治理的角度看，公司治理不规范、信息披露质量差、贪污腐败、不正当竞争或偷税漏税等都直接带来公司的合规风险，如五花八门的诉讼程序，影响公司的正常运营，甚至可能导致巨额罚款。

8.3.1 系统性风险

系统性风险是由影响整个市场的风险因素造成的，包括宏观经济形势、国家经济政策和行业监管政策的变化。当系统性风险发生时，系统中的每个企业都会受到影响，无法通过分散投资来消除。企业对 ESG 的关注可以减轻系统性风险的影响。一方面，在 ESG 方面表现出色的企业符合监管的方向。例如，当监管部门对企业生产过程中的碳排放进行控制时，前期注重环保的企业生产经营活动几乎不会受到影响，而高污染、高能耗的企业则需要花费大量成本来适应监管要求。同时，ESG 的信息披露要求也降低了投资者与企业之间的信息不对称程度。当宏观环境发生变化时，投资者对 ESG 表现良好的企业的信心也会减少其在资本市场上的价格波动。

8.3.2 非对称性风险

声誉风险：声誉风险指的是由负面舆论引发的风险。管理和控制声誉风险的目的在于保护企业最重要的资产之一——企业声誉。随着环境保护、公平正义、企业责任等理念在社会上的普及，ESG领域的负面信息会给企业带来污名，消费者的偏好也会发生变化，导致对商品或服务的抵制。关注ESG可以成为企业进行差异化竞争、提高品牌认知度的立足点。

最近的一项调查显示，多数首席执行官和董事会成员认为声誉风险是首要的战略风险。管理层和董事会必须准确理解风险的本质，以便确保声誉风险控制负责人获得广泛支持，并据此调整公司的声誉风险管理及经营策略。但为什么声誉风险与ESG（环境、社会和公司治理）相互关联呢？只有当越来越多的利益相关方、参与者和领导者开始理解、改变并解决基于ESG因素的声誉风险时，企业才能更有效地管理声誉风险并取得正面结果。此外，声誉风险的特点在于它不是孤立存在的，而是可以量化并转化为实际结果的，因此它被视为潜在风险的加速器与放大器。

此外，它还能放大风险的积极影响。企业处理ESG危机的方式也会影响其声誉。例如，考虑一下当企业面临意想不到的人权危机时会发生什么。雀巢公司在2005年就遇到了这种情况，当时其可可生产面临着剥削非洲童工和强迫劳动的指控。自那以后，雀巢对面临的基本风险及其对声誉的影响进行了全面分析，并创建了一项领先的企业人权管理计划。迄今为止，雀巢已在科特迪瓦和乌干达资助了40所学校，并在2014年对25 000名小农进行了可持续农业技术培训。

业务风险：运营风险指的是由内部程序、员工、信息技术系统不足或外部事件问题所引起的损失风险。从环境角度来看，废弃物污染与管理、能源使用与管理、自然资源消耗与管理等方面均需明确规定并通过流程规范来确保管理层和员工的准确执行，从而纠正错误操作。从社会责任角度看，员工待遇、是否健康的劳动和管理培训影响员工素质和实践理念。从治理的角度看，产品和服务质量监控、公司治理规范化、信息披露高质量、贪污受贿的预防和处理会降低运营风险的发生频率和严重程度。

流动性风险：流动性风险是指无法及时或以合理成本获得足够资金以

满足资产增长或偿还到期债务引发的风险。由 ESG 因素引起的巨额赔偿、罚款、财产损失等事件，可能会给企业带来无法承受的巨大资金压力，从而引发流动性风险。

8.4　ESG 对公司业绩和价值的影响

那么，ESG 真的能提高公司价值吗？被广泛采用的 ESG 投资策略能否帮助投资者获得超额回报？如果能，其背后的机制是什么？

8.4.1　ESG 评级

如何准确评估公司的 ESG 表现是将 ESG 纳入投资组合构建过程中的一个基本问题。因此，在讨论 ESG 与公司价值之间的关系之前，我们先简单谈谈 ESG 评级的演变。

让我们来看看基金经理是如何利用 ESG 表现来选择目标的。

以摩根士丹利为例。20 多年来，摩根士丹利一直秉承投资优质公司、获取长期复合回报的投资理念。在长期寻找复利回报机会的投资实践中，基金经理们发现，过去传统的投资策略过于强调财务业绩，并不能准确反映公司未来的增长潜力。虽然某些上市公司的财务业绩相似，但它们在公司治理、社会责任等非财务属性上存在显著风险，这使得它们更易于遭遇"黑天鹅"事件，进而对投资组合的收益产生意外的负面影响。ESG 投资理念通过从环境、社会和公司治理三个维度评估企业的可持续运营及其对社会福利的影响，旨在准确识别那些在财务与非财务绩效上均表现优异的公司，并通过价值投资实现长期收益。摩根士丹利从环境、社会和治理的角度出发，精准选择财务和非财务表现优异的公司，以价值投资的本质获取长期回报。在此基础上，摩根士丹利制定了自己的 ESG 评级框架，对公司的 ESG 表现进行评估，并记录投资经理对公司的 ESG 评估结果。

随着"环境、社会和公司治理"（ESG）投资理念的广泛接受，社会与投资者开始更关注可持续投资、负责任投资等议题。一些国际组织制定并发布了 ESG 投资原则和指南，为 ESG 披露标准提供了参考框架。一些国家启动了强制性的 ESG 披露规则，要求公司适当披露 ESG 相关信息。ESG 相关信息的披露，丰富了构建 ESG 评级体系的基础数据，并随着 NLP 等人工智能技术的发展，促进了 ESG 评级的演进和完善。除了摩根士丹利等资产管理公司为内部使用而自建的 ESG 评级体系外，还涌现出了多家专业的 ESG 评级机构。自 1983 年第一家 ESG 评级机构 Vigeo Eiris（于 2019 年被穆迪收购）成立起，全球涌现了数百家 ESG 评级机构，如 MSCI、Sustainalytics、汤森路透等，其评级指标也在不断增加和丰富。

目前，MSCI 等国际主流 ESG 评级体系拥有相对成熟的评级框架，得到了全球投资者的广泛认可，为业界投资指导和学术研究提供了重要的 ESG 评级参考指标。同时需要注意的是，由于采用的评价框架和数据来源不同，不同 ESG 评级机构的评级结果也存在较大差异。

8.4.2　为什么 ESG 至关重要？

Friede、Busch 和 Bassen（2015）总结了约 2 200 项有关 ESG 的实证研究，发现其中约 90% 的研究发现 ESG 与企业财务绩效（CFP）之间存在非负相关关系。企业财务绩效可以通过多种核心财务指标来评估，包括 ROA、ROE、托宾 q 值和自由现金流等。

ROA 和 ROE。当特别关注商业银行时，我们倾向于选择 ROE 而非 ROA 作为衡量银行财务绩效的主要指标，原因在于董事会更加关注股权的盈利能力。Cornett 等（2016）的研究指出，ROA 与 ROE 之间的相似性导致了关于财务绩效与企业社会责任（CSR）投资之间关系的一致性实证结果。

托宾 q 值表示市场估值与内在价值之间的关系，据报道，托宾 q 值与

ESG 绩效的相关性不明确。ESG 的所有组成部分都与托宾 q 值正相关，尤其是在治理绩效方面。然而，Buchanan 等（2018）发现，在金融危机前在企业社会责任（包括托宾 q 值）方面表现较好的公司，往往会因过度投资而面临更大的公司价值损失，这表明企业社会责任的整体效应取决于在特定经济条件下哪一种效应更为主导。在一些 ESG 研究中，企业债券的价值和收益被视为企业融资绩效的评估方式，这一评估过程通常由金融市场自行完成。但在接下来探讨 ESG 对贴现率和资本结构的影响时，阐明其背后的机制尤为重要。

与上述指数相比，现金流是一个不太受关注的因素，尽管它能让我们从理论上分析 ESG 对公司价值的影响。一些研究认为，自由现金流可以在探讨影响企业社会责任投资的因素时作为一个控制变量，但仅此而已。然而，我们认为有必要在选择自由现金流作为公司价值衡量标准的基础上，考虑 ESG 绩效将如何通过各种决定性渠道影响贴现现金流。

在传统估值模型中，现金流贴现模型（DCF）是最常用的模型之一，它预测公司未来的自由现金流（FCF），并使用反映现金流相关风险的贴现率或预期资本成本（包括股权成本和债务成本）将 FCF 贴现到现在。影响现金流的因素有很多，包括预期销售额、盈利能力、资本投资等。我们可以看到，在传统的 DCF 模型中，这些影响因素是由企业的财务状况决定的。例如，行业增长预期、产品/服务发展、市场渗透率、市场份额等都被用来评估营业收入的增长，成本的预期发展、供应链关系和汇率波动都被用来评估企业利润。

$$V = \sum_{t=1}^{\infty} \frac{CF_t}{(1+r)^t}$$

El Ghoul、Guedhami、Kwok 和 Mishra（2011）以及 Gregory 等（2014）指出，ESG 通过影响 DCF 的分母——未来现金流和分子——贴现率来影响企业价值。根据他们的框架，我们分别从现金流和贴现率的角度，详细分析了 ESG 对企业价值的影响，并探讨了其背后的机制。

现金流机制。关于 ESG 与现金流之间的关系，已有大量学者进行了研究。具体来说，ESG 对企业自由现金流的影响可分为以下几个方面：

（1）ESG 通过增加营业收入（利润）来增加企业现金流。

Gregory、Tharyan 和 Whittaker（2014）认为，ESG 表现较好的公司更具竞争力。长远来看，高 ESG 评级的公司更可能提供高品质产品与服务，建立正面品牌形象，提高顾客忠诚度，进而通过市场份额与定价策略的优化促进收入增长。反之，面临较高 ESG 风险的企业可能因产品召回、罚款或许可证吊销等因素遭受损失，这对其未来的收入造成负面影响。尤其是在强制披露 ESG 信息的情况下，ESG 信息便成了一种超越传统商业广告的间接宣传方式。财经新闻与铺天盖地的商业信息一样，都可以进入消费者的视线，有时前者因其客观性而更有说服力。因此，ESG 高的企业可以从减少企业宣传中获益。

例如，在环境方面，碳排放配额和污水排放配额可能会增加造纸企业和电力企业等传统企业的生产成本，因此营业收入预计会减少。在社会责任方面，肥胖率的上升可能会带动以健康和减肥产品为主的零售商的收入，因此其销售额有望在未来几年内增长。在公司治理方面，一个适当的公司治理制度可以缓解委托代理问题，使管理层可以更加专注于公司主营业务的发展，实现业务收入的增长。

（2）ESG 可通过降低运营成本来增加净现金流。

ESG 评级越高的公司越符合监管要求。因此，预计未来的运营成本不会因监管要求而大幅增加。例如，使用清洁能源减少排放的公司未来运营成本会降低，而不使用清洁能源的公司可能需要投资污染处理设备或升级工厂以满足新的污染监管要求，从而导致成本增加。同时，ESG 表现不佳的公司可能会因罚款、员工罢工、供应链受损等原因增加额外的运营成本，从而降低长期盈利能力。

（3）ESG 通过降低公司的尾部风险，防止"黑天鹅"事件对营业收入的影响。

"黑天鹅"事件引发的尾部风险对预期现金流的影响不容忽视。在资本市场上，尾部风险的出现会导致企业现金流大幅减少，造成企业价值的巨大损失。

如果一家公司为了建立其特有的社会资本而增加额外支出，进而在ESG方面取得更佳表现，那么该公司便相当于为自己购买了一份保险，当整个经济及其参与者面临严重的信心危机时，这份保险在经济及其参与者面临严重信心危机时便会发挥作用。危机期间，表现出色的企业相比于表现不佳的企业能够享受到更高的利润率、销售增长率、盈利能力和员工生产效率，从而获益（Lins 等，2017）。因此，ESG 表现较好的公司受到尾部风险冲击的可能性较小。一方面，ESG 表现较好的公司拥有可长期发展的可持续业务线，而非未来可能被迫关闭的不可持续业务线。例如，一家汽车制造商可能会因环境监管问题而停止销售核心产品；一家矿业公司可能会因需求不足、监管变化等原因而导致其煤炭资产的未来现金流大幅减少。另一方面，高管丑闻等负面新闻的曝光可能会对公司声誉造成巨大损害，从而减少未来现金流，而 ESG 表现良好的公司出现负面丑闻的可能性较小。

此外，当经济出现系统性危机时，这种机制还能为企业提供过度保护。在 2008—2009 年全球金融危机期间，资本市场出现了信任冲击和违约风险，对不同社会资本水平的企业构成了挑战。尽管过多的 ESG 投资可能会使高社会资本企业陷入暂时的财务困境，但这些企业仍倾向于从较低的债券利差中获益。企业在环境和社会责任方面的努力越突出，其获得较低资本成本和较长期限公司债券的渠道就越畅通。

8.4.3 ESG 对贴现率的影响：公司风险

贴现率机制。在分析 ESG 对贴现率的影响时，我们首先从风险的角度讨论 ESG 对贴现率的影响：

（1）ESG 通过降低系统风险来降低公司的贴现率

正如前文所述，ESG 能够降低公司面临的系统性风险，包括宏观经济风险和行业特有的风险。在经典的 CAPM 模型（Sharpe，1964）中，资产的预期收益由其对市场超额收益的风险敞口决定。公司面临的市场风险敞口（即 β）越大，则投资者所期待的回报率也越高，进而导致公司的融资成本增加。这一渠道已在股票市场和债券市场的学术研究中得到证实：Dunn 等（2018）发现，ESG 评级高的公司系统性风险更低，价值更高。Melas 等（2017）发现，ESG 评级高的公司在价值因素方面的风险暴露更低，即价值更高。

（2）ESG 通过降低公司的非同步风险来降低公司的贴现率

Gregory、Tharyan 和 Whittaker（2014）提出，ESG 通过降低系统性风险从而影响贴现率，个别风险可以通过投资分散化来有效抵消，因此特质风险只会影响公司未来的现金流，而不会影响贴现率。然而，在考虑某家公司的贴现率时，特质风险无疑是决定投资者预期的一个重要因素。尽管在构建投资组合时可以将其多样化，但 ESG 对公司收益的影响是有限的。如前所述，ESG 可以降低特异性风险，如供应链风险、产品和技术风险、诉讼风险等，从而降低投资者对某公司预期收益的要求，进而降低公司的贴现率。

8.4.4　ESG 对贴现率的影响：资本成本

在 DCF 模型中，通常使用加权平均资本成本（WACC）作为企业贴现率的衡量标准。作为公司资本成本的一般衡量标准，加权平均资本成本不仅取决于股权和债务各自的成本，还取决于资本结构甚至税率。

不同投资者对 ESG 的偏好存在差异，这导致 ESG 在影响资本成本方面的重要性也随之不同。如前所述，大多数投资者都对 ESG 投资持积极态度，因为 ESG 投资将降低资本成本（包括股权和债务）。大量研究也证实了 ESG 在降低公司资本成本方面的作用（Chava，2014；Ng 和 Rezaee，

2015；Breuer 等，2018；Zerbib，2019）。

ESG 绩效对企业资本结构的影响源于企业的信用状况不同，ESG 绩效差异较大。例如，随着 ESG 评价体系的完善，越来越多的商业银行倾向于将企业的 ESG 表现纳入信用评级框架，尤其是"E"部分更容易被银行审核。在环境、社会和公司治理方面表现不佳的企业，可能会受到区别对待，如削减贷款额度、提高贷款利率，甚至直接拒绝贷款申请。相反，对于那些在 ESG 方面表现良好的企业，商业银行会在绿色金融的政策指导下，通过降低贷款利率给予一定的激励。因此，对企业的环境惩罚越多，ESG 表现越差，企业的贷款成本就越高。因此，表现差的企业会更多地依赖股权融资，而不是财务杠杆，反之亦然。由于债务融资的税盾效应，ESG 表现较好的公司将受益于较高的市场价值，而市场价值与杠杆比率呈正相关。

诚然，从高 ESG 公司的潜在减税角度来看，在某些情况下，税盾效应可能会被削弱。然而，我们倾向于将这种对加权平均资本成本的进一步影响视为对资本结构的直接影响。

8.4.5　其他渠道

当我们在一个包括财务绩效和 ESG 评估的框架下谈论企业管理时，我们实际上是站在管理者的角度，考虑企业如何在一个比以往更加多元化的评价体系下权衡各种决策的利弊。在传统的公司财务理论中，没有公司价值以及相关的 ROA、ROE、托宾 q 值和自由现金流等财务指标，就很难衡量企业的绩效。因此，除了从财务指标的角度出发外，还应将更多因素作为企业评价的出发点。

在某种程度上，我们可以通过引入商誉的概念来部分描述非金融价值。如 Investopedia——Dotdash.com 旗下的有影响力的在线百科全书所提供的定义，商誉是公司在收购另一家公司时产生的一种无形资产。具体来说，商誉是收购价格高于收购过程中购买的所有资产和承担的负债的公允净值之和的部分。公司的品牌价值、坚实的客户基础、良好的客户关系、良好的员工关系和专有技术是商誉存在的部分原因。商誉的本质在会计实践中无法单独确认。除了更好的 ESG 绩效对现金流和资本成本的贡献外，绿色投资、亲社会行为和更好的公司治理所带来的政府和非政府支持的潜在优势都可以被视为公司更高的商誉。

因此，虽然我们认为建立一套量化指标来评价不同行业企业的 ESG 表现是必要的，但实施一套适用于所有企业的统一标准，尤其在环境方面，似乎并不合适。例如，化工企业在创造价值时自然比互联网企业需要排放更多的污水，消耗更多的化石燃料，而后者也往往有更多的信息渠道来宣传自己对社会的贡献。如果有了通用标准，化工企业的 ESG 表现将得到改善。

系统性低估。鉴于众多实证研究已经将不同行业的公司分类，因此，为每个行业量身定制一套适当的 ESG 评估体系显得尤为重要。这可能为企业保持或挑战行业领先地位带来新的机遇。当企业和监管机构努力建立 ESG 评估体系时，某一行业中 ESG 表现良好的企业可以发出更响亮的声音，这可能会使企业在未来的表现更有前途。当然，正如实证研究指出，ESG 评估体系的存在将有利于所有同行企业的企业绩效，进而提高整个行业的可持续发展水平。

我们有时太习惯于成熟的规则和惯例，以至于忽略了建立新体系的过程是多么艰难和必要。人们可能会质疑，为何需要监管机构、企业本身及非营利组织共同构建一个涵盖金融指标及 ESG 因素的新型企业绩效评价体系？我们应该承认，尽管没有成熟的 ESG 评估体系，但这些经济参与者或多或少都会关注 ESG 因素。然而，企业管理的首要目的是实现所有者权益的最大化。企业的 ESG 表现将局限于与利益相关者的利益更密切相关的方面，而不是一个全面和长期的标准。在政府权力相当大、ESG 监管系统化程度相对较低的经济体中，利益相关者的利益在一定程度上受到近期 ESG 政策的限制。如果政府在制定 ESG 政策时没有成文法的指导和成熟的决策原则，其 ESG 监管实践可能会陷入运动式治理的模式，这不可避免地受到治理者自身偏见的影响。这是金融市场波动性和不确定性的起源，带来潜在的套利机会。

对于政府而言，ESG 监管的正确方式是制度化和规范化。此外，有证据表明，当政府要求企业向投资者披露其在 ESG 方面的实际表现时（该要求被称为强制性 ESG 披露），将为企业提供更好的融资环境、有利的实际结果以及更少的信息不对称。强制性 ESG 信息披露提高了分析师收益预测的准确性，降低了分析师预测的离散性，减少了负面的 ESG 事件的发生，降低了股价暴跌的可能性（Krueger 等，2021）。

8.5 ESG 是风险因素吗？

在资产定价领域，因子模型在学术研究和行业实践中发挥着重要作用。从 CPAM 模型（Sharpe，1964）开始，Fama 和 French（1993，2015）提出的三因子模型和五因子模型以及 Carhart（1997）提出的四因子模型在业界得到广泛应用，具有重要的现实指导意义。随着 ESG 投资规模越来越大，探讨 ESG 能否成为新的风险因子以及 ESG 因子构建的投资策略能否产生显著超额收益逐渐成为重要课题。

到目前为止，我们已经详细分析了 ESG 对公司价值产生积极影响的机制。许多研究认为，ESG 的风险溢价可以带来长期收益。Khan、Serafeim 和 Yoon（2016）发现，只有那些在实质性可持续发展方面表现良好的公司才能产生显著的超额收益，而那些存在非实质性可持续发展问题的公司则不能。Maiti（2021）以 STOXX 欧洲 600 指数的 426 家公司为样本，构建了一个由市场因子、规模因子和 ESG 因子组成的三因子模型，发现其表现优于 Fama-French 三因子模型。他认为整体的 ESG 因子以及单独的 ESG 因子可以预测股票的未来收益。然而，Breedt 等（2019）通过采用全球超过 17 000 家上市公司的大样本分析，发现在投资时考虑 ESG 并不一定能带来额外的回报。ESG 评级较高的投资组合的回报完全可以用其他股票因素来解释，因此 ESG 不应成为股票市场的定价因素。

这与学术界关于环境、社会和公司治理对企业价值影响的争议是一致的。Pedersen、Fitzgibbons 和 Pomorski（2021）将 ESG 引入马科维茨均值-方差模型的经典分析框架，并构建了新的 ESG 有效前沿。他们将 ESG 投资者分为三类：U 型（无 ESG 意识）投资者、A 型（有 ESG 意识）投资者和 M 型（有 ESG 动机）投资者。其中，M 型投资者会在 ESG 和夏普比率之间权衡，实现最优选择。证券的均衡价格和收益取决于三种类型投资者的数量。基于此，构建了经 ESG 调整的 CAPM 模型，以解释 ESG 对预期回报的不同影响。

另一方面，不同研究在构建 ESG 因子时所使用的不同数据，可能是导致矛盾结果的原因。ESG 评级系统采用的各种框架和基础数据会对同一家公司产生不同的 ESG 评价。Berg 等（2019）分析了六大 ESG 评级提供商（KLD（MSCI Stats）、Sustainalytics、Vigeo Eiris（穆迪）、RobecoSAM（标普全球）、Asset4（Refinitiv）和 MSCI）之间的 ESG 评级相关性，发现这些相关性值介于 0.38 到 0.71 之间，平均值仅为 0.54。他们发现，各机构使用的 ESG 属性和衡量同一属性的指标不同，是造成各评级机构 ESG 分数差异的主要原因。因此，如何构建更合理的 ESG 因子将成为今后讨论的重要问题。

8.6 数字经济与环境、社会和公司治理

数字经济的迅速发展已成为推动全球经济发展的重要力量。据 IDC（互联网数据中心）统计，2020 年全球数字经济规模达到 32.61 万亿美元，同比名义增长 3.0%，占 GDP 的 43.7%，到 2023 年将占全球 GDP 的

62%。数字经济的快速发展为 ESG 的发展提供了机遇，同时也带来了新的挑战。

一方面，数字经济的发展降低了经济活动的运营成本。例如，在线会议大幅降低了商务和学术交流的交通成本；同时，数字技术在传统能源行业的应用提高了能源利用效率，从而减少了资源浪费和环境污染。另一方面，数字经济的发展也需要大量的能源。例如，计算能力是数字经济的基础，而计算能力的产生过程需要消耗大量电力，增加碳排放。同时，数据是数字经济新的生产要素，数据存储也会占用大量资源。更糟糕的是，数字经济会产生大量的电子垃圾。联合国发布的《2020 年全球电子废弃物监测报告》预测，到 2030 年，全球产生的电子垃圾将达到 7 400 万吨。因此，我们应密切关注数字经济发展对 ESG 的双重影响。在促进数字经济快速发展的同时，如何规范相关企业的 ESG 将是一个重要问题。

参考文献

Berg, F., Koelbel, J. F. and Rigobon, R.（2019）. "Aggregate confusion: The divergence of ESG ratings." MIT Sloan School of Management.

Borghesi, R., Houston, J. F. and Naranjo, A.（2014）. "Corporate Socially Responsible Investments: CEO Altruism, Reputation, and Shareholder Inter-ests." Journal of Corporate Finance, 26, 164 - 181.

Breedt, A., Ciliberti, S., Gualdi, S. and Seager, P.（2019）. Is ESG an Equity Factor or Just an Investment Guide? The Journal of Investing, 28（2）, 32 - 42.

Breuer, W., Müller, T., Rosenbach, D. and Salzmann, A.（2018）. "Corporate Social Responsibility, Investor Potection, and Cost of Equity: A Cross-Country Comparison". Journal of Banking & Finance,

96, 34 - 55.

Broadstock, D. C., Chan, K., Cheng, L. T. and Wang, X. (2021). "The role of ESG Performance During Times of Financial Crisis: Evidence from COVID-19 in China". Finance Research Letters, 38, 101716.

Buchanan, B., Cao, C. X. and Chen, C. (2018). "Corporate Social Responsibility, Firm Value, and Influential Institutional Ownership". Journal of Corporate Finance, 52, 73 - 95.

Carhart M M. On persistence in mutual fund performance [J]. The Journal of finance, 1997, 52 (1): 57 - 82.

Chava, S. (2014). Environmental Externalities and Cost of Capital. Management Science, 60 (9), 2223 - 2247.

Cornett, M. M., Erhemjamts, O. and Tehranian, H. (2016). "Greed or Good Deeds: An Examination of the Relation between Corporate Social Responsi-bility and the Financial Performance of US Commercial Banks Around the Financial Crisis". Journal of Banking & Finance, 70, 137 - 159.

Dunn, J., Fitzgibbons, S. and Pomorski, L. (2018). "Assessing Risk through Environmental, Social and Governance Exposures". Journal of Investment Management, 16 (1), 4 - 17.

El Ghoul, S., Guedhami, O., Kwok, C. C. and Mishra, D. R. (2011). "Does Corporate Social Responsibility Affect the Cost of Capital?". Journal of Banking & Finance, 35 (9), 2388 - 2406.

Fama, E. F., and K. R. French. (1993). "Common Risk Factors in the Returns on Stocks and Bonds". Journal of Financial Economics, 33 (1), 3 - 56

Fama, E.F. and French, K.R. (2015). "A Five-Fctor Asset Pricing Model". Journal of Financial Economics, 116 (1), 1 - 22.

Friede, G., Busch, T. and Bassen, A. (2015). "ESG and Financial Performance: Aggregated Evidence from more than 2000 Empirical Studies". Journal of Sustainable Finance & Investment, 5 (4), 210‒233.

Gillan, S., Hartzell, J.C., Koch, A. and Starks, L.T. (2010). "Firms' Environ-mental, Social and Governance (ESG) Choices, Performance and Managerial Motivation". Unpublished working paper, 10.

Gillan, S.L., Koch, A. and Starks, L.T. (2021). "Firms and Social Responsi-bility: A Review of ESG and CSR Research in Corporate Finance". Journal of Corporate Finance, 101889.

Gregory, A., Tharyan, R. and Whittaker, J. (2014). "Corporate Social Respon-sibility and Firm Value: Disaggregating the Effects on Cash Flow, Risk and Growth". Journal of Business Ethics, 124 (4), 633‒657.

Huang, W., Karolyi, G. A. and Kwan, A. (2021). "Paying Attention to ESG Matters: Evidence from Big Data Analytics".

Khan, M., Serafeim, G. and Yoon, A. (2016). "Corporate Sustainability: First Evidence on Materiality". The Accounting Review, 91 (6), 1697‒1724.

Krueger, P., Sautner, Z., Tang, D.Y. and Zhong, R. (2021). "The Effects of Mandatory ESG Disclosure around the World". Available at SSRN 3832745.

Lins, K. V., Servaes, H. and Tamayo, A. (2017). "Social Capital, Trust, and Firm Performance: The Value of Corporate Social Responsibility during the Financial Crisis". The Journal of Finance, 72 (4), 1785‒1824.

Maiti, M. (2021). Is ESG the Succeeding Risk Factor? Journal of Sustainable Finance & Investment, 11 (3), 199‒213.

Melas, D., Nagy, Z. and Kulkarni, P. (2017). "Factor Investing and ESG Integration". In Factor Investing （pp. 389－413）. Elsevier.

Ng, A. C. and Rezaee, Z. （2015）. "Business Sustainability Performance and Cost of Equity Capital". Journal of Corporate Finance, 34, 128－149.

Pedersen, L. H., Fitzgibbons, S. and Pomorski, L. （2021）. "Respon-sible investing: The ESG-efficient Frontier". Journal of Financial Economics, 142（2）, 572－597.

Polbennikov, S., Desclée, A., Dynkin, L. and Maitra, A. （2016）. "ESG Ratings and Performance of Corporate Bonds". The Journal of Fixed Income, 26（1）, 21－41.

Sharpe, W.F. （1964）. "Capital Asset Prices: A Theory of Market Equilibrium Under Conditions of Risk". The Journal of Finance, 19（3）, 425－442.

Zerbib, O.D. （2019）. "The Effect of Pro-Environmental Preferences on Bond Prices: Evidence from Green Bonds". Journal of Banking & Finance, 98, 39－60.

第9章 金融中的情绪因素

9.1 什么是情绪因素?

9.1.1 情绪分析导论

过去几十年来,金融市场中证券价格的变动和投资者的决策过程一直是金融界最重要的话题。在20世纪70年代,Fama提出了"有效市场假说"(Efficient Market Hypothesis,EMH),该假说认为证券价格反映了所有信息,并且总是以公允价值进行交易。一些人从EMH缺乏具体证明和支持的角度对这一假设质疑,而另一些人则提出了其他理论和例子来证明市场是低效的。

市场情绪被视为论证市场低效的一个关键因素。情绪描述投资者对市场的总体看法和态度。虽然市场情绪理论假设投资者在做出决策时表现出理性,研究却表明,某些反应可能是心理驱动的,从而导致投资者做出非理性决策。当有足够多的人具有相同的心理时,个人投资者的情绪就会聚集在一起形成市场情绪。这会导致价格波动,而价格波动并不一定是基于新信息,而是基于情绪和感觉。探究投资者心理的行为金融学领域对投资者情绪进行了广泛研究。衡量情绪,即确定代表市场情绪的指标或指数,是量化情绪影响的另一个重要课题。近年来,情绪分析也逐渐成为一种将市场情绪作为指标来预测证券价格未来走势并做出投资决策的流行方式。

9.1.2　情绪分析文献综述

Bollen等（2011）利用Twitter数据来衡量情绪和情感，并据此预测股市走势。研究人员使用 2008 年以来的所有 Twitter 数据以及 OpinionFinder 和 Google Profile of Mood States （GPOMS）算法对公众情绪进行分类。尽管之前的讨论中情绪通常只被划分为积极或消极（看涨或看跌），而 Bollen 等将情绪细分为六类：冷静、警觉、肯定、活力、善良和快乐，从而实现了更为准确的股市预测。然后，Bollen 等使用自组织模糊神经网络预测道琼斯工业指数（DJIA）的走势。结果显示，预测道琼斯工业指数涨跌变化的准确率为87%。Mittal 和 Goel（2012）采用了与 Bollen 的研究类似的程序，使用了不同的算法，但数据集相同。他们预测道琼斯工业平均指数的准确率达到75.56%，证实了情绪可以预测市场走势。他们根据这一预测建立的交易系统也获得了可观的利润。Nguyen、Shira 和 Velcin（2015）针对之前的方法进行了调整，使用了与公司相关的特定主题的情绪，而不仅仅是评估整体市场情绪。他们提出了一种情绪方法来识别主题和相关情绪。与之前的研究相比，他们的预测结果有所改进，并可应用于多种股票。

在中国股市中，Nguyen等也进行了类似的研究，以评估情绪是否以同样的方式影响中国股市。该研究采用了上一节中提及的三种常用情感分析方法。所用文本数据来源于中国最大的证券交易论坛"股吧"。结果显示，论坛中的股民情绪与股票回报率之间存在很强的相关性。此外，情绪可以正向预测短期股票回报，负向预测长期回报。他们还发现，股东情绪与相应股票的交易量之间存在很强的相关性，股东情绪可以正向预测未来的交易量。这些发现与之前在美国市场发现的情绪分析趋势一致。

这些研究表明，利用 Twitter 或类似的社交媒体网站捕捉公众情绪是可行的。此外，某些类别的情绪对道琼斯工业平均指数的影响大于其他类别，例如，Mittal 和 Goel（2012）的研究显示，平静和快乐情绪对道琼斯工业平均指数的未来走势产生了显著影响。此外，情绪分析表明，在美国和中国股市中，情绪与相应市场之间存在很强的相关性。最后，基于情绪分析建立一个有利可图的交易系统是可能的。

9.1.3 情绪影响市场的实例

为了揭示情绪如何影响市场，我们以 2018 年 12 月的美国股市为例。在此期间，由于几个事件，市场情绪转为看跌。首先，企业盈利在经历了几年的快速增长后放缓，许多分析师预测 2019 年企业盈利率将只有 3%～4%。随后，美联储主席杰罗姆·鲍威尔在月度新闻发布会上表示，央行的流动负债表处于"自动驾驶"状态，这加剧了投资者日益增长的恐慌情绪。最后，中美之间的贸易紧张局势进一步加剧了恐慌情绪，并在全球范围内蔓延看跌情绪。

受看跌情绪影响，2018 年 12 月股市经历了最严重的一次下跌。标普 500 指数当月下跌 9.2%，道琼斯工业指数同期下跌 8.7%。情绪效应一直持续到 2019 年 1 月中旬，市场才开始复苏。这个例子表明，市场情绪会导致价格大幅波动，而且这种影响会持续相当长的一段时间。

9.2 投资者情绪与行为金融

要深入了解市场的整体情绪，我们必须从个人投资者的情绪入手，分析人类心理学如何影响投资决策。每个人都会根据自己对证券或市场的预期做出决策，但不同的人得出预期的方式会有所不同。这种预期在多大程度上是基于对基本面的理性分析，又在多大程度上受到他人决策的影响而没有经过自己的分析——这些都是行为金融学研究的重要课题。顾名思义，行为金融学就是研究心理对投资者和金融市场的影响。它重点解释了为什么投资者经常出现缺乏自制力、违背自身最佳利益、根据个人偏见而不是依据经验事实做决策的情况。它有两个组成部分：套利的局限性，即理性交易者很难消除非理性交易者所造成的混乱；心理因素，即我们可能预期的各种偏离完全理性的情况。尽管投资者情绪常被简单归类为悲观或乐观，但人类情绪及其背后的心理原因远比这更为复杂，因此非常值得深入探讨。在本节中，我们将总结并讨论行为金融学的基本原理、导致投资者情绪的几种流行心理效应及其在金融领域的应用。

9.2.1 套利的局限性

根据行为金融学，市场并非完全有效，因为对资产价格的解释存在偏差。原因在于部分投资者表现出非理性行为。一个常见的反对观点认为，理性投资者将迅速消除少数非理性投资者引起的偏差效应。为了说明这一论点，设想一家公司股票的基本价值为 10 美元。EMH 的捍卫者声称，在此情况下，理性投资者将识别到这一套利机会，并会买入这家公司的股票，同时卖空其他仍按理价格交易的相似公司股票。这一论点起初看起来很有说服力，但行为金融学指出了它的缺陷。这个论点有两个论断：第一个论断是，只要非理性投资者造成偏差，就会出现有吸引力的套利机会。第二个论断是，当出现这样的机会时，理性的投资者会立即采取行动，将价格推回到其公允价值。根据行为金融学的观点，即使资产的定价严重失误，旨在纠正错误定价的行动也往往风险极高、代价高昂，因此这些策略即使可能是理性的，也没有吸引力。此外，考虑到套利是指利用无风险的机会来获取利润，因此，这些带有风险的操作并不能被认为是真正的套利。

那么，是什么让这些纠正错误定价的行动充满风险呢？根据行为金融学的观点，在这种情况下存在几种类型的风险。我们将以一家公司的股票从 10 美元被错误定价为 5 美元为例，继续说明这些风险。

第一种也是最明显的一种风险是基本面风险。如果理性投资者现在以 5 美元的价格买入股票，它们面临的风险是股票可能会进一步下跌。此外，即使它们可以做空替代证券来规避这一风险，但完美的替代证券并不多见。此外，尽管做空同类公司的股票可能会规避某个行业固有的一些风险，但却无法规避该公司特有的任何风险。

假设理性投资者能够很好地管理基本面风险。它们仍然面临第二种风险——噪声交易者风险。噪声交易者风险是 De Long 于 1990 年首次提出，Shleifer 和 Vishny 于 1997 年对其进行了进一步研究。它描述了非理性投资者进一步持有非理性信念，从而导致进一步错误定价的风险。这会给试图套利的理性投资者带来损失。在我们的例子中，噪声交易者的风险是那些悲观的投资者变得更加悲观，并将价格推得更低。既然我们已经承认价格可能偏离其公允价值，那么我们也必须承认价格有可能进一步偏离。尽管噪声交易者风险可能只会产生短期影响，但在现实世界中，投资组合经理对短期回报尤为谨慎，因为这决定了客户对他们的信心。因此，噪声交易者风险很重要，它进一步限制了套利机会。

其他限制因素，例如交易成本，也使得套利机会的成本变得高昂，从而减少了其吸引力。此外，在某些情况下，当理性套利者推断出非理性情绪仍在增长时，他们愿意与噪声交易者同向交易，而不是与他们背道而驰。

9.2.2　心理因素

到目前为止，我们已经讨论了有限套利理论，即理性投资者很难迅速弥补非理性投资者造成的价格偏差。现在，我们将总结并讨论在非理性信念的煽动过程中涉及的几种心理现象。

过度自信：大量证据表明，人们对自己的判断过于自信。这表现在两个方面：首先，当人们估计数值时，他们的置信区间通常过于狭窄——即他们认为 98% 的置信区间可能实际上仅包含了 60% 的真实情况。其次，人们往往会忽略概率较低的事件。例如，人们预期肯定会发生的事件只在

80% 的情况下发生，而人们认为不可能发生的事件实际上在 20% 的情况下发生。

乐观主义和一厢情愿：与过度自信类似，绝大多数人对于自身的能力和未来前景持有不切实际的乐观态度。Weinstein（1980）的研究表明，90% 以上的人认为自己的驾驭和沟通能力以及幽默感都高于平均水平。他们还倾向于预测自己可以比实际时间更快完成任务。

代表性：Tversky、Amos 和 Daniel（1974）的研究揭示了一个现象，即人们在判断事件 A 是否由事件 B 引起，或是对象 A 是否属于类别 B 时，常常依赖于所谓的代表性启发式。第一个偏差是"基本比率忽视"。只要某件事听起来像是真的，人们就有可能相信它。第二个偏差是"样本量忽视"。人们在分析事件时，很可能只关心结果而忽视样本量。例如，如果一枚硬币抛了 4 次，结果是 2 个正面和 2 个反面，人们就会认为这是一枚公平的硬币，而不会意识到样本量很小。

保守主义：虽然人们往往会因为代表性而产生严重的偏见，但在有些情况下，人们也会产生相反的心理，变得过于保守。这种偏重基础比率的偏差似乎与代表性的特征相矛盾，但实际上它们之间是有契合点的。研究表明，如果数据对基本模型具有代表性，人们就有可能对数据进行高估，从而产生代表性偏差。然而，如果数据对任何突出的模型都不具有特别的代表性，那么人们就会倾向于低估数据并过于保守。

信念坚守：当人们形成一种信念或期望时，他们很可能会过于相信或依赖它，或者依赖的时间太长。人们不愿意发现任何与其信念相矛盾的新证据。即使出现了矛盾的证据，他们也会过分怀疑。一些研究甚至表明，人们往往会曲解与其信念相矛盾的证据。一个恰当的例子是，一些有效市场假说的支持者在大量令人信服的矛盾证据显现之后，仍然相信这一假说。

锚定：与信念坚守类似，研究表明，人们在得出估计值时通常会形成一个初始猜测，然后在此基础上进行调整。然而，这种调整通常是不充分的，导致最终的估计结果依赖于最初的猜测，从而给估计结果带来偏差。

9.2.3 羊群行为

羊群行为是指人们倾向于忽略自己的信念，而模仿他人的思想、情感和行为的一种现象。在本书的语境中，它指的是那些不是根据基本面或自己的理性分析，而是根据其他投资者的决定做出决策的投资者。本书的论点是，在不确定性、恐慌和恐惧的情况下，个人受本能支配，其行为由情绪决定。因此，他们的行为是不理性的。在金融市场中，"动物精神"指的是市场中因非金融动机而产生的躁动不安和不一致的因素。羊群效应会造成非理性的市场泡沫。因此，羊群效应也会导致市场波动加剧。

尽管羊群效应往往与非理性情绪有关，但有时也可以被视为理性思维。参考他人的观点来调整自己的信念的确是一种理性的思维方式。此外，如果市场系统性的定价过低或过高，羊群行为也可以是一种理性行为。凯恩斯还指出，以常规方式失败比以非常规方式成功要好。例如，采取与其他著名机构相似策略的经理和基金，至少能够确保其获得与回报相匹配的利润。与众不同往往风险太大，尤其是在充满不确定性的金融世界。然而，无论羊群行为包含多少理性，它都会受到个人非理性动机的影响，并不可避免地与市场情绪联系在一起。

近期的研究表明，通过社交和机构渠道传播的信息，能够放大或减弱人们的风险意识。风险放大发生在对话、活动和媒体中。这种现象也被称为从众心理或群体思维，即投资者被市场上的普遍观点所左右。当投资者通过互联网和同行群体相互联系和融合时，它们往往会形成同质化的风险分析和认知。例如，Hirshleifer 和 Teoh（2009）发现，"投资者之间的相互影响会导致趋同或相关的资产交易"。

有关羊群效应的另一个研究方向是利用熵的概念。Shannon（1948）从信息论的角度定义了这一概念，并将其应用于整个金融领域。他们提出了一种基于熵的信号处理技术，该技术可在存在羊群行为的情况下探究市场宏观和微观层面之间的关系。此外，Zhou、Cai和Tong（2013）详细回顾了熵在资产定价和羊群行为中的应用。

为了识别羊群行为并为其建立模型，学者也开展了相关研究。最具影响力的羊群行为基准模式是 Cheng（2000）提出的横截面标准差模型（CSAD）。该模型利用横截面收益率离散模式趋向市场共识来估计整个市场的羊群行为。这些模型也被用于全球股市和美国房地产市场等多个案例，以检测和确认羊群效应的存在。

9.3 情绪对市场的影响

随着个人投资者在某一市场的投资增长，整体市场情绪也会随之高涨，价格也会开始相应波动。在本节中，我们将讨论市场情绪如何影响价格，以及这种影响在不同市场和证券之间的差异。此外，我们还将讨论情绪如何影响加密货币等新型金融工具，以及对不同市场的影响是如何交织在一起的。

9.3.1 股市情绪

股市历史上曾发生过无数次"黑天鹅"事件，如1929年的大崩盘、20世纪60年代初的创科热潮、1987年10月的"黑色星期一"以及20世纪90年代的互联网泡沫。这些事件难以用任何标准的金融模型来描述，因为标准模型假定价格总是代表证券的合理公允价值。因此，有人提出了行为金融学，许多研究人员也遵循这一范式，通过纳入投资者情绪来增强标准模型。情绪指的是对未来现金流或风险的信念，而这些信念并没有经验事实作为依据。行为金融学研究者还认为，与情绪化投资者对赌的成本很高，因此理性投资者不够激进，无法迫使价格回归公允价值。

对情绪和股票总回报的研究始于20世纪80年代。这些研究的重点是测试股票市场作为一个整体是否会被错误定价。研究人员试图发现：总回报率有均值回归的趋势；总股指回报率的波动无法用基本面的波动来解释。这是用简单的估值比率（如总股息与股票市值之比）来描述回报率均值回归或预测总回报率的另一种方法。在这些研究中，情绪的作用是隐含的，从结果中得到的统计证据通常并不令人信服。这是因为通过对短时间序列进行检验很难区分随机漫步和长期泡沫，缺乏可行的经济解释。例如，很难确定股票回报的可预测性是否是由于市场引起的错误定价的逆转。

之后的研究对情绪的影响进行了更精确的测试。在 Delong 等（1988）提出的股市行为模型中，投资者被分为两种类型：一种是不受情绪影响的理性套利者，另一种是根据情绪做出决策的非理性交易者。理性交易者受到风险和成本的限制。在这些模型中，错误定价产生于两个因素的结合——理性交易者的套利限制和情绪对非理性交易者影响的变化。

现在，要从这一框架中做出预测，我们需要考虑两个变动因素，一是基于情绪的需求冲击的可能性，二是套利的难度和可用性。首先，我们假设第二部分，即套利难度，在不同公司之间是相同的，并分析第一部分在不同公司之间的影响。使一些股票比其他股票更具投机性的关键因素是难以确定其公允价值。对于年轻的行业和公司来说，当前的利润很可能是负的，其价值取决于未来的潜力。较少的利润历史和未来的不确定性结合在一起，使投资者很难确定其合理价值，估值的范围也可能很大。另一方面，对于历史悠久、利润和股息稳定的公司来说，一般比较容易确定其公允价值。更多的不确定性会加剧感情用事的投资者过度受自信、代表性和保守主义的影响。在这种情况下，即使所有投资者共享相同的基本信息，也更容易出现意见分歧。

现在假设投资者的情绪仅仅是对股票的乐观或悲观，那么不同公司的套利难度是不同的。研究表明，对于那些年轻的、小盘的、无利可图的和正在经历极端增长的股票，套利的风险和成本也更高。这些股票的收益差异可能很大，因此押注于它们的风险更大。高波动性会增加套利者向投资者募集资金的难度。此外，如果公司不分红，其基本面在很大程度上仍是投机的对象。因此，我们再次预期情绪会对这些股票产生更大的影响。

总之，难以估值的公司也是难以套利的公司。因此，这些公司的股票受情绪的影响可能更大。反之，稳定性较强、价值较易确定的"债券型"股票受情绪的影响较小。

9.3.2 加密货币市场的情绪

加密货币，也称为数字货币，通过利用区块链技术的网络充当交换媒介。该技术旨在避免集中控制，目前已发展成为一个拥有各种所有权和托管结构的币种和应用的领域。

与股票市场类似，加密货币市场也受到投资者情绪的影响。尽管加密货币的表现受到技术指标和经济政策等多种因素的影响，但由于缺乏明确的公允价值衡量标准，加密货币市场常伴随高波动性和不确定性。因此，它们受情绪的影响更大。例如，Baig（2019）展示了投资者对比特币的情绪如何影响其价格。

还有许多研究致力于探究股市投资者情绪之间的相互关系以及其对加密货币市场的影响。Lopez 和 Cabarcos（2021）的研究表明，股市中的投资者情绪可用来预测比特币等加密货币的波动性。Nie、Cheng 和 Yen（2020）的研究表明，当投资者对美国股市持乐观态度时，比特币和以太坊的交易量会降低。此外，当投资者对美国股市持悲观态度时，比特币和以太坊的波动会更大。此外，当投资者对美国股市持乐观态度以及美国经济政策存在不确定性时，比特币的波动性会降低。

9.4 情感因子构建和情感分析

现在的问题不仅是情绪能否影响市场价格，而且是我们如何量化这种影响，并将其作为进一步分析的指标。量化和衡量市场情绪的方法有很多，但很难找到一种完美的方法来捕捉整个情绪。一种常见的方法是使用情绪指标，如 VIX 指数、高低指数和看涨百分比指数，作为情绪的衡量指标。

随着近年来股票预测研究的普及，以及先进机器学习技术的发展，许多研究也开始利用情绪来预测价格和构建交易系统。这些方法被称为"情绪分析"。在本节中，我们将讨论情绪分析的各种方法，并提供研究实例。

9.4.1 情绪指标

Cboe 波动率指数（VIX）：Cboe 波动率指数是一种实时指数，反映了市场对标准普尔 500 指数短期价格波动强度的预期。该指数从 SPX 指数期权价格中提取，以生成 30 天的波动率远期预测。它经常被用作投资者的恐惧指标，因此是最受欢迎的情绪指数之一。

一般来说，有两种估计波动率的标准方法。第一种方法是确定历史波动率，并将其作为未来波动率的近似值。这种方法涉及统计方法和计算，以确定均值、方差和标准差。在有历史数据的情况下，这种方法是可行的。然而，历史波动率并不总是未来波动率的良好参考。

VIX 采用的第二种方法涉及期权价格。期权是基于标的证券的衍生品，其价格基于这些证券的波动率。由于期权价格可以在市场上找到，而且有一些流行的期权定价模型，如 Black-Scholes 模型（其中波动率是一个参数），因此我们只需将价格代入模型，就可以得出标的证券的波动率。

VIX 值使用的是在每月第三个星期五到期的 Cboe 交易 SPX 期权和每

周 SPX 期权。其计算方法是将多个 SPX 期权在一定执行价格范围内的加权价格汇总起来。

高低指数：高低指数将达到 52 周高点的股票与达到 52 周低点的股票进行比较。它通常用于估计大盘的趋势，如标准普尔 500 指数。

高低指数报告了一个名为"创新高百分比"的指标，等于新高和新低之和中新高的占比。指数值是该创新高百分比的移动平均值。

如果高低指数为正且不断上升，投资者通常将其解释为看涨；如果为负且不断下降，投资者通常将其解释为看跌。高低指数高于 50 意味着达到 52 周高点的股票多于达到 52 周低点的股票。高低指数超过 70 表明市场趋势看涨，而高低指数低于 30 则表明市场趋势看跌。许多交易者在指数中加入 20 天移动平均线，以平滑曲线。

看涨百分比指数（BPI）：看涨百分比指数根据点位和图形图表（P&F）来衡量有多少股票呈现看涨形态。点位和图形图表使用符号"X"和"O"来说明价格走势。当价格上涨一定幅度时，就会出现"X"，而当价格下跌相同幅度时，就会出现"O"。看涨百分比指数是一个指标，显示在点阵图中显示"买入"信号的股票百分比。因此，该指数在 0 到 100% 之间波动，BPI 超过 50%，则表示看涨趋势，而 BPI 低于 50%，则表示看跌趋势。当 BPI 下降到 30% 以下时，会触发看涨警报，表明市场可能正在筑底；当 BPI 超过 70% 时，会触发看跌警报，表明市场可能正在见顶。

9.4.2 情绪分析方法

近年来，随着新兴机器学习技术的发展和海量在线数据的可用性的增强，股市预测成为了一个热门研究话题。如前几节所述，情绪也可以作为指标进行测量和量化。因此，它也被用于股票预测研究。利用情绪预测股票走势的方法通常称为情绪分析。情绪分析领域有三种常见方法：基于字典的方法、机器学习方法和深度学习方法。

基于字典的方法涉及定义一个包含具有特定情绪倾向词汇的字典，并通过统计这些词汇的频率来分析整体情绪。预先定义和构建情感词典的常见方法有三种。第一种方法是定义表达情感倾向的单词，并手动为其分配情感分数。这种方法很容易实现，但会引入个人主观性，因此结果往往不够准确。第二种方法是过滤统计算法确定的重要词语，并根据其重要性为其分配情感分数。TF-IDF分数就是一个例子。第三种方法是使用机器学习或深度学习算法来检测同义词，并根据同义词关系分配情感分数。这种方法较难实现，但可以减少人工成本和个人主观性。

基于词典的方法已被许多研究采用，但它也有一些局限性。在不考虑上下文的情况下定义单个词的情感可能会有偏差和不准确。因此，机器学习方法和深度学习方法在最近的研究中更为常见。

机器学习建模方法是指使用传统的机器学习算法（如逻辑回归、随机森林或支持向量机（SVM））对文本信息进行分类。机器学习模型的使用过程为：首先，从所有文本数据中选取一部分作为需要标注的数据集（训练数据）；其次，根据人类对情感倾向的了解对文本进行标注；最后，在标注数据集的基础上，对机器学习模型进行训练，并选取表现最佳的模型应用于剩余的未标注数据集（测试数据），从而为所有文本数据分配情感分值。机器学习建模方法通常比基于字典的方法更准确，而且只需在训练数据集中进行人工分配即可。

深度学习建模方法类似于机器学习方法，不同之处在于它采用神经网络算法。神经网络指的是一个由多层节点构成的模型，这些节点可以执行更复杂的计算，从而提高模型的准确性。流行的深度学习模型包括卷积神经网络（CNN）和循环神经网络（RNN）。这种方法通常能做出最准确的预测，但也需要更多的训练时间。随着最近GPU和计算能力的激增，这一困难得到了缓解，因此越来越多的研究人员开始使用这种方法。自然语言处理（NLP）和长短期记忆（LSTM）等新模型进一步提高了情感分析的整体准确性。

参考文献

Baig, Ahmed, Benjamin M. Blau, and Nasim Sabah. （2019）. Price Clustering and Sentiment in Bitcoin. Finance Research Letters，29，111-116.

Bollen J，Mao H，and Pepe A.（2011）. Modeling public mood and emotion： Twitter sentiment and socio-economic phenomena ［C］// Proceedings of the international AAAI conference on web and social media. 5（1）：450-453.

Chang E C，Cheng J W，and Khorana A. An examination of herd behavior in equity markets： An international perspective ［J］. Journal of Banking & Finance，2000，24（10）：1651-1679.

DeLong，J. Bradford，Andrei Shleifer，Lawrence H. Summers，and Robert J. Waldmann.（1988）. The Survival of Noise Traders in Financial Markets.

Hirshleifer，David，and Siew Hong Teoh.（2009）. Thought and Behavior Contagion in Capital Markets. In Handbook of financial markets： Dynamics and evolution，pp. 1-56. North-Holland.

López-Cabarcos，M. Ángeles，Ada M. Pérez-Pico，Juan Piñeiro-Chousa，and Aleksandar Ševi'c.（2021）. Bitcoin Volatility，Stock Market and Investor Sentiment. Are they Connected?. Finance Research Letters，38，101399.

Mittal，Anshul，and Arpit Goel.（2012）. Stock Prediction Using Twitter Sentiment Analysis. Standford University，CS229，15，2352.

Nguyen，Thien Hai，Kiyoaki Shirai，and Julien Velcin.（2015）. Sentiment Analysis on Social Media for Stock Movement Prediction. Expert

Systems with Applications, 42 (24), 9603-9611.

Nie, Wei-Ying, H. Cheng, and K. Yen. (2020). Investor Sentiment and the Cryptocurrency Market. The Empirical Economics Letters, 19, 1254-1262.

Shannon, Claude Elwood. (1948). A Mathematical Theory of Communication. The Bell System Technical Journal, 27 (3), 379-423.

Zhou, Rongxi, Ru Cai, and Guanqun Tong. (2013). Applications of Entropy in Finance: A Review. Entropy, 15 (11), 4909-4931.

第10章　反欺诈和欺骗识别案例研究：基于文本的数据分析

随着大数据呈指数型暴增，如何处理数据并提高数据的真实性也变得越来越重要。本章以欺骗性应用和虚假评价为例，讨论了如何模仿和检测类似应用，以及如何通过机器学习和各种统计方法识别虚假评价。

大数据分析中的文本挖掘是发现欺诈或欺骗的强大工具。它对包括执法和安全人员在内的许多人来说至关重要（Fuller、Biros 和 Delen，2011），通过分析非结构化文本数据，基于文本的数据分析可以提取新知识，识别重要模式，并发现隐藏在数据中的相关性（Hassani 等，2020），这是一种非常有效的检测欺诈和欺骗的方法。

基于文本的数据分析使用的是文本挖掘算法。它有两种类型：监督学习和无监督学习。监督学习算法使用目标的观测值来建立预测模型，而非监督学习算法则使用一组预测因子来揭示数据中的隐藏结构（Guduru，2006）。意见分类和情绪分类是基于文本的数据分析中广泛使用的两种方法（Esuli，2006），我们将在后文的示例中展示。

10.1　盗版检测

卡内基梅隆大学的王泉、李蓓蓓和 Param Vir Singh 使用机器学习技术，如自然语言处理、潜在语义分析、基于网络的聚类和图像分析等，分析了盗版应用如何影响正版应用的需求。我们将遵循他们的方法，详细介绍基于文本的数据分析在盗版检测中的具体应用。

首先，我们将盗版应用定义为那些提供与正版应用类似功能但稍晚发布的应用，然后进一步将盗版应用分为欺骗性和非欺骗性两类。欺骗性的抄袭者试图通过选择与正版应用程序非常相似的应用程序名称和应用程序图标来欺骗客户，使其认为自己是正版应用程序。相比之下，非欺骗性的盗版应用则试图通过选择与原作截然不同的名字和图标来将自己与原作区分开来。

通过一种结合了各种统计和机器学习方法的新的盗版检测方法，它可以根据功能和外观在大规模范围内对盗版进行实证识别。它还可以判断应用程序是否具有欺骗性。本研究中使用的数据集是美国 iOS 商店中 iPhone 的公开应用程序信息，它由 5 141 名开发者在 2008 年 7 月至 2013 年 12 月期间发布的 10 100 款动作游戏样本组成。该检测利用了应用描述、用户评价、发布日期、开发者 Apple ID、应用名称及图标等数据。

具体检测过程如下。第一步是根据文本描述和客户评价来检测应用程序之间的功能相似性。首先，它将所有应用程序的文本描述和消费者评价转换为一组单词。然后进行文本预处理，如词性标注。其次，检测过程保留了名词和动词，因为名词和动词与应用程序的功能更相关。最后，使用 TF-IDF 矩阵来识别应用程序的功能，以计算与 SVD 相结合的应用程序之间的功能相似性。TF-IDF 是一种用于创建术语文档矩阵的统计方法。其主要思想是，如果一个单词经常出现在从应用程序转换的文本中，但很少出现在其他应用程序中，则特定的单词数会被夸大从而进行分类。在本书中，这个词可以用来表示应用程序的功能。在识别出每个应用程序的关键词后，该算法可以计算出两个应用程序之间的功能相似性。

第二步是使用马尔可夫聚类算法对具有类似功能的应用程序进行分组。在第一步中，计算了两个应用程序之间的功能相似性。在这一步中，具有类似功能的应用程序被分为同一组，组数可以有很多。

经过这两个步骤，我们可以确定一个应用程序是原创应用程序还是盗版应用程序。对于每个组，第一个发布的应用程序将被标记为原创应用程序，而其他应用程序则被标记为盗版应用程序。

本书认为，如果应用程序的名称与原始应用程序的名字相似，或者其图标与原始应用的图标相似，则该应用程序具有欺骗性。应用程序的名称使用字符串软匹配来衡量相似性。为了识别应用程序图标的相似性，我们提取图像的核心特征，并匹配不同应用程序之间的特征。如果比较结果与原始应用程序相似，则认定盗版应用程序具有欺骗性。

为测试检测方法的准确性，研究在 Amazon Mechanical Turk（MTurk）上发布了一系列任务，挑选并配对了若干应用。MTurk 的工作人员判断每对是否有相似的名字、图标和游戏。问卷调查结果表明，所提出的检测方法可以准确检测应用程序之间的成对相似性，概率超过 91.9%。整个框架如图 10-1 所示。

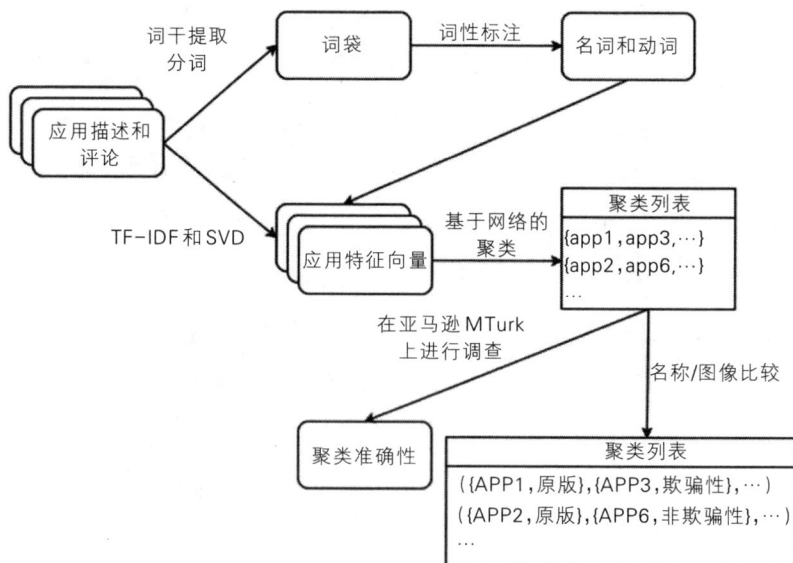

图 10-1　盗版检测框架流程图

盗版应用会影响原创应用的需求吗？

本书使用了 t 月份原始应用程序 i 下载量的自然对数 y_{it} 为因变量。自变量为 t 月份其盗版应用程序 i 下载量的自然对数 x_{it}。

因此，基础模型可以表示为：

$$y_{it} = \alpha x_{it} + D_{it}\beta_1 + \lambda_i + v_t + \varepsilon_{it}$$

其他线上和线下的促销活动也有可能影响原始应用程序的下载，并与盗版下载相吻合。对于时间固定效应和特定应用程序固定效应未捕捉到的因素，我们结合两种策略来处理它们。首先，我们使用谷歌上应用程序的搜索量（通过谷歌搜索趋势获取）作为未观察到的营销组合趋势的代替。其次，我们引入了两个不同的模仿销售的工具变量，以消除内生偏差。

我们使用滞后的盗版下载作为当前阶段下载的工具变量。

我们还使用了当月集群中盗版应用程序的平均文件大小。

10.1.1　估算结果

（1）抄袭者对原作需求的聚合效应

结果一致表明，盗版应用程序下载对原始应用程序下载的总体影响在统计上不显著。对这一结果的一个潜在解释是，负面的替代效应与正面的广告效应相互抵消。

（2）抄袭者的质量和模仿类型如何影响原创应用的需求

我们根据原版应用程序总体的相对消费者评分，将日志复制类应用程序分为日志高质量复制类和日志低质量复制类两个自变量。我们还将盗版应用程序下载分为欺骗性盗版下载和非欺骗性盗版下载。因此，总共有四个子类：高质量的欺骗性盗版、低质量的欺骗性盗版、高质量的非欺骗性盗版和低质量的非欺骗性盗版。

结果表明，当盗版产品的质量较高时，竞争效应主导了意识效应。相反，随着欺骗程度的增加，意识效应主导了竞争效应。当抄袭者的质量和欺骗程度都是高或低时，竞争效应就会被意识效应所抵消。然而，当质量高时，较低水平的欺骗有助于竞争效应主导意识效应。相比之下，当质量较低时，更高水平的欺骗有助于意识效应主导竞争效应。

10.2 虚假评价

10.2.1 如何通过文本信息识别虚假评价

评价是网络口碑的主要传播方式。它为用户提供参考意见，帮助用户更好地了解产品或服务的优缺点，并使企业能够有针对性地进行改进。虚假评价是一种垃圾评价，指评价者对与其真实感受不符的产品或服务所做的评价（Zhao 和 Wang，2016；Meng 和 Ding，2013；li、Qin 和 Liu，2018）。大多数虚假评价是由企业雇佣的利益集团中的用户发表的，目的是营销自己的产品/服务。这些员工基本上没有购买相关产品。通过这种企业之间的恶性竞争，出版商和评价者可以从中获得情感补偿和财产。Luca（Luca 等，2011）系统地提出，虚假评价背后的商业动机的目的可以分为四个方面：宣传、诽谤、干扰和无意义。评价者发表虚假评价的目的主要是敷衍了事、获取奖励和发泄情绪。

传统上，虚假评价可分为三种：（1）故意撰写的误导读者的不真实评价。其中包括对特定目标产品的不值得肯定的评价，以推广产品或服务。此外，它们还包括对有价值产品的负面评价，以诋毁它们。（2）仅针对品牌的评价被描述为对品牌的主观看法，而不是对产品本身的主观看法。（3）非评价有两种类型：广告和不包含任何评价的无关评价，如问题、答案或未指定的文本。

普通用户辨别虚假评价的能力相对较弱，通常难以判断评价的真伪。康奈尔大学的一项实验表明，人类可以以不到50%的准确率检测到虚假评价——依靠人类检测几乎不可能扩大范围。因此，虚假评价的检测成为一个热门话题。虚假评价检测是自然语言处理的一个子领域。其目的是分析、检测在线电子商务领域的产品评价，并将其分为虚假评价和真实评价。近二十年来，虚假评价分析成为一个研究热点。由于虚假/垃圾邮件评价对客户和电子商务业务的重要影响，许多研究人员对其识别方法进行了研究。

如图10-2所示，虚假评价识别的一般工作流程是数据收集、数据预处理、特征提取、模型设计和模型评估/改进。数据来源通常是电子商务网站和为评价而设计的各种网页。提取数据后，最重要的是对数据进行建模，并通过深入学习对数据进行分析，从而判断评价的真实性。数据建模的识别方法主要包括监督学习、无监督学习和半监督学习。监督学习包括基于图的分类方法（Wang等，2011）、逻辑回归模型（Jindal和Liu，2007）和支持向量机模型（Ott等，2011）。无监督学习主要基于聚类算法（Jindal和Liu，2008）。半监督学习主要基于Pu学习算法（Jindal等，2015）。模型评估通常选择适当的评估指标来评估模型的性能。既然它是一条评价，那么它一定属于文本信息。利用数据中的文本内容和情感信息，通过建立评价模型和深入学习的分析，可以在很大程度上实现对虚假评价的检测。

图 10-2　虚假评价识别的一般流程

关于虚假评价识别的研究主要集中在评价内容、文本和评价者上。对基于虚假评价的文本内容的研究主要从语言文本特征和情感特征两个方面展开。通过强大的人工智能和持续的训练，文本分析算法可以破译和标记传统算法使用的元数据中可能没有嵌入的模式，从而实现识别功能。识别方法包括自然语言处理、文本挖掘和统计相关方法。基于虚假评价者的研究主要分析虚假评价者和虚假评价群体的行为特征。本章将有效识别基于文本信息的虚假评价（Yuan，2021）。

首先，文本信息必须是语言。通过分析句子的成分，从语法特征、句式特征和文本本身的特征出发，通过相似性检测出重复性高的评价，从而实现对虚假评价的识别。

（1）句子特征：由评价文本中的单词或多个连续单词表示的文本的n元模型。一元模型、二元模型和三元模型是句子特征分析中常用的n元模式（Yuan，2021）。元模型在观点挖掘、情绪分析等研究中非常有效，不同数据集的识别效果存在明显差异。例如，Jindal等人提取了重复评价的二元模型特征，在他们获得的亚马逊数据集上训练了逻辑回归模型，只识别了关注品牌的评价和不相关的评价，AUC（曲线下面积）值为90%（Jindal和Liu，2007）。Ott等人在众包平台构建的金标准数据集上，结合语言查询和字数统计工具提取的文本特征和二进制模型，建立了支持向量机模型，识别虚假评价的准确率可达89.8%（Ott等，2011）。

（2）句法特征：句法特征可分为浅层句法特征和深层句法特征。浅层句法特征是指语篇的词性分布。词性的频率被用作分析的特征。该方法已被证明是有效的（Ott等，2011），但其效果不如文本的词汇特征。Ren、Ji和Yi（2014）提出将句法特征与词汇特征相结合可以有效地提高识别效果，并提出了一种基于概率上下文无关语法的识别模型。评价语篇深层的句法特征可以用其句法分析树的生成规则来表达。Feng等人（Feng、Banerjee和Choi，2012）已经证实了文本深层句法信息在欺骗检测中的有效性。电子商务网站和评价网站的虚假评价明显具有模仿真实评价的特点。将词汇特征与其他特征相结合的识别方法可以获得较高的准确性。

（3）文本特征：基于文本特征的虚假评价识别文本特征，如基于评价文本的元数据特征，包括评价文本长度、文本复杂性、有用性、赢得选票、早期时间窗口、评价内容的相似性、回复评价、评价与同一产品下其他评价的一致性，以及初步意见和后续意见之间的一致性，如表10-1所示。其中，最常用的四个文本内容特征是文本长度、有用性投票、评价内容相似性和早期时间窗口。Chen等人结合文本特征，提出了一个基于产品评价情感属性的逻辑模型，识别虚假评价的准确率为86.2%（Chen和Liz，2014）。Jindal等人将重复评价的方式视为具有误导性的虚假评价。根据评价文本的相似性，他们将相似性得分大于0.9的评价判断为虚假评价，并将其作为训练集进行学习。逻辑回归预测的AUC值为78%，证明评价文本的元数据特征与上述特征相结合可以有效提高虚假评价的识别精度（Jindal和Liu，2007）。

表10-1　　　　　　　　　　虚假评价的文本特征和描述

	特点	功能描述
1	文本长度	评价中包含的字数
2	文本复杂性	评价中的词汇和语法复杂性
3	有用性投票	认为评价有用的支持用户数量
4	早期时间窗口	评审是否为早期产品评审
5	评价内容相似性	同一产品或服务上的评价与其他评价之间的相似性
6	评价和回复	回复评价的数量反映了其关注度
7	与其他评价一致	对同一产品或服务的评价与其他评价的一致性
8	初步评价与后续评价的一致性	初始评估与后续评估之间的时间间隔以及内容的进步程度

人类习惯于用语言表达情感。因此，分析段落中的情绪也是识别虚假评价的重要方法。宏观上看，文本的情绪特性涉及主观与客观内容的比率，以及正面与负面情绪的比例（Lif，2011）。主观-客观比率是指主观内容与客观内容的比率，包括单词水平和句子水平。然后通过情感词典分析词的层次，判断主观/客观词，通过是否包含主观/客观词语来判断句子是否为主观/客观句子。正面和负面比例是指评价中正面和负面情绪词的比例。如果一条评价中只有正面/负面评价，那么在很大程度上可以怀疑

该评价是虚假的。LIWC（Popescu、Nguyen 和 Etzioni，2005）是一种基于心理特征进行虚假评价识别的文本分析工具，专门用于探索语言和统计单词，能够对文本中的单词进行深入分类和量化。该工具对文本内容的定量分析包括不同的层面，如综合语言指标、语言维度以及其他语法和心理过程。Ott（Ott 等，2011）认为虚假陈述和撒谎的心理影响是一致的，并将LIWC 指标归纳为语言过程、心理过程、个人方面和口头方面。结合LIWC 和二元模型，LIWC 构建的黄金数据集的准确率为 89.8%。

　　总之，通过对评价数据源的合理有效建模，结合深入学习，将虚假评价的谎言一一揭穿。越来越多的真实评价将为人们选择产品/服务提供更多有用的参考信息。

10.2.2　如何处理潜在的虚假评价

　　近年来，互联网的规模和重要性呈指数级增长，对人们的日常生活产生的影响越来越大。顾客通常会花很多时间上网、搜索各种产品的信息、与他人交流以及阅读评价。此外，互联网使个人能够根据自己的专业知识和其他人的意见，就一系列主题发表评价。这些人可能会利用他们的评价来宣传或批评各种产品或服务。消费者更倾向于购买获得众多好评的产品，这可能提升供应商的利润。相反，负面评价可能导致相关公司遭受财务损失，因为任何人都可以不受限制地写评价，所以有可能对产品、服务和企业提供不适当的正面或负面反馈。因此，有必要核实网上意见和评价的真实性，以帮助人们避免被虚假信息误导。在过去的 20 年里，虚假评价的分析已经成为一个热门的研究课题。由于虚假/垃圾邮件评价和识别对客户和电子商务企业的重大影响，许多研究人员对此进行了研究。

　　在现实世界中，发现虚假评价是一个持续的挑战，各国政府正在努力解决这个问题，以减少其负面影响。此外，检测假新闻对机器来说是一项艰巨的任务，因为它必须了解"合法评价"和"虚假评价"之间的区别。因此，研究人员在机器学习模型中添加了各种功能，以提高检测虚假评价的准确性。处理潜在不真实评估数据集的七个主要步骤如图10-3所示。

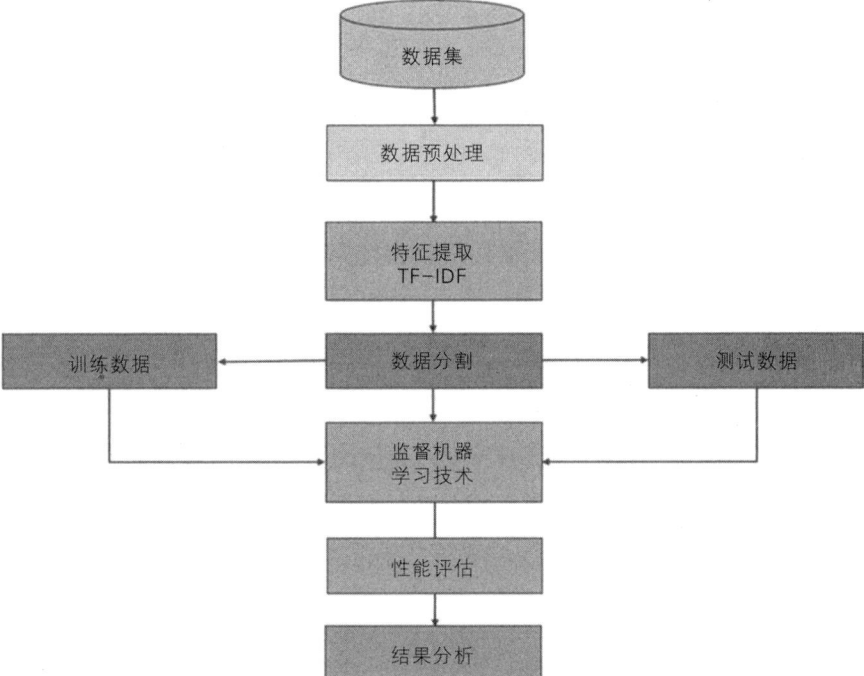

图10-3 虚假评价处理流程

在这里，我们主要讨论用于处理数据集的深度机器学习模型。4种传统的监督机器学习技术，即朴素贝叶斯、支持向量机、随机森林和自适应提升，可以用于虚假评价识别。

（1）支持向量机

支持向量机是一种广泛使用的监督学习算法，它能够处理线性和非线性数据分割（Pisner和Schnyer，2020）。支持向量机用于文本分类，在高维向量空间中具有较高的分类效率。此外，它还表示了空间图中的数据训练样本。不同类别的数据点通过超平面中的最大裕度来区分。其决策边界是训练样本分解的极限裕度。

（2）朴素贝叶斯

朴素贝叶斯（NB）是一种常用于分类任务的监督机器学习技术（Li和Zhang，2007）。考虑到之前发生的另一个事件的可能性，它可以用于计算一个事件发生的概率，是基于条件概率定理。通过文本分类任务，数据包含高维度，这意味着每个单词代表数据中的一个特征。然而，该模型预测了文本句子中每个单词的概率，并将其视为任何数据集类的特征。

（3）随机森林

随机森林（RF）是广泛应用于机器学习领域的一种技术（Belgiu和Drăguţ，2016）。顾名思义，RF是一片森林。它由几个决策树组成，可以帮助做出决策。随机森林中的每棵决策树都是由相同的策略生成的。通过做出决定，将计算小决策树的投票，并以多数票决定一个类别。随机森材被称为分而治之的方法。它使用一些弱学习者（简单的决策树模型）来生成强的线性关系。

（4）自适应提升

自适应提升（AdaBoost）是与增强分类器相关的一种监督机器学习技术（Praveena和Jaiganesh，2017）。它是一种从弱学习者的线性组合中构建强学习者的分类方法。在自适应提升模型中，每个训练样本使用一个权重来确定被选为训练集的概率，并根据弱学习者的加权投票对最终投票进行分类。

针对虚假酒店评价，Saleh等人采用了四种监督机器学习技术：朴素贝叶斯、支持向量机、随机森林和自适应提升，进行虚假评价的识别研究。采用TF-IDF方法进行特征提取。通过比较实验分类结果，随机森林分类器在检测虚假评价方面提供了更好的性能，优于其他分类器，并达到了95%的准确率和F1分数。AdaBoost分类器具有更高的灵敏度指数（94%）。

除了传统的机器学习模型外，Rami等人还讨论了"transformer模型的集成是否比最先进的虚假评价检测方法表现更好？"他们开发了一种新模型，该模型融合了基于 transformer 模型的 Roberta、xlnet 和 Albert 三种模型，并采用各分类器的加权平均值以实现最优性能。所提出的模型在操作垃圾邮件和欺骗数据集的两个半真实数据集上的准确率分别为 92.07% 和 94.37%，优于最先进的方法，包括传统和深度学习模型。

参考文献

Belgiu，Mariana，and Dr˘agu‚t，Lucian.（2016）. Random Forest in Remote Sensing：A Review of Applications and Future Directions. ISPRS Journal of Photogrammetry and Remote Sensing，114.

Chen，Y. F.，and Liz，Y.（2014）. Research on Product Review AttributeG Based of Emotion Evaluate Review Spam Detection. New Technology of Library and Information Service，（9），81-90.

Derek A. Pisner，and David M. Schnyer，（2020）. Chapter 6 – Support Vector Machine，Editor（s）：Andrea Mechelli，Sandra Vieira，Machine Learning，Academic Press.

Esuli，A. A.（2006）. Bibliography on Sentiment Classification. Available online：http：//liinwww. ira. uka. de/ bibliography/Misc/Sentiment. html（accessed on 27 June 2019）.

Feng，S.，Banerjee，R.，and Choi，Y.（2012）. Syntactic Stylometry for Deception Detection. Meeting of the Association for Computational Linguistics：Short Papers，8-14.

Fuller，C.，Biros，D.，and Delen，D.（2011）. An Investigation of Data and Text Mining Methods for Real World Deception Detection. Expert Systems with Applications，38（7）.

Guduru，N.（2006）. Text Mining with Support Vector Machines and

Non-Negative Matrix Factorization Algorithms. Ph. D. Thesis, University of Rhodes Island, Rhodes Island, Greece.

Hassani, Hossein, Christina Beneki, Stephan Unger, Maedeh T. Mazinani, and Mohammad R. Yeganegi. (2020). Text Mining in Big Data Analytics. Big Data and Cognitive Computing, 4 (1), 1. https: //doi. org/ 10.3390/bdcc4010001.

Jindal, N., and Liu, B. (2007). Analyzing and Detecting Review Spam. IEEE International Conference on Data Mining, pp. 547-552.

Jindal, N., and Liu, B. (2008). Opinion Spam and Analysis. International Conference on Web Search& Data Mining, pp. 219-230.

Li, L., Qin, B., Liu, T. (2018). Survey on Fake Review Detection Research. Chinese Journal of Computers, 41 (4), 946-948.

Luca, M. (2011). Reviews, Reputation, and Revenue: The Case of Yelp. Boston: Harvard Business School.

Meng. M. R., and Ding, S. C. (2013).

Motivation And Behavior Of The Fraud Reviews' Publishers. Information Science, 31 (10), 100-104.

Ott, M., and Choiy, Cardiec, et al. (2011). Finding Deceptive Opinion Spam by Any Stretch of the Imagination. Proceedings of the 49th Annual Meeting of the Association for Computational Linguistics (HLT' 11), pp. 309-319.

Popescu, A. M., Nguyen, B., and Etzioni, O. (2005). Extracting Product Feature Sand Opinions from Reviews. Proceedings of HLT/EMNLP on Interactive Demonstrations, pp. 32-33.

Praveena, M., and Jaiganesh, V. (2017). A Literature Review on Supervised Machine Learning Algorithms and Boosting Process. International Journal of Computer Applications, 169 (8), 975-8887.

Quan Wang, Beibei Li, and Param Vir Singh. (2018). Copycats vs. Original Mobile Apps: A Machine Learning Copycat-Detection Method and Empirical Analysis. Information Systems Research.

Ren, Y., Ji, D., and Yin, L. (2014). Deceptive Reviews Detection Base don Semi-supervised Learning Algorithm. Journal of Sichuan University (Engineering Science Edition), 46 (3), 62-69.

Wang, G., Xie, S., Liu, B., et al. (2011). Review Graph Based Online Store Review Spammer Detection. Proceedings of the 2011 IEEE 11th International Conference on Data Mining, pp. 1242-1247.

Zhang, H., and Li, D. (2007). Naïve Bayes Text Classifier. 2007 IEEE International Conference on Granular Computing (GRC 2007), pp. 708 – 708. https://doi.org/10.1109/GrC.2007.40.

Zhao, J., and Wang, H. (2016). Detection of Fake Reviews Based on Emotional Orientation and Logistic Regression. CAAI Transactions on Intelligent Systems, 11 (3), 336-342.

袁禄. 虚假评论识别研究综述 [J]. 计算机科学, 2021 (1), 111-118.

第11章 交易中的机器学习技术——以欧元兑美元市场为例

11.1 外汇市场简介

外汇市场是一个全球性的货币交易平台，涉及各种货币的价值评估。根据《商业词典》的定义，它是一种"将一个国家的货币兑换成另一个国家货币的交易系统"。外汇市场的日交易量达到5.1万亿美元，这使其成为世界上最大的金融市场，信贷市场位居其后。以即期汇率或以前固定的汇率买卖货币的基本交易有助于确定外汇汇率。

外汇市场中的所有货币都是成对交易的。外汇报价中列出的第一种货币是基础货币，第二种货币是价格/报价货币。基础货币是一个国家通常采用的汇率所依据的货币。例如，欧元兑美元为1.2700。这里，欧元是基础货币，美元是报价货币。因此，欧元兑美元报价可以被解释为1欧元可以兑换1.27美元，或者购买1欧元需要1.27美元。

在外汇市场上，货币价值相对于另一种货币报价，因此，任何货币价值的变化也意味着其相对于另一货币的价值变化。如果欧元兑美元的报价随着时间的推移从1.2700上升到1.300，这意味着欧元相对于美元已经升值或者美元相对于欧元已经贬值。世界上有许多货币对。然而，在所有交易的货币对中，少数形成了主要的外汇交易量。以下是全球交易的主要货币对，其代表了世界上一些较大的经济体，它们的货币每天在外汇市场上交易量很大。

图11-1显示了截至2019年1月交易的流动性最强的货币对。

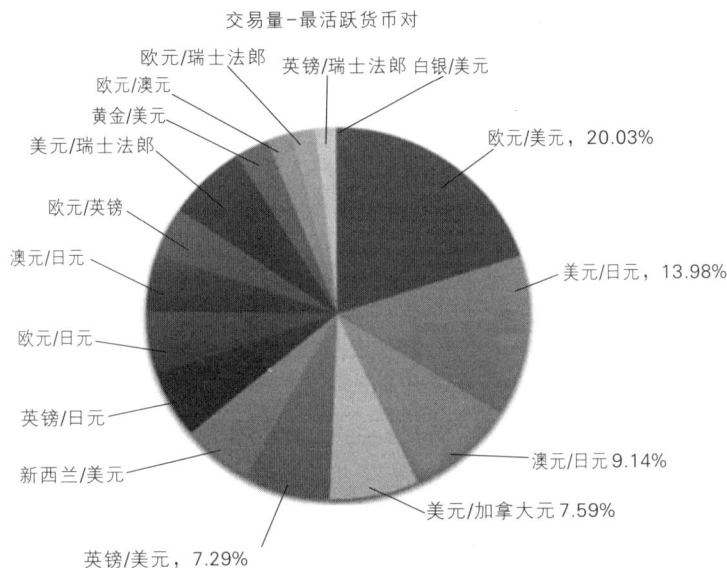

图 11-1 交 易 量

如上所述，欧元兑美元和美元兑日元约占所有外汇交易的34%。美元是交易量最高的货币，约占外汇交易量的85%，其次是欧元，约占外汇贸易量的40%。

11.2 外汇市场的特点

11.2.1 24小时交易×每周5天

外汇市场每周5天，24小时开放。澳大利亚时间周一上午8点（即纽约时间周日下午5点）开市，纽约时间周五下午4点闭市。因此，交易者获得了 n 次执行交易并进行必要调整的机会。

11.2.2　市场透明度

外汇市场以其高度透明性而闻名，交易者能够获取市场的全面数据。每个在外汇市场上交易的人都知道在哪里交易什么，由谁交易，以什么价格交易。更高的透明度会带来高效的市场，因为市场中的所有参与者都可以平等地获得实时信息。

11.2.3　高度杠杆化市场

在外汇市场交易时，可以使用高度杠杆。这是通过使用保证金（即借入资金）进行外汇交易而实现的。虽然杠杆可以放大收益，但同样也增加了潜在的损失。交易员在外汇市场的杠杆率可以高达400∶1。因此，杠杆作用的应用需要对市场有适当的了解，以避免巨大的损失。

11.2.4　更高的流动性

Investopedia 定义流动性为：在不影响资产价格的前提下，资产能够在市场上迅速买卖的能力。这是货币对按需买卖的能力。外汇市场的交易量非常高，您可以在每周24小时×5天的任何时间进行交易。由于流动性如此之高，无论我们交易的是1 000美元还是100万美元，我们都可以预期订单下发和执行时的货币价格大致相同。

11.3　欧元对美元汇率（EURUSD）

欧元对美元的汇率表示1欧元的美元价值。下图显示了2000年1月1日至2018年12月31日这19年的欧元对美元汇率（如图11-2所示）。

例如，欧元对美元汇率在2000年是1.8000，到2008年曾达到1.5246，而在2018年下跌到了1.1320。欧元对美元汇率受到各种经济、政治和心理因素的影响。

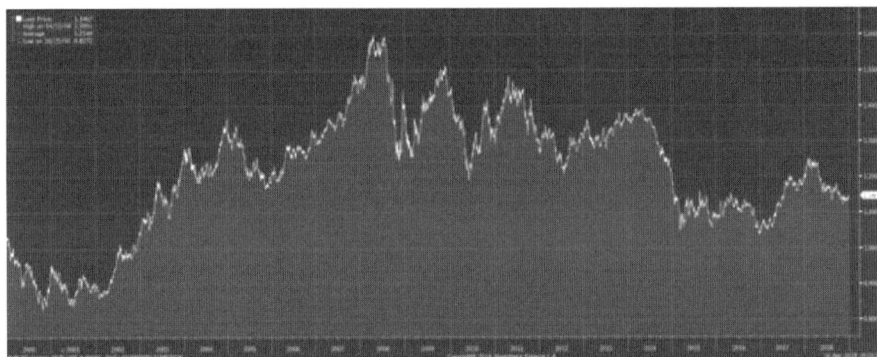

图11-2　欧元对美元汇率

11.4　影响汇率的基本因素

重要的经济释放对汇率产生了巨大的影响，并为我们指明了货币市场的运动方向。一个国家的经济健康状况是决定其货币价值的主要驱动因素，因此，外汇市场由几个宏观经济因素决定。

影响汇率的因素可分为短期决定因素和长期决定因素。汇率的短期决定因素如下：

利率差异——它代表两种货币之间的利率差额。基于利率平价，可以形成对两种货币未来汇率的预期，并据此进行交易。与利率较低的国家相比，利率较高的国家将具有更低的汇率，以在两国投资相同的金额保持相同的回报。

资本流动——它向我们展示了外国出于贸易、投资或商业生产目的向经济投资的金额。外国对本国货币的需求越高，汇率就越高，反之亦然。

汇率的长期因素如下：

购买力平价——这一概念基于一个假设，即两国相似"一篮子商品"的成本应当保持一致。通货膨胀的增加会降低购买力平价，并导致经济健康状况下降。从长远来看，这两种货币的汇率与其购买力平价的比率保持一致。

政治因素——它是国家经济前景的主要预测因素，因为它对货币和财政政策有很大影响。对政治形势（包括前景）的积极情绪会增加货币价值。

经济增长率——指国家提供的商品和服务价值的增长，代表国家经济发展的速度。它主要是根据占国家产出价值的国内生产总值来衡量的。增长率和汇率是强正相关的，因此，更高的增长率会导致货币升值。

生产力——衡量投入或资源在经济中用于生产所需产出的效率。劳动生产率是指国内生产总值与总劳动时数的比率。生产力的提高改善了国家的经济健康状况，从而提高了货币的价值。

国际贸易——它也发挥着关键作用，是资本流动在更长时间内的延伸。外国市场对国内商品和服务的需求增加，使货币升值，从而提高了汇率。但国际市场竞争激烈，人民币大幅升值实际上可能会对该国的出口构成挑战。

11.5 数据和交易策略概述

11.5.1 用于欧元兑美元市场交易策略建模的数据

在本案例研究中，我们采用了从彭博终端下载的欧元兑美元的收盘价数据，并将之分为训练、测试和验证三个数据集，详情见表11-1。

对于大多数交易员和分析师来说，资产或工具的方向性波动比预测本身的价值更重要。低预测误差和大额交易利润并不是同义词，因为一笔大额交易预测错误会抵消交易系统的利润。请记住，我们决定将因变量作为回报的方向，即，如果回报为正，则为1；如果回报为负，则为0。

表11-1   测试和验证数据集

时期	观测值个数	起始日期	截止日期
总数据集	4 426	2002 年 1 月 1 日	2018 年 12 月 31 日
训练集	2 619	2002 年 1 月 1 日	2012 年 5 月 16 日
验证集	897	2012 年 5 月 17 日	2015 年 7 月 28 日
样本外测试集	894	2015 年 7 月 29 日	2018 年 12 月 31 日

11.5.2 基准策略

为了提供不同的分析视角，模型的性能以三种传统策略为基准，即长期持有策略、质朴策略和平滑异同移动平均线模型（MACD）。

长期持有策略是一种基本的买入持有被动管理策略，我们在期初买入外汇，并持有至期末。

质朴策略将最近的时期变化作为对未来回报的最佳预测。如果价格在这段时期内上涨，质朴策略会预测价格在接下来的一段时间内也会上涨。

本研究中使用的 MACD 策略非常简单。使用两个长度不同的移动平均线序列——快速移动平均线和慢速移动平均线。如果快速移动平均线从下方穿过慢速移动平均线，则发起多头头寸的决策规则很简单。相反，如果快速移动平均线从上方越过慢速移动平均线，则开始空头头寸。

11.6 监督的机器学习技术

使用监督机器学习算法，我们试图学习从输入到输出的映射函数（如图11-3所示）。

图11-3 有监督的机器学习过程

Y=f（X）

我们的目标是更好地近似映射函数，这样当我们输入新数据（X）时，它应该能够以最大的精度预测输出变量（Y）。

为了预测欧元兑美元汇率的方向性波动，我们应用了机器学习分类技术。以下是我们案例研究中使用的技术：

☆随机森林（RF）

☆支持向量机（SVM）

☆K-最近邻（KNN）

我们使用训练和验证数据集为每种机器学习技术找到最佳参数，并使用测试数据集对最终模型进行评估。

11.6.1 随机森林

随机森林是一个集合分类器，由许多决策树组成，并输出类，这是单个树输出类的模式。以下是为上述算法传递的参数：

n_estimators：森林树数

max_features：在寻找最佳分割时要考虑的特征数

max_depth：树的最大深度

random_state：随机数生成器使用的种子

随机森林的优点是：

★它不需要任何输入准备，并且无须转换即可处理数值数据和分类特征。

★它是可用的最准确的学习算法之一，可以产生高度准确的分类器。

★它可以在不删除变量的情况下处理数千个输入变量。

对于我们的案例研究，在使用训练和验证数据集进行大量迭代后，我们发现最佳参数见表11-2：

表11-2 可选参数

参数	值
n_estimators	200
max_features	8
max_depth	3

11.6.2 支持向量机

支持向量机是一种由分离超平面形式定义的判别分类器。通过给定标记的训练数据，该算法输出一个最优超平面，对新的数据集进行分类。

图11-4描述了二维空间中的线性分类器。因此，这个超平面基本上是一条将平面分为两部分的线，其中每个类位于一侧。

以下是上述算法所需的调整参数（如图11-5所示）：

Kernel：SVM中超平面的学习是通过使用正确的预测方程来变换问题

完成的。这就是Kernel发挥重要作用的地方。

Regularization parameter I：这告诉SVM优化希望避免错误分类每个训练示例的程度。对于较大的C值，如果该超平面在正确分类所有训练点方面做得更好，则优化将选择一个较小的裕度超平面。相反，一个非常小的C值将导致优化器寻找一个更大的裕度分离超平面，即使该超平面错误地分类了更多的点。

图 11-4　将样品切割为两类

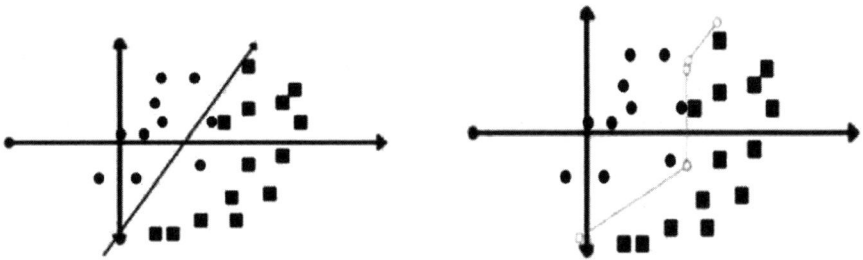

图 11-5　左-低正则化值，右-高正则化值

Gamma：它定义了单个训练示例的影响达到的程度，低值表示"远"，高值表示"近"（如图11-6所示）。

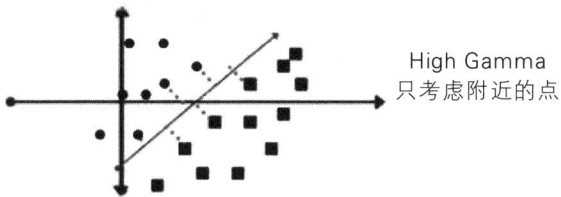

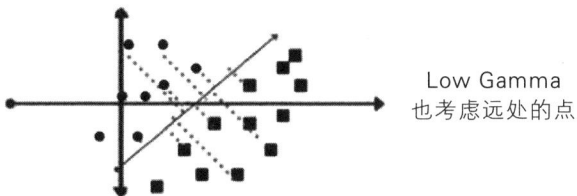

High Gamma
只考虑附近的点

Low Gamma
也考虑远处的点

图 11-6　Gamma

Margin：一条离类点最近的分隔线。High Margin 是指两个类别的间距都较大（如图 11-7 所示）。

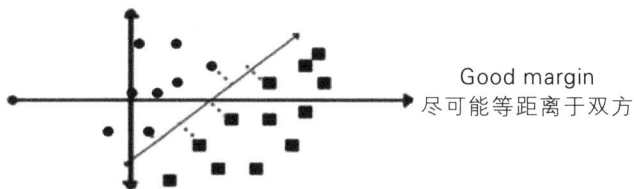

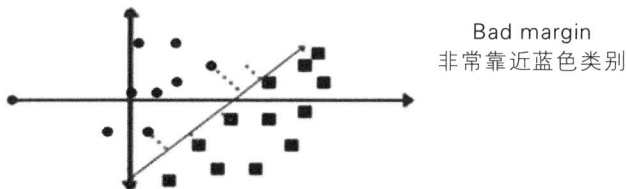

Good margin
尽可能等距离于双方

Bad margin
非常靠近蓝色类别

图 11-7　Margin

为了找到最佳参数，在找到完美类和这样做所需的时间之间需要权衡。在我们的案例研究中，我们选择了径向基函数（RBF）Kernel，C为64，Gamma为2。使用这些作为SVM的最佳参数，我们实现了50.78%的准确率和3.44%的年化总回报率。

11.6.3　K-最近邻

KNN算法是一种稳健且通用的分类器。尽管KNN简单，但它可以胜过更强大的分类器，并被用于经济预测、数据压缩和遗传学等各种应用。KNN也是一种基于实例的非参数算法。

在算法中，我们重点捕捉输入变量（x）和输出变量（y）之间的关系。我们的目标是学习函数h：x->y，以便在给定一个看不见的观测值x的情况下，h（x）可以准确地预测相应的输出y。

非参数意味着它对h的函数形式没有做出明确的假设，避免了对数据潜在分布建模错误的危险。例如，假设我们的数据是高度非高斯的，但我们选择的学习模型采用高斯形式。在这种情况下，我们的算法将做出非常糟糕的预测。

基于实例的意思是，只有当对我们的数据库进行查询时（即，当我们要求它预测给定输入的标签时），算法才会使用训练实例来给出答案。

K-最近邻算法本质上可以归结为在与给定的"看不见"观测最相似的K个实例之间形成多数投票。

像大多数机器学习算法一样，KNN中的K是一个超参数，我们必须选择它才能获得数据集的最佳拟合。直观地说，我们可以认为K控制了我们前面讨论的决策边界的形状。

当K很小时，我们限制了给定预测的区域，并迫使我们的分类器对整体分布"更加盲目"。K的较小值提供了最灵活的拟合，这将具有低偏差但方差较高。从图形上看，我们的决策边界将更加呈锯齿状（如图11-8所示）。

在图 11-8 中，K 参数的值 2 将决策边界限制在内圈，目标变量取其周围大多数测试变量的值，在这种情况下为正方形。如果我们把 K 参数值增加到 4，我们可以看到多数票被三角形所取代。对于我们的案例研究，发现的最佳 K 值为 8。对于 K 的这个值，我们得到了 49.44% 的准确率和 7.88% 的年化总回报率。

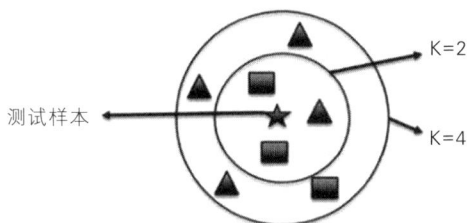

图 11-8　K 对分类的影响

11.7　交易策略

评估模型性能的最佳方法是通过模拟交易策略。这是在测试数据集上完成的。使用 SVM 和 KNN 对目标变量的最终分类为 0 或 1。这使得很容易对策略进行建模——在预测为 1 的情况下买入汇率，在预测为 0 的情况下卖出相同的汇率。然而，随机森林预测是从 0 到 1 的一系列数字。在这种情况下，我们认为任何高于 0.5 的预测都表示买入，任何低于 0.5 预测都表示卖出。

为了改进机器学习算法的结果，我们设计了一种多数投票策略，其中只有当两种或两种以上的技术发出买入信号时，才会启动多头头寸，相反，只有当两种或两种以下的技术发出卖出信号时，才启动空头头寸。多数投票策略的结果在净收益和夏普比率方面都优于随机森林。

在计算任何可观数量的交易成本时，我们认为每笔交易的平均成本约为1便士（0.0001欧元/美元）。在整个测试期间，每当头寸发生变化时，都会发生交易。测试期间的平均汇率为1.135，每笔交易的成本约为0.0088%。对于2008年的危机测试数据集，平均利率约为1.424，每笔交易的交易成本约为0.007%。

11.7.1　所有技术的总体性能

所有技术的总体性能见表11-3。

表11-3　技术总体性能（%）

	基准			机器学习			
	长期持有	Naive	MACD	随机森林	支持向量机	KNN	多数投票策略
年化收益	1.96	2.50	0.86	9.56	3.44	7.88	11.76
累计收益	4.76	6.50	2.11	22.38	8.28	18.57	28.16
年化波动率	9.70	9.69	9.69	9.67	9.68	9.68	9.67
最大回撤	−10.60	−12.20	−12.20	−11.52	−11.37	−11.94	−11.37
最高收益	3.06	2.35	2.05	3.06	3.06	3.06	3.06
最大损失	−2.35	−3.06	−3.06	−2.05	−2.35	−2.05	−2.05
盈利天数百分比	50.56	48.77	48.32	53.47	50.78	49.44	52.46
交易成本	0.00	1.64	0.07	0.76	0.50	1.47	0.49
净年化收益	1.96	0.86	0.79	8.80	2.94	6.41	11.27
夏普比率	−0.045	0.010	−0.159	0.740	0.107	0.566	0.968

测试期的累积回报

从累积回报指标可以看出，多数票的回报率最高，而朴素贝叶斯方法的回报率最低（如图11-9所示）。

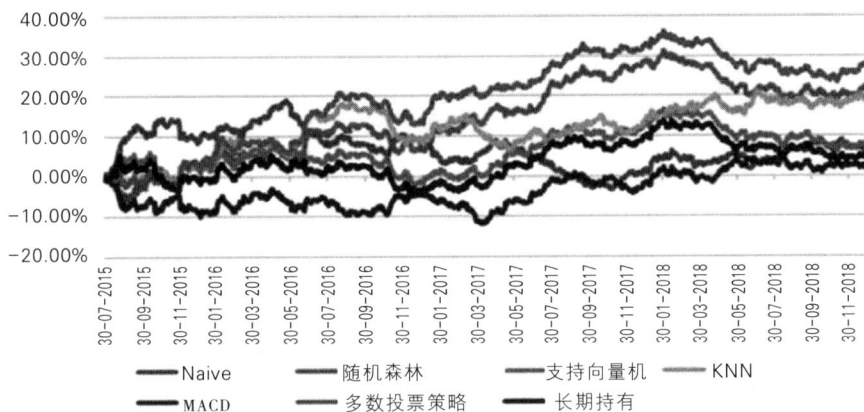

图 11-9 累计收益

11.7.2 2008 年金融危机期间的表现

为了进一步测试该模型的稳健性，我们决定评估我们的模型在 2008 年金融危机动荡时期的表现。为此，我们使用了 2002 年 1 月 1 日至 2009 年 7 月 31 日期间的欧元对美元汇率，并对数据进行了拆分，见表 11-4。

表 11-4　　　　　　　　　　　　　欧元对美元汇率

时期	观测值个数	起始日期	截止日期
总数据集	1 979	2002 年 1 月 1 日	2009 年 7 月 31 日
训练集	1 459	2002 年 1 月 1 日	2007 年 7 月 31 日
样本外测试集	520	2007 年 8 月 1 日	2009 年 7 月 31 日

机器学习技术中使用的参数大致相似。表 11-5 总结了基准策略、机器学习模型以及多数投票策略的性能。

表11-5 基准测试、机器学习和多数投票策略的性能（%）

	基准			机器学习			
	做多并持有	Naive	MACD	随机森林	支持向量机	KNN	多数投票策略
年化收益	4.13	−3.70	−4.08	19.17	−4.15	−5.16	11.40
累计收益	5.93	−5.53	−5.97	25.14	−6.08	−8.43	15.45
年化波动率	15.45	15.45	15.45	15.43	15.45	15.45	15.45
最大回撤	−22.12	−23.97	−23.58	−23.56	−23.40	−23.90	−35.60
最高收益	3.51	3.51	2.40	3.51	2.91	3.51	3.51
最大损失	−2.40	−2.67	−3.51	−3.00	−3.51	−3.00	−3.00
盈利天数百分比	51.71	44.93	33.46	54.30	51.62	49.52	53.73
交易成本	0.00	1.260	0.050	0.730	0.320	0.920	0.660
净年化收益	4.13	−4.96	−4.13	18.44	−4.47	−6.08	10.74
夏普比率	0.20	−0.30	−0.33	1.18	−0.33	−0.40	0.67

观察结果显示，随机森林模型以18.44%的净年化收益明显超越了包括多数投票策略在内的所有其他策略。以10.74%的净年化收益率，多数投票策略位居随机森林之后。尽管欧元对美元汇率在金融危机期间波动较大，但我们的多数投票策略在净年化收益率和夏普比率方面优于所有基准策略。然而，随机森林的性能尤为突出，与其他处于亏损状态的机器学习模型形成鲜明对比（如图11-10所示）。

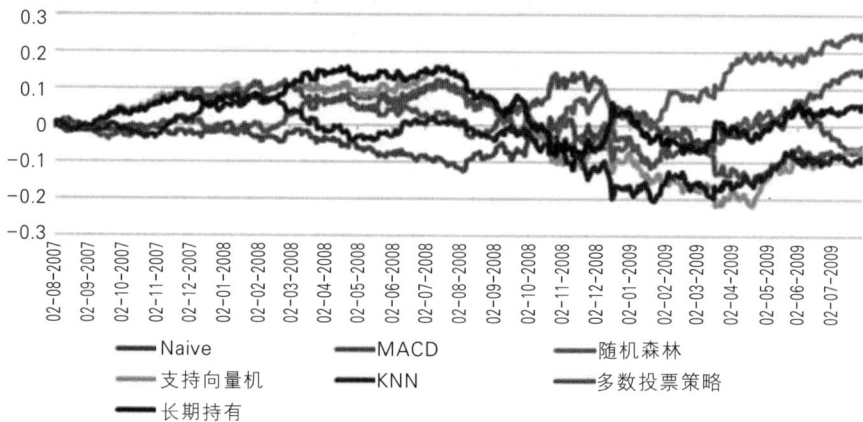

图11-10 2008年金融危机期间的累积收益

11.8 结论

我们的研究评估了机器学习技术在欧元对美元汇率预测和交易中的应用。考虑到交易成本对交易频率较高的模型的影响，使用交易策略对性能进行了财务衡量。机器学习模型以传统的预测技术和策略为基准。

预测技术在很大程度上依赖于有效市场假说的弱点。然而，外汇市场相对高效，缩小了盈利策略的范围。尽管我们的模型都无法突破60%的准确率标准，但一些模型或策略能够实现1或更高的夏普比率。

在我们的整个案例研究中，随机森林提供了极其一致的回报。即使其他机器学习算法表现不佳，随机森林也取得了惊人的成绩。我们的实证结果证实了机器学习技术应用的可信度和潜力。

参考文献

Carney，J. C.，and Cunningham，P．（1996）．"Neural Networks and Currency Exchange Rate Prediction"．Trinity College Working Paper，Foresight Business Journal Web page.

Dunis，C.，and Williams，M．（2002）．"Modeling and Trading the Euro/Us Dollar Exchange Rate：Do Neural Networks Perform Better？"．Derivatives Use，Trading and Regulation，8（3），211‐240.

Dunis，C.，Laws，J.，and Sermpinis，G．（2010）．"Modelling and Trading the EUR/USD Exchange Rate at the ECB Fixing"．The European Journal of Finance，16（6），541‐561.

Theofilatos，K.，Likothanassis，S.，and Karathanasopoulos，A. （2012）．"Modeling and Trading the EUR/USD Exchange Rate Using Machine Learning Techniques"．ETASR － Engineering，Technology & Applied Science Research，2（5），269 - 272.

第12章 基于ESG因素的特殊目的收购公司（SPAC）分析

12.1 SPAC简介

12.1.1 SPAC的历史和背景

SPAC的全名是特殊目的收购公司。根据美国证券交易委员会的说法，SPAC在首次公开募股时没有具体的商业计划和目的。作为一家只持有现金的公司，SPAC的唯一目的是收购市场上的潜在目标并将其上市。因此，SPAC也是一种空壳公司。

全球SPAC目前由美国市场主导，美国市场在场外交易市场上很方便，直到SPAC于2008年正式登陆纳斯达克和纽约交易所。从2010年1月到2018年5月，投资者从114次SPAC IPO中获得了9.3%的平均年化回报。较大的SPAC提供了略高的回报，因为IPO收益加权后的平均年化回报率为10.6%，高于同等加权后的9.3%的年化回报率。虽然SPAC时期的投资者在SPAC完成业务合并时获得了大部分回报（每年10.6%，相当于加权），即使是清算后的SPAC也提供了正回报（每年2%，同等权重）。这是因为SPAC的结构是为SPAC阶段的投资者提供向上的潜力，提供成为新上市公司股东的选择，以及提供退款担保，自2010年以来，该担保通常是免费的。因此，从2010年开始，即使是表现最差的SPAC也提供了每年0.51%的正回报。鉴于SPAC阶段投资的这种下行保护性质，SPAC IPO相当于一种不可违约的可转换债券，具有额外的股票期权，使9.3%的平均回报率具有吸引力。

截至2022年2月，共有1 131家SPAC在美国市场上市，募集资金总额为3 000亿美元。2019年至2021年，受美国资本市场热点事件对传统IPO市场的影响（如路演只能在Zoom上远程进行）、全球低利率和货币宽松的推动，SPAC模式迅速升温并迎来繁荣期，其间上市的SPAC超过900家。这占到目前登录主板的SPAC的86%。就美国市场而言，与传统的IPO模式相比，通过SPAC模式上市实际上在确定性方面并不占主导地位，但其优势之一是市场标准相对较低（Xu，2021），可以吸引更多潜在的上市目标。因此，新加坡证券交易所和香港证券交易所等亚太地区的一些交易所也发布了咨询文件。

12.1.2 SPAC的运行机制

企业借助SPAC上市融资的运作逻辑非常简单。其本质是"借壳上市"，但SPAC是一家只有现金、没有实际经营业务的空壳公司，是专门为非上市公司并购而设立的空壳企业。因此，在SPAC的帮助下，该公司也被称为"空壳上市"。首先，SPAC成立后将在交易所IPO上市，SPAC上市后的核心任务是在招股书规定的时间内找到一家具有发展潜力和高增长性的非上市公司进行并购。如果并购交易在规定时间内顺利进行，SPAC IPO筹集的资金将从信托账户中释放，并用于支付交易对价。如果并购交易失败，SPAC公司将面临清算，SPAC IPO筹集的资金将从信托账户连同本金和利息退还给投资者。

SPAC并购的整个过程可以分为三个阶段。一是建立SPAC公司。二是SPAC公司在美国纽约证券交易所或纳斯达克上市。三是SPAC公司在特定时期内找到并购目标并完成并购，而目标公司逆转SPAC公司的合并以实现上市（如图12-1所示）。

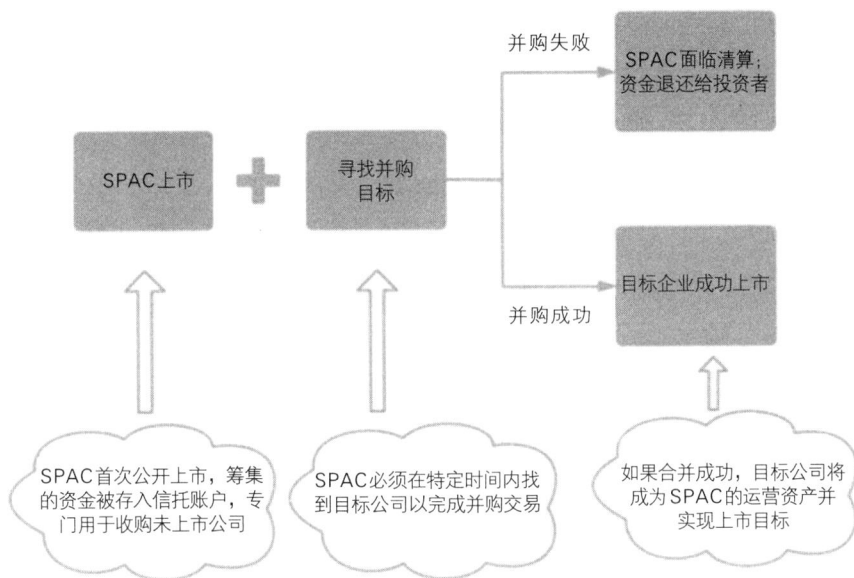

图12-1 利用SPAC并购上市的企业运作逻辑

SPAC不允许预先确定目标公司，通常以18至24个月为完成合并的最后期限。如果SPAC不能在这段时间内完成合并，它必须清算IPO的收益和信托账户中的应计利息，并将其分配给投资者。一旦SPAC确定了目标公司并达成了合并协议，SPAC的公众股东就会投票批准拟议的企业合并。同时，在这个时候，每个公众股东决定是否赎回他们的股份。赎回期权意味着SPAC的投资者有资本回报的保证。单位持有人被允许保留（或出售）他们的股票期权，即使他们赎回了自己的股票。

由于一些股东可能会选择赎回其股份，因此可用于合并的现金数额是不确定的。为了减少合并协议中的不确定性，运营公司和SPAC协商必须向其交付的最低现金金额。创始人经常邀请PIPE（私募股权投资）投资，作为提供额外现金的企业合并的一部分。创始人自己有时也会作为PIPE投资者参与其中。这些PIPE投资要么抵消赎回，要么增加合并中交付的现金。如果合并获得股东批准，且SPAC在赎回后仍有足够的现金满足与运营公司协商的合并协议条款，则企业合并完成，SPAC开始以新合并的公司的新的股票代码进行交易。

最近SPAC市场的兴起引发了从业者和学术界对SPAC的激烈争论。SPAC的支持者认为，SPAC通过为私营公司提供额外的融资和上市选择，使投资者和发行人都受益。批评者将合并后的低回报率作为SPAC创始人和投资者之间激励不一致的借口，因为如果合并没有完成，创始人将不会得到奖励。此外，20%的创始人佣金和5.5%的承销佣金导致每交付1美元现金的费用很高，尤其是当许多股东赎回股票时。至2021年1月，共有91家SPAC，这是一个创纪录的速度。

12.1.3　SPAC的特点

SPAC融资模式主要有以下优势：第一，SPAC融资模型集合了直接上市、并购、"借壳上市"、私募股权投资基金等多种优势的创新金融工具。第二，为寻求上市的目标企业提供融资确定性和便利性。第三，SPAC的发起人可以通过设定股权结构的投资杠杆来获得巨额回报。目标企业通常需要向SPAC转让相当数量的股份（通常为合并后总股本的20%）作为交换。这意味着，SPAC发起人初期投入的资金将转化为上市公司总股本的一定比例，这通常能够带来高于投资银行作为IPO承销商所能获得的超额投资回报。第四，它为普通投资者提供了投资的机会和权利。

普通投资者参与SPAC主要有三种形式。一是在SPAC成立时作为赞助商。发起人在设立SPAC时会寻找赞助商为公司提供初始启动资金，赞助商的出资额通常为募集资金总额的10%。赞助商可以是私募股权基金和对冲基金等专业机构，也可以是个人或行业领袖。二是作为投资者参与SPAC公司的IPO。这意味着SPAC以投资单位的形式向投资者发行普通股和认股权证的组合。SPAC投资者可以选择在收购前赎回其在SPAC中的股份，这一权利不受股东大会对SPAC并购交易的投票意见的影响。三是在完成并购过程中担任私募股权基金（PIPE）投资者。

SPAC融资模式存在风险。尽管SPAC并购交易需要根据投资和并购模式由监管机构和交易所进行审查，但SPAC收购的非上市企业不会像传统的IPO公司那样受到严格的审查，也不会充分披露信息。因此，这使得通过SPAC上市的公司在透明度和信息披露方面与传统的IPO企业存在显著差距，这也是SPAC融资方式备受争议的主要原因。

其次，SPAC上市后在约定期限内（通常为两年）完成的并购对象选择和交易存在很大的不确定性。如果没有找到合适的目标或合并失败，SPAC需要将资金退还给投资者，然后进行清算和解散，这可能会导致投资者损失直接投资本金或间接机会成本。此外，SPAC上市是为了找到并购的目标企业，无论投资者是赚了很多钱还是损失惨重。关键在于目标企业的质量，这是对发起人专业能力的考验。

同样，SPAC发起人的出资用于支付SPAC上市和SPAC并购交易完成前的相关费用。如果SPAC并购交易无法成功完成，发起人的出资和超额投资回报将无法收回。通常，SPAC发起人的出资约为上市融资总额的2%。

监管政策已经发生变化。2021年4月，美国证券交易委员会发布了一项公开声明，表示将加强对SPAC过程中信息披露的监管，并调查与SPAC相关的会计问题。这大大降低了市场选择SPAC上市的可能性。

12.2 SPAC的收入

12.2.1 创始人的重要性

　　SPAC的一个显著特征是，在成立初期，它没有具体的商业计划或明确的目标公司。SPAC的投资与管理团队的信誉、声誉、过去的成就和其他因素有关。因此，SPAC的绩效与创始人的各种因素有关。SPAC模式上市大致可以分为四个阶段：设立SPAC、上市SPAC、寻找并购公司和去SPAC化，这是一个完成并购交易的过程。贯穿四个阶段的主线是SPAC的创始人。我们认为SPAC的创始人相当于专门的私募股权（PE）普通合伙人（GP），他们财力雄厚，担任临时承销商（Lewellen，2009；Dimitrova，2017等，将SPAC比作私募股权基金）。SPAC创始人通常是具有丰富投资和行业经验的专业人士。Dimitrova（2017）认为，SPAC本质上是私募股权投资的公共论坛。让我们来谈谈SPAC发起人的以下含义。一方面，发起人在整个SPAC流程中的职责涵盖了从公众投资者处筹集资金的首次公开募股、寻找具有高增长潜力的合适并购目标、与潜在被收购公司进行谈判、提供合理估值，以及在并购资金不足时寻找机构投资者，类似于私募股权基金中的普通合伙人（GP）的角色。另一方面，SPAC模式中的创始人依赖于他们获得杠杆收益的能力。创始人的初始投资相对较少（仅约需25 000美元即可获得约20%的SPAC公开发行股份，这些股份在去SPAC化后的一年内可交易），而通常SPAC的融资金额可达数百万至数千万美元，即便在并购交易完成后SPAC的股价大幅下跌。创始人还可以获得可观的收益。这也类似于私募股权基金GP根据规模收取的管理费。根据实证研究结果，Klausner（2020）发现，在2019年1月至2020年6月期间合并的47家美国上市SPAC中，24家由高质量创始人完成并购交易的

SPAC在12个月内的平均回报率与非高质量创始人的平均收益率相差超过50%，确认创始人能力在SPAC并购选择中发挥的关键作用。

Stulz（2019）指出，年轻公司的无形资产正变得越来越重要，当专业的私人投资者能够提供指导和资本时，它们的上市成本会更高。SPAC创始人可以填补这一空白，因为SPAC创始人背后的许多人都是行业资深人士。决定通过SPAC合并上市的企业家经常提到受益于创始人的行业专业知识，称他们为商业合作伙伴。专业的创始人可以更有效地评估合并后的公司，更快地达成协议，这是从业者经常引用的优势。当创始人宣布交易（收购目标公司）时，投资者可以选择保留股票并期待有利的回报，如果他们看不到交易的潜在好处，也可以选择赎回股票。由于SPAC是没有实际业务的空壳公司，因此更容易吸引投资者投资SPAC。

12.2.2 SPAC的发展现状

Heyman（2007）认为，SPAC系统的设计和开发是市场、监管和旨在解决中小企业上市需求的金融产品创新之间不断博弈的结果，因此在2000年后一直很流行。许多学者对SPAC制度与传统IPO制度的差异进行了比较研究。从美国市场的经验来看，被收购公司只需要联系作为收购目标的SPAC，因此SPAC上市模式绕过了传统IPO的复杂过程，例如准备上市文件路演（Xu，2021），平均可以节省几个月的时间。更重要的是，SPAC为一些无法通过传统IPO上市的公司提供了进入公开市场的机会（Datar，2012）。然而，也有许多研究发现，通过SPAC模式上市的公司在上市后的股价表现总体上优于传统IPO公司（Dimitrova，2017；港交所2021咨询文件等）。Dimitrova（2017）指出，持有SPAC公司的平均四年回报率仅为-51.9%，而同一年IPO的公司平均四年持有回报率为8.5%。这也从侧面证明，一些公司之所以选择SPAC模式上市，是因为其公司本身在规模、盈利能力和资产质量方面都达不到IPO标准。除了SPAC模型中上市公司收益率表现不佳外，一些学者还从委托代理理论的角度解释了

SPAC 的低收益现象。VM Jog（2007）从 SPAC 上市案开始，认为由于 SPAC 发起人可以以非常低的价格获得大量认股权证，因此可以以稀释其他投资者的股权为代价获得约 1 900% 的年化回报。公众投资者只能获得 3% 左右的年化回报，这两类投资者的回报完全不平等。发起人有完成并购交易的动机，SPAC 机制存在严重的委托代理问题。Dimitrova（2017）通过实证研究发现，SPAC 在清算日附近完成的并购交易的后续股价表现更差，从而证实了发起人可能会不顾被收购公司在清算日前的质量不佳问题而急于完成交易，最终严重损害投资者的利益。

上述诸多事实表明，SPAC 制度作为拓宽传统上市渠道的金融创新，在投资者保护、交易透明度等方面存在重大缺陷，因此往往需要外部监管支持。一些文献从这个角度进行研究。公开资料显示，美国证券交易委员会目前对 SPAC 的信息披露监管有以下要求。SPAC 公开发行时的信息披露主要遵循美国 1933 年颁布的《证券法》和美国证券交易委员会 2020 年发布的《信息披露指南》，要求拟议上市的 SPAC 披露其商业模式、可能的风险、细节和发行人团队成员的薪酬。现阶段的信息披露要求相对简单。此外，美国证券交易委员会要求 SPAC 公司提供将受到严格审查的委托书，还要求 SPAC 企业提供 Super 8-K 表格，详细说明拟收购目标的细节。信息披露规范与 IPO 招股说明书相当。唐欣（2021）认为，美国证券交易委员会放宽 SPAC 发行阶段的信息披露要求，是因为在 SPAC 制度的发展过程中，建立了三个相对完整的投资者保护机制，即管理约束和激励机制、投资者话语权机制和独立的信托账户机制。正因为如此，美国证券交易委员会在并购目标的搜寻阶段和并购完成阶段不需要过多干预，因为 SPAC 系统面临着更严重的委托和代理问题，而采取了更严格的信息披露监管政策。港交所 2021 年发布的信息文件比美国市场的监管机制更为严格。这不仅对 SPAC 发起人的背景提出了更高的要求，而且还强制执行了发行人股票的稀释上限，从监管角度来看，这也是为了弥补 SPAC 系统本身的不足。

尽管从平均回报率的角度来看，SPAC制度下上市的公司不如传统IPO上市的公司，但由于上述公司的质量（如上述公司的品质，以及发起人与公众投资者之间存在委托代理问题），不同公司的业绩仍然存在差异。学者们发现，发起人的特征是公司并购后股价表现的重要区别因素。Klausner（2020）研究发现，由"高质量"赞助商管理的SPAC不仅在合并完成阶段对公众投资者的稀释程度较低，而且在合并后的表现也明显好于"非高质量"赞助商管理的SPAC。例如，赞助商是PitchBook上市的私募股权基金，其资产管理规模超过10亿美元，发起人是一位财富500强的高管。Dimitrova（2017）等学者在他们的文章中也报道了类似的观点。

我们发现，也许是因为SPAC在合并完成前的股价大多围绕发行价格波动，幅度并不显著，所以目前关于SPAC从IPO到合并前阶段收益率及其影响因素的论文很少。由于发起人不同的特征是SPAC公司基本差异的一个重要因素，因此应将其作为解释横截面收益率因素中的主要考虑因素。Hung（2021）在"SPAC的因素分析"中探讨了这个问题。通过将发起人的特征分为五个细分领域，分别是团队规模、发起人的平均年龄、教育经历、是否有金融行业的经验以及过去的经验异质性，该研究考察了他们是否对不同行业的SPAC收益率有显著影响。Huang在研究中发现，某些发起人的特征，如团队规模和过往经验的多样性，对不同行业的SPAC收益率有显著影响，特别是对消费行业的SPAC收益率影响尤为明显。过去的经验异质性和是否有金融部门的经验对工业部门的SPAC收益率有显著影响，这一结论证明，可能存在一个促进因素，可以解释跨部门SPAC收益的差异。

12.2.3 监管规范和合并后业绩

（1）合并后业绩

深圳证券交易所的Xu和Lu（2021）对2003年至2021年5月20日的

美国股市SPAC进行了研究，发现并购交易后的表现如下：

首先，资产规模和收入大幅增长，但盈利能力依然欠佳。SPAC并购交易完成一年后，资产规模大幅增长，总体增长率为46.41%。在并购后，资产低于1亿美元的公司数量从53家减少到22家，而5亿至10亿美元规模的公司数量从7家增加到30家。其次，营收增长相对较快，但盈利能力仍然不足。整体营收增长8.19%，平均营收为4.19亿美元，但平均净利润为-6 100万美元，其中只有39家公司实现了营收和净利润的双增长，占比25%。114家公司亏损，占73%。相比之下，传统IPO公司上市一年后的平均收入为8.46亿美元，增长率为3.87%，基本上已经突破。

其次，股价波动较大，市场认可度有待提高。将SPAC并购交易完成后一年的市场表现与传统IPO公司上市后一年的市场表现进行比较发现，SPAC公司股价大幅下跌，平均跌幅为45.47%，股价波动幅度也更大，平均最大下跌幅度为730.01%。传统IPO公司的股价平均下跌16.66%，平均最大下跌幅度为222.83%。此外，SPAC公司的平均市盈率为39.08倍，低于传统IPO公司平均市盈率（53.60倍），SPAC公司的平均市值为17.13亿美元，低于传统IPO公司的22.61亿美元。在市值排名前50的上市公司中，只有生产电动汽车用固态锂电池的QuantumScape Corporation和从事体育博彩业的DraftKings股份有限公司通过SPAC模式上市。

此外，发放股息的SPAC公司比例与传统IPO公司大致持平，但分红总额较低。并购交易完成一年后，33家SPAC公司支付了股息，占SPAC公司所有已完成并购的21.02%，股息总额为41.72亿美元。传统IPO公司上市一年后，526家公司分红，占比24.06%，分红总额为424.16亿美元。总体而言，SPAC模式上市公司的股息率与传统IPO公司基本相同，但前者的收入和利润规模较小，股息金额也较小。

最后，行业表现与市场表现存在较大差异。并购交易完成一年后，不同行业SPAC公司的市场表现和投资者回报率参差不齐。就收入而言，金融公司的平均收入最高，为8.12亿美元，材料公司为9 200万美元。在盈利能力方面，除了金融和日常消费，其他行业的盈利能力并不理想，亏损更严重的是房地产、可自由支配消费和医疗服务公司。从市值来看，房地产、材料和可选消费公司的市值表现相对较好，平均市值分别为34.73亿美元、28.78亿美元和26.57亿美元。在股息方面，股息最多的是非必需消费品、消费必需品、工业和金融公司，分别为9家、8家和8家，股息总额较高的金融、工业和可选消费公司分别为32.66亿美元、4.82亿美元和3.54亿美元。

（2）监管规范

在高效便捷的IPO审查形式背后，是美国完善的社会信用体系和司法体系，这让那些试图以身试法的人望而却步。例如，美国安然公司因欺诈被提起集体诉讼，赔偿投资者120多亿美元，董事长被判处24年监禁。世界通信公司在美国不仅因为财务欺诈赔偿了投资者62亿美元，而且该公司的首席执行官也被判处25年监禁。无论是已经采用SPAC上市方式的美国，还是其他正考虑此种上市方式的国家和地区，都在考虑加强对SPAC上市风险的监管。2021年3月，美国证券交易委员会提出，在空壳公司与企业合并之前，有必要准备账簿和记录文件，以满足美国证券交易委员会的要求，并对公司的内部风险控制提出具体要求。4月初，美国证券交易委员会表示，将仔细研究SPAC及其目标公司提交的文件和信息披露。4月底，美国证券交易委员会宣布，将重点监控SPAC过程中的信息披露，并调查SPAC相关会计问题。12月，美国证券交易委员会主席詹斯勒继续密切关注SPAC。这包括要求员工对SPAC进行更严格的检查，提出新的规则，包括股票销售的新规则，更严格的披露要求和责任义务，以及对SPAC的更严格的总体规定。因此，全球监管正在收紧，SPAC模式的合规性和监管正受到越来越严格的监管要求的约束。

目前，我国以市场为导向的证券法仍处于不断完善的过程中。此外，注册制的发展绝非一蹴而就，而是需要扎实的制度建设。现阶段，注册制对IPO、再融资等行为实行相对严格的审查。今后IPO的审查将变得更加简单，金融创新的环境将变得更加宽松和顺畅。

各种优秀投资机构的广泛参与是包括SPAC在内的各种金融创新的市场基础。如果SPAC制度在中国实施，首先必须有大量的投资机构可以得到投资者和监管机构的信任，并且具有卓越的能力和诚信。SPAC能够作为空壳公司上市的内部逻辑是，市场投资者信任SPAC（投资机构）的赞助商和管理层，并愿意跟随他们一起投资。目前，活跃在美国SPAC领域的知名机构包括黑石、阿波罗、KKR、高盛、摩根大通、软银等知名PE和投行机构。通常，公开市场上的散户投资者不太可能有机会参与这些PE机构的投资合作。作为SPAC发起人，这些机构可以按照约定以象征性对价（例如25 000美元）认购上市时SPAC约20%的创始股份。合并交易完成后，上述股份可转换为普通股，并在锁定期结束时出售，以获得超额回报。新冠疫情过后，美国的散户投资者有大量闲置资金。二级市场科技股价格居高不下，股权投资的内在价值充分凸显。通过设立SPAC，发起人和管理机构左手抓住股权投资的市场机遇，右手抓住零售基金的投资需求，通过先上市后并购的方式实现超额收益。当前，我国投资机构的发展取得了长足的进步。但无论是规模、数量，还是声誉和能力，与美国同行相比仍有很大差距。近年来，国内很多试水SPAC的PE机构都名列前茅，但数量很少。

成熟的市场机制和完善的合同安排是SPAC兴起的重要前提。SPAC是一种基于各种金融工具整合的制度创新。从某种意义上说，SPAC就像PE经理在公开市场上筹集LP基金。然后，GP和LP实施包括认股权证在内的对赌，以在时限内完成收购，并使用信托账户管理来确保投资者资金的安全。正是由于SPAC的独特设计（早期空壳上市和随后的并购要求等），至少到目前为止还没有引发严重的信贷危机和风险事件。

在关键决策时刻，无论是机构还是散户投资者，都应拥有充分的投资选择权和一定的监督权力。若中国希望发展类似SPAC的制度，那么资本市场的基础设施建设还需要进一步完善。SPAC涉及PE、信托、认股权证等金融工具在实施过程中的许多经验教训。例如，PE行业仍处于不断规范的过程中。截至2021年5月，在资产管理协会注册的PE数量接近15 000家，但质量参差不齐。由于广大投资者对PE等金融创新的运作缺乏足够的了解，近年来社会风险事件不断发生。例如，在信托制度中，从立法到执法，从概念到实际操作，存在许多争议，风险隔离的基本功能尚未得到有效维护。完善信托制度还有很长的路要走。认股权证于1992年首次引入中国，但由于过度炒作而被终止。2005年后，又因股权分置改革而盘活了好几年，之后匆匆结束。打造稳固的平台必须从基础做起。目前，资本市场发展的基础还不牢固，SPAC的轻率发展可能会导致市场混乱。

12.3　创始人因素对SPAC收入的影响分析

本部分利用相关技术分析创始人对SPAC收入的影响，并附上相关Python代码，为后续SPAC收入分析提供参考。

12.3.1　数据来源和说明

针对创始人如何影响SPAC回报的问题，我们首先关注管理团队的四个因素：团队规模、平均年龄、年龄差异和教育经历。其描述如下，详见表12-1。

表12-1　　　　　　　　　　　　　　样本描述

变量名称	描述
团队规模	经理/创始人人数
平均年龄	管理团队的平均年龄
年龄方差	管理团队年龄的标准差
教育经历	大学团队成员毕业于哪里

分析数据来源于 SPAC Track 网站上的 SPAC 列表（https：//spactrack. io/spac），其以表格格式组织相关信息。每个 SPAC 都包括一个指向美国证券交易委员会文件的链接，通过该链接可以下载美国证券交易委员会文件，创始人因素也包含在美国证券交易委员会文件中。使用 Python 中的 Selenium（Readthedocs.io2011）web 驱动程序，可以自动对相关信息进行爬虫并将其导出为 HTML 文件。相关代码如下。

示例代码：抓取网页信息

```
from selenium import webdriver
import time
html_filename='spactable.html'
# get the spac information table from website
def GetSpacTable（）:
    browser=webdriver.Edge（）
    url='https：//spactrack.io/spacs/'
    browser.get（url）
    browser.implicitly_wait（30）
    element=browser.find_element_by_name（'myTable1_length'）
    element.send_keys（'ALL'）
    time.sleep（30）
        table_header=browser. find_element_by_xpath    （'//table    ［@id=
"myTable1"］/../../div［1］/div/table/thead'）
        table_content=browser.    find_element_by_xpath    （'//table    ［@id=
"myTable1"］/tbody'）
        source=table_header. get_attribute    （"outerHTML"）    +table_content.
get_attribute（"outerHTML"）
    with open（html_filename，'w+'，encoding='utf-8'）as f：
        f. write('<table>')
```

```
        f. write (source)

        f. write ('</table>')

        f. close ()

    browser.quit ()

    if __name__=='__main__':

    GetSpacTable ()
```

12.3.2　数据处理

在获得初步数据后，为了挖掘有价值的数据，有必要对数据进行进一步处理。

抓取数据表

首先，为了便于后续的数据分析，导出的"spactable.html文件"通过 Python 中的 Pandas 转换为表（Pandas，2018）。然而，Pandas 只能获取 HTML 中标签周围的文本，无法提取链接，因此使用 Pandas 转换的表不包含指向 SEC 文件的链接。考虑到这些原因，我们使用爬虫程序的 XPath 技术获得了指向 SEC 文件的链接，并将这些链接添加到 Pandas 之前转换的表中。具体来说，XPath 语言用于选择标签为""且包含文本"S-1"的节点，该节点的"href"属性是 SEC 文件链接。获得相关数据后形成的表格在下文中被称为"SPAC 表格"，包含 SPAC 的各种属性以及与美国证券交易委员会文件的链接。

其次，数据清理是必不可少的。对于 SPAC 表中的无效数据，我们将其删除。代码如下。

```
    import pandas as pd

    from lxml import etree

    def GetSpacLink (html_filename, seclink_filename):

        with open (html_filename, 'r', encoding='utf-8') as f:

            response=etree.HTML (f.read ())
```

```python
    # initial a dict to store the data
    items= {"Text": [], "Href": [] }
    for each in response.xpath ('//a [contains (text (), "S-1") ] '):
        # extract text and href
        text=each.xpath ('text () ')
        href=each.xpath ('@href')
        # add item to the dict
        items ["Text"]. append (text [0] )
        items ["Href"]. append (href [0] )
        # covert dict to df and export to a csv file
        df=pd.DataFrame (items)
        df.to_csv (seclink_filename)
# transform the table in HTML file to a table in excel file
def HTML2CSV (html_filename: str, seclink_filename: str, spac_file-
name: str):
    with open (html_filename, 'r+', encoding="utf-8") as hf:
        html_text=hf.read ()
# convert the HTML to DataFrame by the function pd.read_html
html_data=pd.read_html (html_text)
df=html_data [0]
# read the SECLink file
# replace the link column
sf=pd.read_csv (seclink_filename)
rows=sf.shape [0]
for i in range (rows):
    df ['S-1 Link'] [i] =sf ['Href'] [i]
# delete the useless columns
```

```
df=df.drop（df.columns［0］，axis='columns'）
# drop the withdrawn SPAC
index_del_list=［］
for index，row in df.iterrows（）：
    if 'withdrawn' in str（row［'Status'］）.lower（）：
        index_del_list.append（index）
df=df.drop（index=index_del_list）
print（df.head（））
# write the table to a excel file
df.to_excel（spac_filename）
if __name__=='__main__'：
GetSpacLink（'spactable.html'，'seclink.csv'）
HTML2CSV（'spactable.html'，'seclink.csv'，'spactable.xlsx'）
```

我们使用Python中的请求包（docs.python-requests.org，2022）自动高效地获取美国证券交易委员会文件中的相关链接。具体来说，请求包可以创建一个客户端，该客户端向链接发送请求，并从网站检索该请求。该服务返回一个响应，并将该响应导出到HTML文件中。在美国证券交易委员会提交链接上运行上述过程，以获得SPAC的美国证券交易委员会的HTML文件。

```
import os
import requests
import pandas as pd
from urllib3.util.retry import Retry
from requests.adapters import HTTPAdapter
# SEC limits users to no more than 10 requests per second
# Sleep 0.1s between each request to prevent rate-Limiting
# Source：https：//www.sec.gov/developer
```

```
SEC_EDGAR_RATE_LIMIT_SLEEP_INTERVAL = 0.1
# Number of times to retry a request to sec.gov
MAX_RETRIES = 10
retries=Retry(
    total=MAX_RETRIES,
    backoff_factor=SEC_EDGAR_RATE_LIMIT_SLEEP_INTERVAL,
    status_forcelist=[403, 500, 502, 503, 504],
)
client = requests.Session()
client.mount("http://", HTTPAdapter(max_retries=retries))
client.mount("https://", HTTPAdapter(max_retries=retries))
def GetSpacFiles(spac_filename, dir_path):
    spac_table=pd.read_excel(spac_filename)
    # request header
    headers = {
        "User-Agent": "Mozilla/5.0 (Macintosh; U; Intel Mac OS X
10_6_8; en-us) AppleWebKit/534.50 (KHTML, like Gecko) Ver-sion/5.1
Safari/534.50",
        "Accept-Encoding": "gzip, deflate",
        "Host": "www.sec.gov",
    }
    # create the directory if not exist
    If not os.path.exists(dir_path):
        os.mkdir(dir_path)
    # download the s-1 files
    for index, row in spac_table.iterrows():
        url=row['S-1 Link']
```

```
        company_name = row［‘SPAC Ticker/Name’］. split（‘ ’, 1）
［-1］［1：］
        # send request and get the response
        response=client.get（url, headers=headers）
        # extract html text from the response and export to the local file
        html_text = response.text
        file_path=dir_path+company_name+’.html’
        try：
            with open（file_path, ‘w+’, encoding=’utf-8’）as f：
                f. write(file_path)
                f. close()
            print（‘［download successful］：’, file_path）
    except：
        pass
if __name__==’__main__’：
GetSpacFiles（‘spactable.xlsx’, ‘spac/’）
```

（1）技术难点：解析 HTML 文件

在提取创始人相关属性的过程中，通过上述代码获得的 HTML 文件包含一个包括创始人姓名、年龄和职位的表。通常，HTML 文件中的表被"＜table＞"标记包围，因此它会搜索标记为"＜table＞"的元素，该元素包含文本"Name"、"Age"或"Position"以导航到目标表。然而，HTML 文件中的文档树不同，导致这些文件没有统一的标准。有些表位于"＜table＞"标记之间，有些表位于"＜tbody＞"标记之间，还有一些表位于"＜thead＞"标签之间，等等。其次，标题的描述没有规则，各种标题名称使数据看起来杂乱无章。为了克服这些困难，我们列举了以下解决方案：

☆对于如何导航到目标表的问题，直接使用"Age"导航到对应的表，因为带有"Age"的表始终是目标表。

★除了第一个解决方案外，还可以通过以下方式导航到文件中的表元素查找并记录所有 XPath 表达式。由于 XPath 的格式是有限表达式，可以通过逐个循环它们来获得所需的表。具体 XPath 表达式如下所示：

```
[
    '//td [contains (text (), "Age") ] ',
    '//td/p [contains (text (), "Age") ] ',
    '//td/b [text () ="AGE"] ',
    '//td/p [text () ="AGE"] ',
    '//td/p/b [text () ="AGE"] ',
    '//td/b [contains (text (), "Age") ] ',
    '//td/div [contains (text (), "Age") ] ',
    '//td/p/b [contains (text (), "Age") ] ',
    '//td/p/b/b [contains (text (), "Age") ] ',
    '//td/div/p/b [contains (text (), "Age") ] ',
    '//th/b [contains (text (), "Age") ] ',
    '//td/div [contains (text (), "AGE") ] ',
    '//td/p/strong [contains (text (), "Age") ] '
]
```

对于如何描述标题的问题，我们可以记录所有的标题并对其进行统一描述，以解决这些问题。标题描述如下：

```
[
    'Age', 'Name', 'Position', 'Title', 'AGE', 'NAME', 'POSITION',
    'Executive Officers', 'Non-Employee Directors',
    'Key Employees', 'Independent Directors',
    'Directors (Including Director Nominees) ', 'External Advisors',
    'TITLE',
```

]

示例代码：参考上述方法解析 html 文件，将其提取到相关表中，并将提取的创建者信息格式化为字典。

```
# get the founder information from file
filepath='spac\Ares Acquisition Corporation.html'
# import the package to analysis the HTML file
from lxml import etree
with open（filepath，'r'，encoding='utf-8'）as f:
content=etree.HTML（f.read（）)
# construct xpath to get the info table
# about xpath, you could see https: //www. w3schools. com/xml/
xpath_intro.asp
table=content.xpath（'//td/p/b［contains（text（），"Age"）］/../../../..'）［0］
print（table）
# then we get the text in the table
table_text=table.xpath（'./descendant:: text（）'）
print（table_text）
# delete the escape characters
table_list=［］
for text in table_text:
    text=text.replace（'\xa0'，''）
    text=text.replace（'\n'，''）
    if text=='':
        continue
    if text=='':
        continue
    table_list.append（text）
```

```python
print (table_list)
# delete the table head
table_list=table_list [3:]
# combine the split infomation
new_table_list= []
position_flag=0
for index, item in enumerate (table_list):
    if item.isdigit ():
        age_flag=1
        new_table_list.append (item)
elif index+1>=len (table_list):
    if position_flag==0:
        new_table_list.append (item)
else:
        new_table_list [-1] +=item
elif table_list [index+1]. isdigit ():
        new_table_list.append (item)
        position_flag=0
else:
        if position_flag==0:
            new_table_list.append (item)
            position_flag=1
else:
            new_table_list [-1] +=item
print (new_table_list)
# transform the information list to dict
fouder_info= []
```

```
for i in range（0，len（new_table_list），3）：
    fouder_info_append（{
        'name'： new_table_list［i］,
        'age'： new_table_list［i+1］,
        'position'： new_table_list［i+2］
    }）
print（fouder_info）
```

（2）获得教育经历

通过上述过程，我们获得了相关信息，但这些信息中未包含创始人的教育背景。因此，我们采用了NER（命名实体识别）技术来提取创始人的教育经历信息。这项技术包括识别文本中的关键信息，并将其分类为一组预定义的类别（人、组织、地点等）。另外，Python的NLP（自然语言处理）库spacy（spacy，2015）在执行NER任务时表现出色，具有很高的准确性。

获得教育经历的步骤如下：

☆在字符串匹配中搜索包含所需创始人姓名的部分。

☆使用spacy识别搜索部分中的实体，并使用类别"organization"过滤该部分。

☆选择包含"university"字符串的实体，并将这些实体添加到创始人信息字典中。

截至2022年3月9日，清洗后的数据集中包含718项与SPAC相关的观察结果，这些数据依据GICS（全球行业分类标准，www.msci.com，2022）进行分类。

12.3.3　数据分析

（1）描述性分析

使用Python绘制不同SPAC在不同行业的团队规模分布图，如图12-2所示。

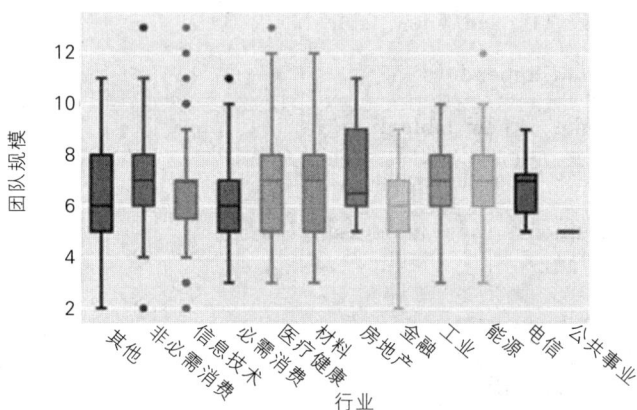

图 12-2　不同行业 SPAC 团队规模箱形图

图 12-2 显示了 SPAC 团队规模在不同行业的分布情况。结果显示，大多数行业的平均规模相似，平均值为 6～7 人。具体而言，不同行业的团队规模分布存在差异，最小规模为 2 人，最大规模为 13 人。其中，信息技术行业的团队规模差异最大，电信行业的团队规模差异最小。不同行业创始人的平均年龄分布如图 12-3 所示。

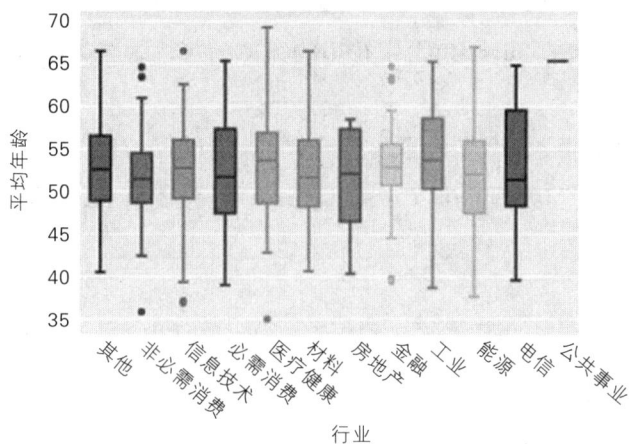

图 12-3　不同行业创始人平均年龄箱形图

图12-3中的结果显示，不同行业创始人的平均年龄在52~54岁，其中最年轻的35岁，最年长的69岁。为了进一步分析年龄差异，创始人在不同行业的年龄差异分布如图12-3所示。

图12-4显示了创始人在不同行业的年龄差异分布。平均年龄方差分布在8至9年之间。最小方差为0年，最大方差为18年。

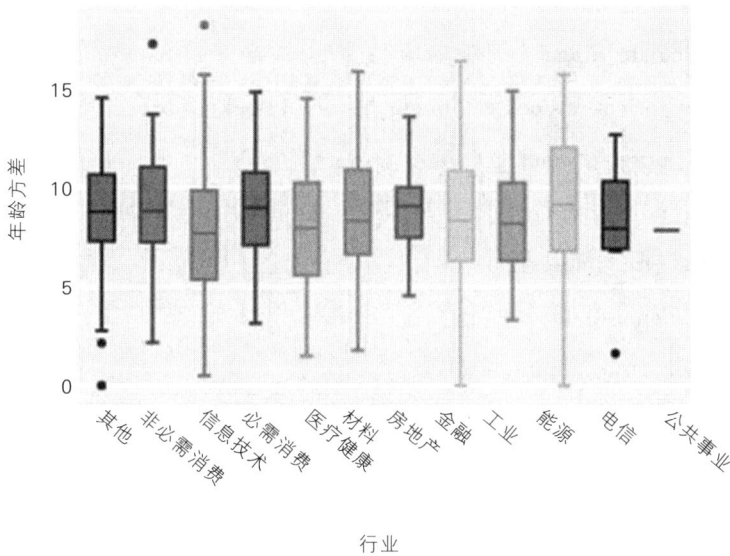

图 12-4　SPAC 创始人在不同行业的年龄方差箱形图

（2）相关性分析

计算Alpha

Alpha是衡量投资的正回报及其表现的指标，可用于分析投资组合。资本资产定价模型（CAPM）是最常见的模型。然而，要计算SPAC的Alpha，必须首先获得股票价格。这个过程可以通过Python中名为efinance的包（efinance.readthedocs.io 2022）轻松实现。在获得股价后，根据理论公式计算Alpha值，并以苹果股价为例，提供了以下代码。

示例代码：苹果股票的Alpha计算

```
import efinance as ef
stock_code = 'AAPL'
ef.stock.get_quote_history（stock_code）
import efinance as ef
import pandas as pd
import statsmodels.api as sm
stock_code = 'AAC'
def calculate_alpha（stock_code）:
    stock_price=ef.stock.get_quote_history（stock_code）
    INX_price=ef.stock.get_quote_history（'INX'）
    data=pd.merge（company_return，baseline，on='日期'）
    # risk-free interest rate
    Rf_annual=0.0385
    # daily risk-free interest rate
    Rf_daily=（1+Rf_annual）**（1/365）-1
    data［'涨跌幅_x'］-=Rf_daily
    data［'涨跌幅_y'］-=Rf_daily
    camp=sm.OLS（data［'涨跌幅_x'］，sm.add_constant（data［'涨跌幅
_y'］））
    result=camp.fit（）
    return result.params［'const'］
```

相关性分析

经过上述过程，获得了反映创始人背景的相关变量（团队规模、平均年龄、年龄差异），并通过计算 Alpha 的值来反映 SPAC 的回报。在这里，我们以材料行业的线性回归为例来检验创始人因变量与 SPAC 回报之间的相关性。

图 12-5 显示，SPAC 的活跃回报率（Alpha）与 SPAC 创始人团队的规

模呈弱正相关。

图12-6显示，SPAC的活跃回报率（Alpha）与SPAC创始人的平均年龄呈弱正相关。

图12-7显示，SPAC的活跃回报率（Alpha）与SPAC创始人年龄的方差呈显著负相关。

材料行业

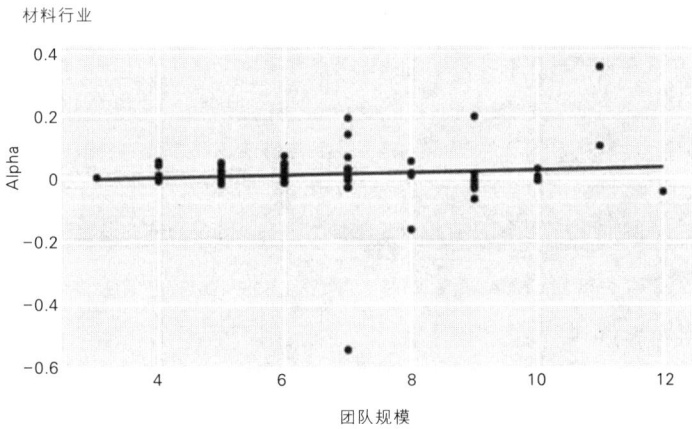

图12-5　材料行业创始人团队规模与Alpha的回归结果

材料行业

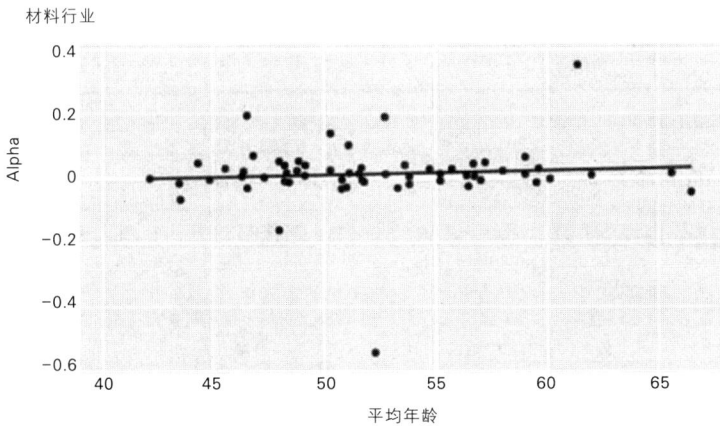

图12-6　材料行业创始人和Alpha平均年龄的回归结果

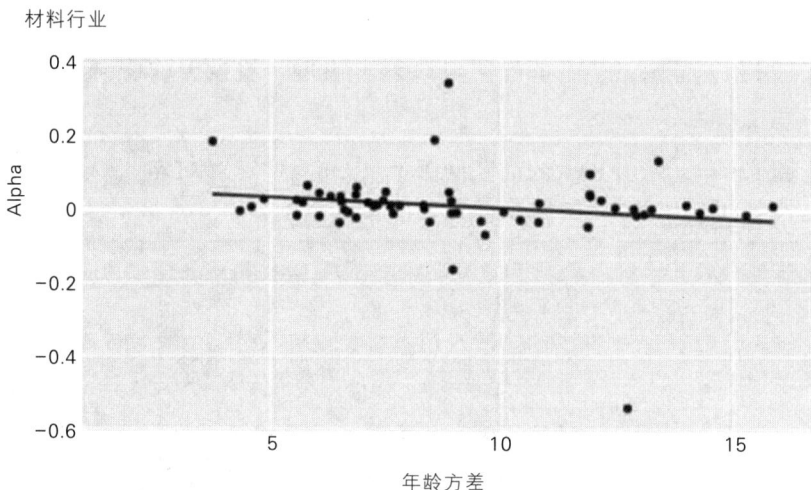

材料行业

图 12-7 材料行业创始人年龄方差与 Alpha 的回归结果

12.3.4 数据可视化

以下是可用于可视化结果的 Python 工具。我们可以使用 Streamlit（streamlit.io 2022）和 Plotly（plotly.com 2022）生成可视化数据的网页。具体来说，Streamlit 是一个免费的开源框架，用于快速构建和共享机器学习和数据科学网页应用程序，它是一个专门为机器学习工程师设计的基于 Python 的库。Plotly 是一个开源库，用于简单方便地可视化和理解数据。

Streamlit

Streamlit 命令易于编写和理解。st.write（）命令可以显示各种元素，如文本、媒体、窗口小部件、图形等（如图 12-8、图 12-9 和图 12-10 所示）。

箱线图

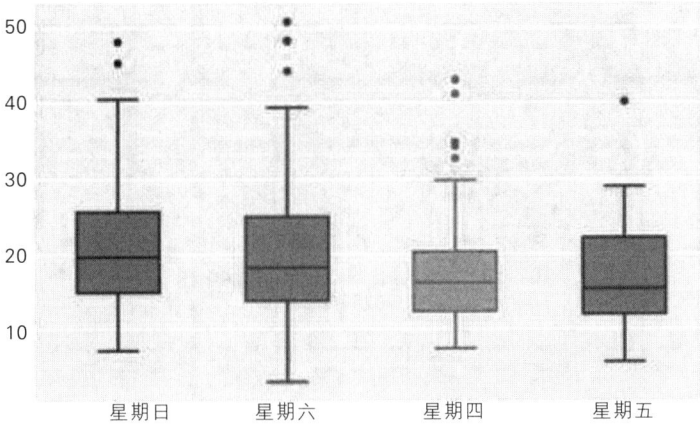

图 12-8　箱形图

直方图

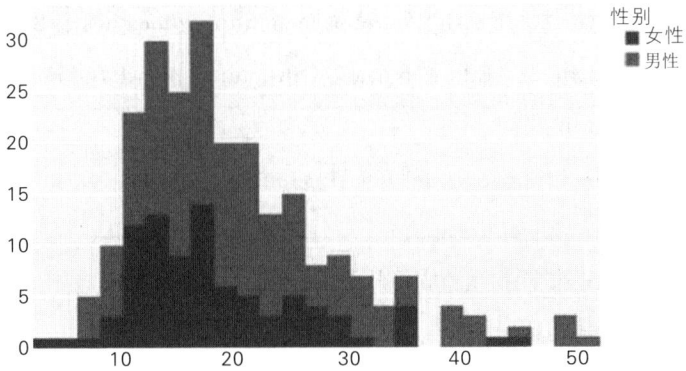

图 12-9　直方图

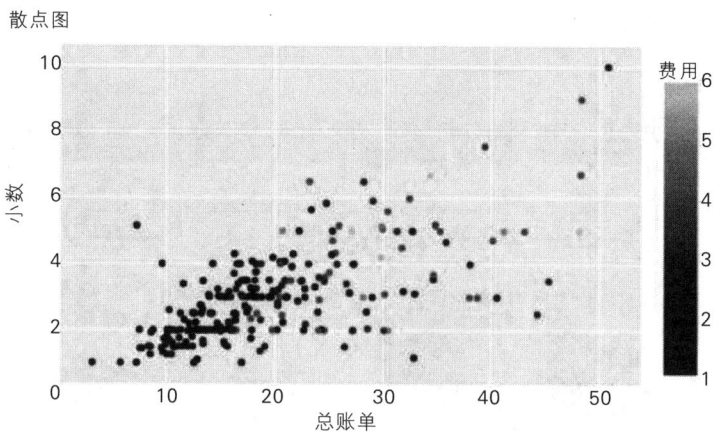

散点图

图12-10 散点图

示例代码1：快速创建网页

```
import streamlit as st

st.write（'Hello World！'）

streamlit run yourfilename.py
```

Result： you could visit the webpage on http：//localhost：8051

Example code 2： Edit web page （Structure is similar to renderer）

```
import streamlit as st

st.title （"this is the app title"） # This function allows
you to add the title of the app.

st.header （"this is the header"） # This function is used to set
header of a section.

st.markdown （"> this is the markdown"） # This function is used
to set a markdown of a section.

st.subheader （"this is the subheader"） # This function is used
to set sub-header of a section.

st.caption （"this is the caption"） # This function is used
```

to write caption.

st.code（"x=2021"）# This function is used to set a code.

st.latex（r''' a+a r^1+a r^2+a r^3 '''）# This function is

used to display mathematical expressions formatted as LaTeX.

Plotly

Plotly 可以绘制各种图表类型，如折线图、散点图、直方图、考克斯图等，绘制的图表可以写入 HTML 文件。您可以访问 Plotly Python 图形库，以获取 Plotly 的更多绘图详细信息。

示例代码：使用 Plotly 绘制，使用 Streamlit 渲染

```
import streamlit as st
import plotly.express as px
st.title（'Tips Analyze'）# set a title for the page
st.header（'Dataset'）# set a header for the dataset section
tips = px.data.tips（）# get the tips dataset in plotly
st.write（tips）# write the dataset to webpage
st.header（'Charts'）# set a header for the charts section
st.subheader（'Box Chart'）# write a subheader
fig=px.box（tips，x='day'，y='total_bill'，color='day'）# plot the
box chart
st.write（fig）# render the figure on webpage
Result：
st.subheader（'Histogram Chart'）
fig=px.histogram（tips，x='total_bill'，color='sex'）# plot the
histogram chart
st.write（fig）
```

结果：

st.subheader（'散点图'）

```
fig=px.scatter（tips， x='total_bill'， y='tip'， color='size'）#绘制散
点图
st.write（fig）
```

12.4　结论

本章主要介绍 SPAC 的发展背景，并通过 ESG 因素分析 SPAC 的绩效。
我们通过计算 Alpha 值来衡量 SPAC 的相对盈利能力，并根据 SPAC 的流量
选择了一系列因素进行分析，包括创始人的团队规模、平均年龄及年龄差
异等，然后我们分析了这些因素与 SPAC 收益之间的相关性。接下来，利
用数据爬虫工具获取所需的因素信息。然后，将清理后的数据存储在关于
SPAC 的表中。最终，我们分析了所选因素与 SPAC 的回报测量值（Alpha）
之间的线性关系，并对结果进行了可视化处理。

然而，除了上述选定的因素之外，公司的地理位置、创始人的职业背
景以及家庭情况等因素也可能对 SPAC 的盈利能力产生影响。迄今为止，
这些信息一直很难收集，因此我们无法分析这些因素的影响。但是，随着
数字化进程的加快和更多另类数据的出现，我们将能够访问更广泛的数据
集，并探索这些因素的潜在影响。

参考文献

Datar， V.T.， Emm， E.E.， & Ince， U.（2012）. Going public through
the back door： A comparative analysis of SPACs and IPOs.

Degeorge， F.， Martin， J.， and Phalippou， L.（2015）. On Secondary
Buyouts. Ecgi.

Dimitrova, L. (2017). Perverse Incentives of Special Purpose Acquisition Companies, the "Poor Man's Private Equity Funds." Journal of Accounting and Economics, 63 (1), 99 - 120.

docs.python-requests.org. (2022). Requests: HTTP for HumansTM — Requests 2.27.1 documentation. 〔online〕 Available at: https: //docs. python-requests. org/.

efinance. readthedocs. io. (2022). efinance 0.4.2 documentation. 〔online〕 Available at: https: //efinance.readthedocs.io/en/latest/ 〔Accessed 27 Mar. 2022〕.

Heyman, D.K. (2007). From Blank Check to SPAC: The Regulator's Response to the Market, and the Market's Response to the Regulation.

Hung, Haoyun and Liu, Jiaming and Yao, Xinyu and Zhang, Haoyuan and Zhumabayev, Mukhamejan and Zhang, Qingquan, Factor Analysis of SPACs: Impact on SPACs Performance by Management Factors (June 14, 2021). Available at SSRN: https: //ssrn.com/abstract=3866680 or http: // dx.doi. org/10.2139/ssrn.3866680 .

Lewellen, S. M. (2009). SPACs as an Asset Class. SSRN Electronic Journal.

Pandas. (2018). Python Data Analysis Library — Pandas: Python Data Analysis Library. 〔online〕 Pydata.org. Available at: https: //pandas.pydata. org/.

plotly. com. (2022). Plotly Python Graphing Library. 〔online〕 Available at: https: //plotly.com/python/.

Readthedocs. io. (2011). Selenium with Python — Selenium Python Bindings 2 documentation. 〔online〕 Available at: https: //selenium-python. readthedo cs.io/.

Saengchote, Kanis, The Tesla Effect and the Mispricing of Special

Purpose Acquisition Companies （SPACs） （March 9, 2021）. Available at SSRN： https：//ssrn. com/abstract=3800323 or http：//dx. doi. org/10.2139/ssrn.3800323 .

Scrapy. org. （2020）. Scrapy丨A Fast and Powerful Scraping and Web Crawling Framework. ［online］Available at：https：//scrapy.org/.

spaCy. （2015）. spaCy · Industrial-Strength Natural Language Processing in Python. ［online］Available at：https：//spacy.io/.

streamlit. io. （2022）. Streamlit — The Fastest Way to Build and Share Data Apps. ［online］Available at：https：//streamlit.io/.

Stulz, R. M. （2019）. Public Versus Private Equity. SSRN Electronic Journal, 36, 275－290.

Wuyi, Nie. 2021. "Some Inspirations from SPAC." Modern Finance Tribune, 20－23.

Xu., and Yixuan Lu. （2021）. "U. S. SPAC Listing, Mergers and Acquisitions and Post-Merger Development." Tsinghua Financial Review, 2021（07）, 29－32. https：//doi.org/10.19409/j.cnki.thf-review.2021.07.006.

www.msci.com. （2022）. GICS－Global Industry Classification Standard. ［online］https：//www.msci.com/our-solutions/indexes/gics.

第13章 ESG对公司基本面的影响：基于医疗行业的研究

13.1 引言

近年来，企业伦理、环境风险等非金融风险已成为不可忽视的重要投资风险，因此ESG投资已是许多投资者首选的投资主题。ESG代表环境、社会和公司治理。ESG是衡量上市公司是否有足够社会责任的重要标准（Gerard，2019）。在联合国负责任投资原则（UN-PRI）的推动下，ESG在世界各地应用激增，超过50个国家的1 700多家机构（涵盖资产所有者、投资者和中介服务机构）签约成为联合国负责任投资原则（UN-PRI）的合作伙伴，管理着60万亿美元以上的资产（2010年为22万亿美元）。根据全球可持续发展投资联盟（GSIA）最近的一项研究，欧盟专业投资者管理的60%的资产与可持续投资决策有关。

在这种发展趋势下，越来越多的公司或主动或被动地开始在报告中披露ESG信息。例如，研究机构如彭博社（Bloomberg）、摩根士丹利资本国际（MSCI）和汤森路透（Thomson Reuters）等利用其算法来收集数据，通过各种机制将其整合到ESG评分中。这些评分的目的是为投资者提供除传统财务指标之外的重要信息。然而，目前的ESG评分有很多局限性。

例如，原始数据库包含许多缺失的值，破坏了数据的可靠性。随着数据变得更加全面，这个问题应该逐渐得到改善（Duque-Grisales 和 Aguilera-Caracuel，2021）。另一个主要问题是现有信息的频率很低，其中大部分是每年采集的，因此分数每年只能生成一次。这使将 ESG 分数整合到投资策略中的过程变得复杂，因为 10 个月前生成的 ESG 分数不应影响今天的投资决策。本章通过使用另一种方法将年度 ESG 信息转换为季度数据来解决这一问题。这将使我们能够为每个季度生成 ESG 分数，并构建一个能够产生超额回报的投资策略。

我们的研究重点是化学部门。化学部门包括许多能源制造业，这些行业排放大量环境污染，如温室气体排放和污水处理。这些环境因素对 ESG 指标的构建具有重要意义。此外，与其他新兴行业不同，传统化学品的经营时间更长。因此，它们为分析提供了更全面的数据集（Costa、Silva 和 Freitas，2022）。选择该行业的另一个原因是，与其他化工行业相比，我们可以估计新冠疫情对制药行业的影响。本章的剩余部分的安排如下：第 2 节描述了数据和方法，第 3 节介绍了经验模型和结果，第 4 节描述了 ESG 因素投资策略，第 5 节描述结论。

13.2　数据和方法

我们分析的数据分为两类：财务数据和 ESG 数据。在本节中，我们描述了实证方法中使用的数据来源和方法。

13.2.1　财务数据

我们的财务数据来自两个数据平台：彭博社和 FactSet。两者都是金融终端，包含实时市场来源和上市公司的历史业务数据。我们提取了每家公司的资产回报率（ROA）、股本回报率（ROCE）、总资产（TA）、销售额、资本支出（CE）、市盈率（PE）、市净率（PB）、市值（MC）、息税前利润（EBIT）、上一次股价（LastP）以及商品和服务成本（COGS）。这些信息要么在公司的季度报告中报告，要么由金融终端计算。对于丢失的数据和任何错误的值，我们使用 FactSet 数据库进行调整。我们总共为每家公司收集了 28 个季度的基本数据。

13.2.2　ESG 数据

我们主要从彭博社获得了公司层面的 ESG 信息。彭博社 ESG 数据集提供了报告数据和衍生比率，以及特定行业和国家的数据点。它包含来自许多领域的信息，如气候变化、空气和水、材料和废物，以及董事会的结构。然而，有许多价值缺失，尤其是 2015 年之前的几年，许多公司 2021 年的 ESG 信息尚未公布。因此，我们将重点放在 2015—2020 年，这几年的数据相对全面。此外，考虑到该行业的性质，以及社会和治理领域中大量不准确和缺失的值，我们选择了以下环境因素：温室气体排放总量、能源消耗总量、用水总量和产生的废物总量。

13.2.3　转换 ESG 数据

当前 ESG 数据的主要缺点是频率低，即数据集每年收集一次。因此，投资者在制定投资策略时不太可能考虑 ESG，因为去年的信息可能与明天的市场几乎没有相关性。我们的主要目标是通过使用一种新技术转换原始年度数据来构建季度面板数据集。

一家公司的气体排放和水污染与其生产过程有关。当公司运营时间更长，在特定季度生产更多产品时，这些数字应该更高。但没有关于每家公司生产过程的确切信息。如果我们可以在每个季度复制一家公司的生产规模，假设这是污染规模，我们可以根据年度数据集计算季度数据。为此，我们使用商品和服务成本来估计企业的生产比率。COGS 是指生产一家公司销售的商品的直接成本。这一指标与其他财务指标一起，在每家公司的

10-K/10-Q报告中被披露。使用COGS的主要原因是，它可以被视为可变成本，因为它包括与商品生产直接相关的所有成本和费用。虽然在某些情况下COGS可能包含固定成本，但销售商品的成本主要还是由可变成本组成的。因此，我们在模型中将COGS作为一种可变成本。

以辉瑞为例，表13-1显示，其COGS在2019年第一季度—2020年第三季度期间波动约20亿美元。然而，自2020年第四季度以来，COGS一直在膨胀，到2021年底达到97.36亿美元。如果我们注意到辉瑞公司的新冠疫苗正式上市并获准紧急使用的日期（2020年12月11日）（美国食品和药物管理局，2020年），那么COGS增长4倍的数字就不那么令人惊讶了。这是因为随着新冠疫情形势的恶化，辉瑞公司正在生产更多的新冠疫情相关产品。COGS的变化代表了与我们的假设一致的生产线差异。我们不使用数值，而是计算显示每个季度污染率的季度生产权重，并乘以年度数据，将ESG变量转换为季度形式。

表13-1　　　　　　　　　　辉瑞COGS

时间	2019Q1	2019Q2	2019Q3	2019Q4	2020Q1	2020Q2
COGS	2 433.0	2 576.0	2 602.0	2 087.0	1 940.0	1 826.0
时间	2020Q3	2020Q4	2021Q1	2021Q2	2021Q3	2021Q4
COGS	2 007.0	2 868.0	4 211.0	7 049.0	9 973.0	9 736.0

13.2.4　制定ESG评分

基于季度环境变量，我们设计了两种方法来建立我们的ESG评分。在简单的版本中，我们首先对温室气体总排放密度进行了标准化。然后，我们使用z分数来计算百分位数，该百分位数提供0~100之间的ESG分数。第二个ESG使用了相同的方法，但我们不仅使用温室气体总排放量，还添加了加权耗电密度、用水密度和废物密度。

$$ESG_{simple} = (1 - P_tGED) \times 100 \tag{13-1}$$

$$ESG_{complex} = (0.6 \times P_zGED + 0.2 \times P_zWD + 0.1 \times P_zWUD + 0.1 \times P_zECD) \times 100 \tag{13-2}$$

密度值是通过用 ESG 变量除以该季度的销售额来计算的。

13.2.5 公司选择

我们选择了 60 家市值最高的化工行业公司，其中包括 40 家制药公司和 20 家能源与生物制造行业的公司。在仔细检查数据集后，我们删除了任何错误过多或财务/ESG 价值缺失的公司。我们剩下 40 家公司，其中 25 家来自与疫情有密切联系的制药行业。公司名单见附录 A。

13.2.6 变量和汇总统计

表 13-2 的面板 A 报告了实证分析中使用的所有变量的详细定义，而面板 B 报告了汇总统计数据。

表 13-2 变量定义和汇总统计数据

面板A：主要变量的定义和来源	
变量名称	定义
因变量	
ROA	资产回报率，计算方法为净收入除以总资产
ROE	股本回报率，计算方法为净收入除以平均股东权益
自变量	
Ln（GE）	温室气体排放总量的自然对数。它包括二氧化碳和其他二氧化碳当量，如甲烷、一氧化二氮和微量气体
ESG1	ESG 评分的简单版本，只考虑温室气体排放数字
ESG2	ESG 评分的复杂版本，考虑了温室气体排放数字，以及电力消耗、用水和产生的废物
OperateM	营业利润率衡量的是一家公司在支付可变生产成本后，一美元销售额的利润。使用息税前利润除以销售额计算
Ln（TA）	公司总资产的自然对数
Ln（MC）	公司市值的自然对数
PE	市盈率
PB	图书价格比

面板A：主要变量的定义和来源	
Capex	资本性支出

面板B：汇总统计数据					
变量	Obs公司	均值	标准差	最小值	最大值
ROA	1 120	6.909498	7.071042	−37.9323	42.7926
ROE	1 120	20.66803	33.37366	−98.5694	338.6883
Ln（GE）	960	5.338694	2 187.232	0	16 776.18
OperateM	1 120	0.1398192	0.2145622	−2.740437	1.980419
Ln（TA）	1 120	10.49141	52 020.48	1 959.335	235 495
Ln（MC）	1 120	10.83953	77 277.87	2 540.99	472 941.2
PE	1 081	30.19055	87.19132	4.3765	2 674.167
PB	1 118	6.501449	21.9112	0.484	579.3361
Capex	1 117	5.470913	1.053249	2.360005	8.111328

13.3　经验模型和结果

13.3.1　制药行业是否从新冠疫情中获得了超额的经济效益？

自2020年新冠疫情暴发以来，人们的生活受到了很大影响。由于早期的高死亡率以及随着病毒变异而增加的可传播性，许多国家实施了强制封锁。在此期间，由于人们无法正常出行和工作，关闭措施使全球经济陷入严重收缩，全球经济下降约3.3%。因此，包括化工行业在内的大多数行业都出现了下滑。然而，另一方面，这场灾难已经成为许多专业行业千载难逢的机会，如在线娱乐、加密货币和制药行业。与大多数其他行业不同、制药行业的公司正在生产疫苗、药品、口罩和其他医疗用品。由于疫情期间对这些商品和服务的需求增加，制药行业蓬勃发展。但这是否反映在数据中？我们使用双重差分（DID）方法来测试疫情是否导致了制药行业和化学行业其他行业之间的经济表现差异。

DID方法已在计量经济学中用于定量评估公共政策的效果。DID方法是一种用于估计因果效应的测量方法（Fredriksson 和 Oliveira，2019）。为了评估政策实施的净效果，我们从化工行业选择了40家公司。制药行业的25家公司，如辉瑞、强生和默克公司，组成了我们的实验组。对照组包括15家公司，它们来自能源或生物制造业。实验组受到该政策的影响。对照组则相反。本研究将新冠疫情的影响作为政策。模型如下：

$$Y_{it} = \beta_0 + \beta_1 treat_i + \beta_2 period_t + \beta_3 treat_i \times period_t + \varepsilon_{it} \qquad (13-3)$$

其中 Y_{it} 为 t 期公司 i 的 ROA/ROE。$treat_i$ 为分组虚拟变量，周期为策略虚拟变量。由于新冠疫情开始于 2020 年初，我们将 2020 年之前的时期设为对照组，$period_t=0$；将 2019 年后作为实验组，$period_t=1$。β_3 为分组虚拟变量和政策虚拟变量交互项的回归系数，反映新冠疫情对制药公司的净影响。

DID方法假设实验组和对照组在新冠疫情前有平行的趋势。为了测试这一要求，我们在时间序列图上绘制了两组的 ROA/ROE 值（如图 13-1 和图 13-2 所示）。

数据显示，除了 2018 年的几个季度外，这两个集团的 ROA/ROE 在整个时期内总体上朝着同一方向发展。此外，就在 2020 年之后，尽管实验组的 ROA/ROE 在几段时间内稳定甚至增加，但对照组的数值下降，并在 2020 年晚些时候转为负值。随着疫情从 2021 年开始逐渐消退，这两个群体的 ROA/ROE 值开始再次朝着同一方向发展。这一运动支持了我们对类似趋势的假设。因此，我们可以进行 DID 研究。

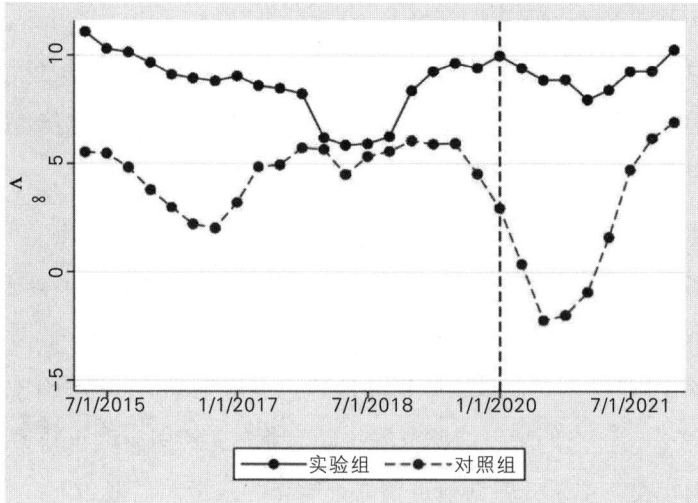

图13-1 实验组和对照组的ROA

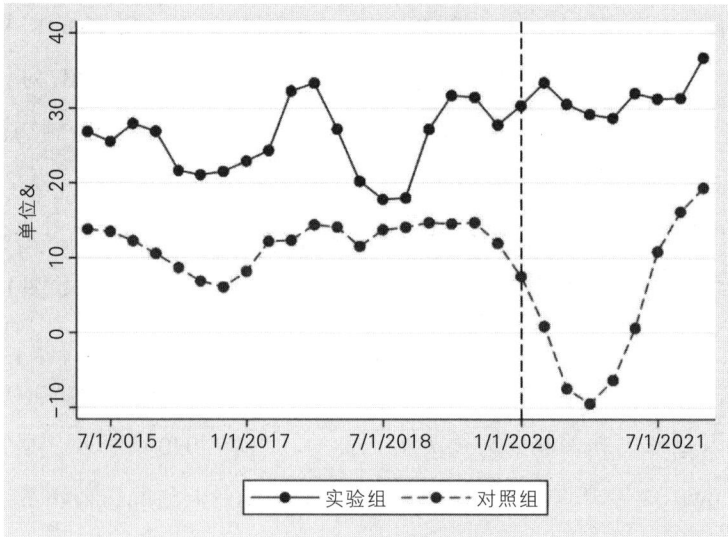

图13-2 实验组和对照组的ROE

　　由表13-3可知，交互作用项β₃的回归系数为3.147。这表明新冠疫情对制药公司的ROA值有显著的积极影响（p<0.01）。从表13-4中，我们得

出了对 ROE 的类似解释：新冠疫情显著增加了实验组公司的 ROE 约
14.564。然而，两个结果的 R^2 都有点低。因此，我们在方程中加入了其他
自变量，以测试这种关系是否仍然成立。

尽管表 13-5 和表 13-6 中显示的结果有所下降，但它们仍然是积
极和显著的（p<0.05）。此外，两个模型的 R^2 都显著增加。这些系数
表明，新冠疫情导致实验组的 ROA/ROE 分别上升了 2.14 和 8.80 左右。
因此，我们得出的结论是，新冠疫情确实给制药行业带来了过度的经
济效益。

表13-3 ROA DID结果

				R^2: 0.13
ROA	系数	标准误差	t值	P>|t|
Treat	4.06184	0.4829734	8.41	0.000
Year	−2.773253	0.7143273	−3.88	0.000
Did	3.146517	0.9035605	3.48	0.001
_cons	4.601328	0.381824	12.05	0.000

表13-4 ROE DID结果

				R^2: 0.08
RDE	系数	标准误差	t值	P>|t|
Treat	14.00519	2.342605	5.98	0.000
Year	−8.73189	3.464759	−2.52	0.012
Did	14.56367	4.382612	3.32	0.001
_cons	11.80896	1.851992	6.38	0.000

表13-5　　　　　　　　　　　　ROA DID与其他控制

ROA	系数	标准误差	t值	P>|t|
			R²：0.4856 调整R²：0.4813 A	
Treat	0.7886916	0.5012597	1.57	0.116
Year	−1.42346	0.5646057	−2.52	0.012
Did	2.13823	0.6935194	3.08	0.002
OperateM	16.06741	0.8749136	18.36	0.000
Ln（TA）	−4.152828	0.3072089	−13.52	0.000
Ln（MC）	2.584528	0.3242793	7.97	0.000
PE	−0.0051271	0.0017398	−2.95	0.003
PB	0.0107179	0.0069667	1.54	0.124
Capex	0.947142	0.272631	3.47	0.001
_cons	14.80075	1.902651	7.78	0.000

表13-6　　　　　　　　　　　　ROE DID与其他控制

ROE	系数	标准误差	t值	P>|t|
			R²：0.3166 调整R²：0.3108 A	
Treat	3.875412	2.735616	1.42	0.157
Year	−3.177073	3.081326	−1.03	0.303
Did	8.801137	3.78487	2.33	0.020
OperateM	33.30577	4.774826	6.98	0.000
Ln（TA）	−9.160426	1.676587	−5.46	0.000
Ln（MC）	5.62538	1.769748	3.18	0.002
PE	−0.0481649	0.009495	−5.07	0.000
PB	0.5727739	0.0380204	15.06	0.000
Capex	2.813092	1.487879	1.89	0.059
_cons	30.68597	10.38368	2.96	0.003

13.3.2　ESG因素是否会影响企业在ROA/ROE层面上的经济表现？

在本节中，我们通过考虑所有40家化工行业公司来分析温室气体总排放量与经济指标之间的相关性。模型为：

$$Y_{it} = X'_{it} + \lambda_t + \mu_i + \varepsilon_{it} \tag{13-4}$$

式中：Y_{it}——实体i在t时期的因变量；

X_{it}——实体i在t时期的自变量；

λ_t——时间固定效应；

μ_i——实体固定效应。

我们在基线方程中逐步添加不同的估计量来检验我们的假设。下面的表13-6显示了我们的模型的结果。

表13-7显示，对数（温室气体排放总量）的系数均显著且为负。这意味着，当这些公司排放更多的温室气体时，ROA和ROE都将下降。第9列和第10列的结果显示，温室气体排放总量每增加10%，ROA将减少0.323，ROE将减少1.69。其他自变量的迹象表明，营业利润率、市净率、市值和资本支出均与ROA和ROE呈正相关，而市盈率和总资产对因变量有负影响。请注意，PB比率和资本支出在我们的模型中都没有显著性意义。

接下来，我们使用ESG分数而不是温室气体排放量来进行回归。

由于有许多PE值缺失，我们将其排除在ESG模型之外。表13-8显示，简单ESG评分与ROA/ROE之间存在显著的正相关关系。当我们对照ROE控制所有自变量时，这句话唯一不成立的地方是在第8列。根据第8列，我们可以得出结论，当ESG得分增加1个单位时，ROA将增加约0.158。我们使用复杂的ESG分数来增加我们评估的稳健性。

表13-9显示，一旦我们使用复杂的ESG评分，结果就会有相当大的变化。尽管许多系数不再显著，但第5栏和第7栏中的结果仍然支持我们的假设。产生这一结果的原因之一是ESG信息缺乏水/电消耗和产生的废物的数据。制药公司和能源公司之间的排放结构也非常不同，当我们对原始数据进行标准化时，这可能会影响ESG得分。

在本节中，我们发现ESG因素与公司的经济绩效之间存在显著相关性。在下一节中，我们将使用简单的ESG评分来建立我们在股市中的战略，并尝试产生超额回报。

表13-7

LNGE固定效应结果

变量	(1) ROA	(2) ROE	(3) ROA	(4) ROE	(5) ROA	(6) ROE	(7) ROA	(8) ROE	(9) ROA	(10) ROE
LNGE	-2.804***	-16.83***	-2.535***	-16.12***	-2.701***	-15.38***	-3.039***	-15.95***	-3.216***	-16.86***
	(0.872)	(3.853)	(0.782)	(3.715)	(0.760)	(3.524)	(0.769)	(3.632)	(0.777)	(3.675)
OperateM			11.61***	30.82***	12.45***	28.35***	10.95***	22.63***	11.03***	23.05***
			(0.781)	(3.711)	(0.898)	(4.167)	(0.870)	(4.110)	(0.872)	(4.121)
PE					-0.00312*	-0.0422***	-0.00430***	-0.0464***	-0.00434***	-0.0466***
					(0.0016)	(0.0075)	(0.00154)	(0.0072)	(0.00154)	(0.0073)
PB					-0.00362	0.00841	-0.00977	-0.0157	-0.00967	-0.0156
					(0.0076)	(0.0354)	(0.00730)	(0.0345)	(0.00730)	(0.0345)
LNTA							-1.672**	-8.350**	-1.724**	-8.983**
							(0.801)	(3.784)	(0.808)	(3.820)
LNMC							5.858***	21.98***	5.623***	20.54***
							(0.616)	(2.909)	(0.644)	(3.045)
Capex									0.560	3.450
									(0.453)	(2.140)
观察值	960	960	960	960	925	925	925	925	922	922
R²	0.069	0.047	0.254	0.115	0.240	0.133	0.313	0.188	0.316	0.190
ID个数	40	40	40	40	40	40	40	40	40	40

注：括号中的标准误差：*** $p<0.01$，** $p<0.05$，* $p<0.1$.

表13-8 ESG固定效应结果

变量	(1) ROA	(2) ROE	(3) ROA	(4) ROE	(5) ROA	(6) ROE	(7) ROA	(8) ROE
ESG	0.199***	0.616**	0.200***	0.606**	0.161***	0.432*	0.158***	0.394
	(0.0556)	(0.267)	(0.0557)	(0.256)	(0.0536)	(0.247)	(0.0541)	(0.249)
OperateM	11.19***	29.73***	11.16***	30.59***	9.508***	23.24***	9.521***	23.30***
	(0.791)	(3.791)	(0.792)	(3.634)	(0.783)	(3.609)	(0.784)	(3.612)
PB			−0.00645	−0.0346	−0.0134*	−0.0661	−0.0134*	−0.0666*
			(0.00779)	(0.0358)	(0.00752)	(0.0347)	(0.00753)	(0.0347)
LNTA					−2.211***	−14.22***	−2.362***	−15.28***
					(0.771)	(3.551)	(0.784)	(3.614)
LNMC					5.160***	21.93***	4.890***	20.45***
					(0.582)	(2.680)	(0.613)	(2.822)
Capex							0.657	3.586*
							(0.458)	(2.108)
观察值	960	960	958	958	958	958	955	955
R^2	0.256	0.102	0.255	0.115	0.316	0.180	0.318	0.183
ID个数	40	40	40	40	40	40	40	40

注：括号内的标准误差 *** $p < 0.01$，** $p < 0.05$，* $p < 0.1$。

表13-9

ESG2固定效应结果

变量	(1) ROA	(2) ROE	(3) ROA	(4) ROE	(5) ROA	(6) ROE	(7) ROA	(8) ROE
ESG2	0.0237	-0.0556	0.0233	-0.0557	0.0659***	0.137	0.0659***	0.132
	(0.0217)	(0.104)	(0.0217)	(0.0993)	(0.0214)	(0.0987)	(0.0214)	(0.0989)
OperateM	11.65***	31.22***	11.63***	32.06***	9.667***	23.78***	9.672***	23.76***
	(0.785)	(3.748)	(0.786)	(3.593)	(0.777)	(3.584)	(0.778)	(3.587)
PB			-0.00569	-0.0333	-0.0132*	-0.0657*	-0.0133*	-0.0662*
			(0.00785)	(0.0359)	(0.00752)	(0.0347)	(0.00752)	(0.0347)
LNTA					-2.830***	-15.56***	-3.008***	-16.64***
					(0.788)	(3.635)	(0.799)	(3.687)
LNMC					5.653***	23.04***	5.346***	21.41***
					(0.591)	(2.724)	(0.623)	(2.874)
Capex							0.738	3.808*
							(0.456)	(2.101)
观察值	960	960	958	958	958	958	955	955
R^2	0.246	0.097	0.245	0.110	0.316	0.179	0.319	0.182
ID个数	40	40	40	40	40	40	40	40

注：括号内的标准误差***$p<0.01$，**$p<0.05$，*$p<0.1$。

13.4 ESG因素投资策略

13.4.1 ESG分数是否产生超额回报?

基于上一节中计算的ESG得分,我们设计了一个投资组合来测试ESG是否能产生超额回报。投资组合由每季度做多ESG得分最高的十家公司和每季度做空ESG得分最低的十家企业组成。最后,我们对季度回报进行了总结,以确定投资组合在6年期间的回报曲线。我们将该投资组合与对照组进行比较,以确定我们的ESG得分是否表明投资,以及该策略是否可行。

首先,我们导入了40家公司的6年ESG得分数据。我们获取6年内每个季度末每个公司的收盘股价,并用它来计算6年内每季度每个公司的对数收益(我们将每个公司的第一个时间点回报设置为0)。

然后,我们做多前25%的公司,做空后25%的公司。使用分位数函数,我们获得了每个季度前25%和后25%的ESG得分界限(具体数字见附录B)。之后,如果公司在时间段i中的ESG得分在总ESG得分的前25%(即,设定position=1),我们将做多股票。如果公司在时间段i的ESG得分小于时间段i第二个25%的ESG得分,那么我们将做空股票(即,设定position=-1)。我们不投资剩余的股票——那些不在我们ESG分数选择区间内的公司(即,设定position=0)。我们还建立了一个对照组。对照组在我们的数据中对所有公司的股票进行了长期投资,并在没有任何筛选的情况下对所有40家公司进行了投资。

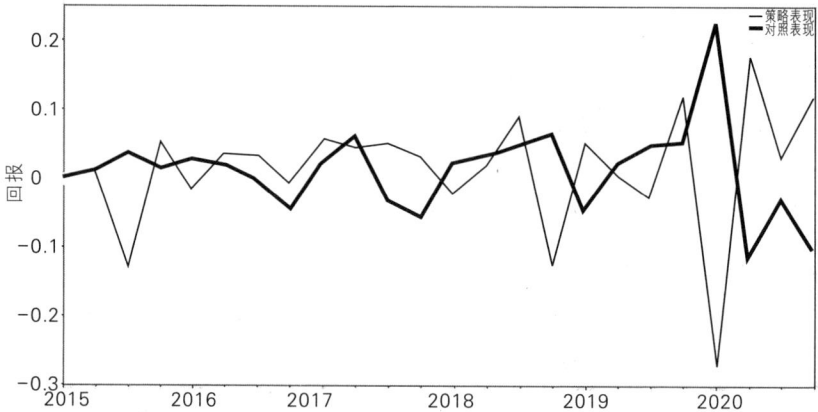

图 13-3　与对照组相比，战略绩效的季度回报

最后，我们测试投资组合的有效性。对于这两个投资组合，我们将每个季度获得的回报相加，得出每个策略每个季度的总回报。然后，我们计算每个季度每个策略的平均回报，方法是除以该策略包括的公司数量，即 25% 的投资组合除以 20，比较的投资组合除以 40。最后，我们得到了附录 C 和图 13-3。我们还得到了累积收益结果（详见附录 D 和图 13-4）。

在图 13-4 中，细线代表我们通过 ESG 筛选的投资组合，粗线代表我们将其与之进行比较的对照组。超过 75% 的时间，ESG 选择的投资组合的回报率高于对照组的回报率。在投资决策仍然基于财务业绩的时候，有先见之明的 ESG 调用可以对冲风险并产生回报。

请注意，在最后一段时间内，ESG 策略的累积利润率低于对照组。我们怀疑这是因为在新冠疫情期间产量过大的公司在 2020 年后提高了产量。因此，温室气体排放等环境数据有所增加。这可能会降低这些公司的 ESG 得分，从而使其超出我们投资策略的选择范围。这也告诉我们，在某些情况下，投资不应完全依赖 ESG 得分。它们还需要在当前宏观气候的背景下进行分析，以产生更有利可图的投资。

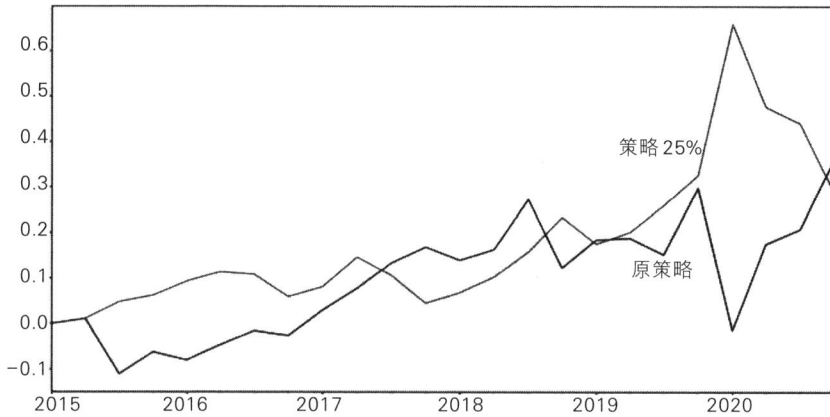

图 13-4 与对照组相比，战略绩效的累计回报

13.4.2 灵敏度测试

在本节中，我们将更改长的比率和短的比率。我们包括以下比率 [0.4，0.6]、[0.25，0.75]、[0.1，0.9]。图 13-5 为各比率的投资回报曲线（数据详见附录 E）。

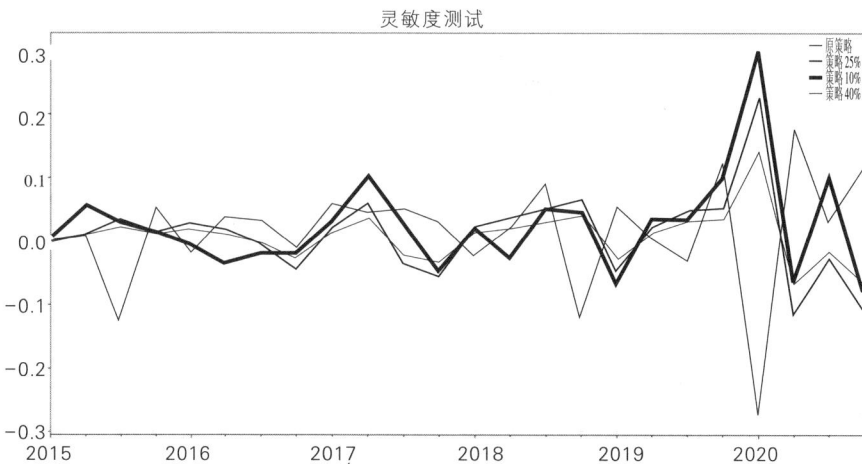

图 13-5 灵敏度测试——每季度的回报

这是包含10%策略、25%策略、40%策略和比较组的季度回报率。我们使用季度回报数据进行分析，因为它显示了回报中更细粒度的波动。

如图13-6所示，曲线具有相似的模式。然而，做多或做空的比率越低，投资回报率的波动就越大。如图所示，［0.4，0.6］的曲线是最平滑的，这种投资策略更适合更保守的投资者。例如，在2020年第三季度，其他两个比率的回报率很低，但［0.4，0.6］的回报率为正，因为它的波动性最大。［0.1，0.9］在三个比率中正收益最高，损失最大。例如，在2020年第三季度，其他两个比率的回报率均低于对照组，只有［0.1，0.9］的回报率高于对照组。然而，在2018年第二季度，其他两个比率的损失都小于对照组，只有［0.1，0.9］的损失比对照组更大。

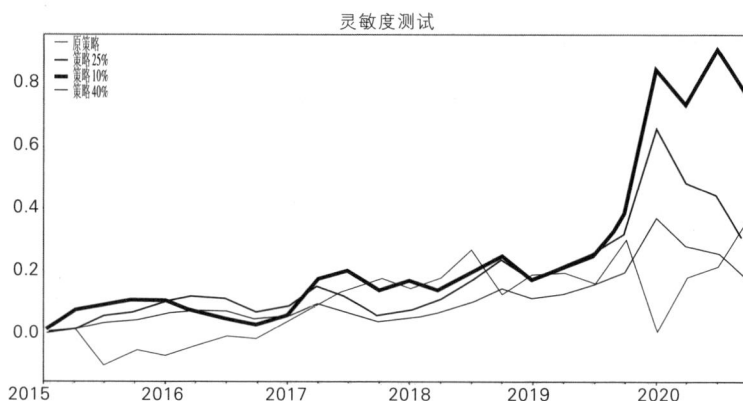

图13-6　灵敏度测试——累积回报

总体而言，10%的策略表现最好。

13.5　结论

本章阐述了ESG因素对企业经济绩效的影响。我们首先使用DID方法来评估新冠疫情对制药行业的影响。结果表明，与能源和生物制造公司相比，流行病相关公司在ROA/ROE方面具有显著的积极表现。

然后本章考察了ESG因素与公司的经济表现之间的相关性。固定效应回归表明，温室气体排放量与ROA/ROE存在显著的负相关关系。此外，在我们制定了自己的ESG得分后，结果显示，ESG得分较高的公司将产生更高的利润。

最后，利用生成的ESG分数，我们构建了一个投资策略，即购买评级最高的10家公司的股票，然后做空投资组合中评级最低的10家公司的股票。结果显示，在75%的时间段内（不包括2017—2018年），该投资组合优于我们随机购买股票的对照组。我们还发现，整个投资组合的长或短比例越高，投资回报的波动越大。

附录

附录 A：在研究中使用的公司名单

United Health Group	Agilent Technologies
Johnson & Johnson	Baxter International
Pfizer Inc	ResMed Inc
Eli Lilly & Co	Biogen
Thermo Fisher Scientific	Mettler-Toledo International
Merck & Co	PPG Industries Inc
Abbott Laboratories	Ecolab Inc
Astra Zeneca PLC	BASF SE
Novartis AG	Air Products and Chemicals Inc
Bristol-Myers Squibb Co	LG Chem Ltd
Medtronic PLC	Evonik Industries AG
CVS Health Corp	Mosaic Co/The
Glaxo Smith Kline PLC	LANXESS AG
Cigna Corp	Marathon Petroleum Corp
Gilead Sciences	Schlumberger NV
Regeneron Pharmaceuticals	Occidental Petroleum Corp
Edwards Lifesciences Corp	Cummins Inc
Becton Dickinson and Co	ConocoPhillips
Boston Scientific Corp	Siemens AG
Humana	Wacker Chemie AG

附录 B：分位数保险公司每季度的 ESG 得分

date		
2015-03-31	0.25	54.555107
	0.75	65.587437
2015-06-30	0.25	56.867157
	0.75	65.579115
2015-09-30	0.25	58.097404
	0.75	65.591160
2015-12-31	0.25	56.315921
	0.75	65.572361
2016-03-31	0.25	56.796601
	0.75	65.522743
2016-06-30	0.25	57.075707
	0.75	65.577339
2016-09-30	0.25	52.090055
	0.75	65.487511
2016-12-31	0.25	53.556929
	0.75	65.552530
2017-03-31	0.25	57.797747
	0.75	65.648596
2017-06-30	0.25	57.689425
	0.75	65.655169
2017-09-30	0.25	58.078291
	0.75	65.719389
2017-12-31	0.25	59.230824
	0.75	65.720137
2018-03-31	0.25	54.804090
	0.75	65.696083
2018-06-30	0.25	56.104726
	0.75	65.713327
2018-09-30	0.25	58.374849
	0.75	65.723473
2018-12-31	0.25	58.142745
	0.75	65.734697
2019-03-31	0.25	58.140603
	0.75	65.855831
2019-06-30	0.25	58.039941
	0.75	65.830500
2019-09-30	0.25	57.709785
	0.75	65.844671
2019-12-31	0.25	55.063556
	0.75	65.888826
2020-03-31	0.25	57.839506
	0.75	65.931892
2020-06-30	0.25	55.020729
	0.75	65.872393
2020-09-30	0.25	56.011668
	0.75	65.862030
2020-12-31	0.25	57.866379
	0.75	65.818159

附录 C：战略与控制组结果

Date	strategy cp	strategy25p
2015-03-31	0.000000	0.000000
2015-06-30	0.010589	0.011232
2015-09-30	−0.129176	0.035653
2015-12-31	0.053056	0.013407
2016-03-31	−0.019338	0.028794
2016-08-30	0.035772	0.015504
2016-09-30	0.032710	−0.004802
2016-12-31	−0.011064	−0.045204
2017-03-31	0.056252	0.020208
2017-06-30	0.045561	0.053774
2017-09-30	0.050753	−0.036036
2017-12-31	0.030366	−0.056562
2018-03-31	−0.024924	0.021549
2018-06-30	0.02.0153	0.031809
2018-09-30	0.090377	0.043819
2018-12-31	−0.125583	0.063647
2013-03-31	0.053539	−0.048832
2018-06-30	0.002437	0.022312
2018-09-30	−0.030393	0.047094
2018-12-31	0.119144	0.051558
2020-03-31	−0.275501	0.224248
2020-06-30	0.176267	−0.117140
2020-09-30	0.027281	−0.025282
2020-12-31	0.118415	−0.110047

附录D：战略与控制组累计回报

Date	strategy cum	strategy25_cum
2015-03-31	0.000000	0.000000
2015-05-30	0.010646	0.011296
2015-09-30	-0.111825	0.048002
2015-12-31	-0.063429	0.062147
2016-03-31	-0.081367	0.093175
2016-05-30	-0.047911	0.113591
2016-09-30	-0.016253	0.10S256
2016-12-31	-0.027077	0.059274
2017-03-31	0.029220	0.050898
2017-05-30	0.0771 S3	0.146331
2017-09-30	0.133279	0.105757
2017-12-31	0.168221	0.04494S
2018-03-31	0.139464	0.067711
2018-05-30	0.162661	0.102220
2018-09-30	0.272632	0.157364
2018-12-31	0.122440	0.233422
2019-03-31	0.184172	0.174639
2019-05-30	0.137062	0.201142
2019-09-30	0.151526	0.259061
2019-12-31	0.297231	0.325678
2020-03-31	-0.015154	0.658929
2020-05-30	0.174682	0.475552
2020-09-30	0.207169	0.438716
2020-12-31	0.358924	0.288789

附录E：分位数回报

Date	strategy_cp	strategy25p	strategy 10p	strategy40p
2015-03-31	0.000000	0.000000	0.000000	0.000000
2015-06-30	0.010585	0.011232	0.056090	0.007020
2015-09-30	0.129176	0.035653	0.029815	0.022283
2015-12-31	0.053056	0.013407	0.013897	0.008379
2016-03-31	−0.019338	0.028794	−0.005253	0.017996
2016-06-30	0.035772	0.018504	−0.034652	0.011565
2016-03-30	0.032710	−0.004802	−0.018176	−0.003002
2016-12-31	−0.011064	−0.045204	−0.021108	−0.028252
2017-03-31	0.056252	0.020208	0.030085	0.012630
2017-06-30	0.045561	0.058774	0.103042	0.036734
2017-09-30	0.050753	−0.036036	0.025750	−0.022523
2017-12-31	0.030366	−0.056562	−0.048461	−0.035351
2018-03-31	−0.024924	0.021549	0.020525	0.013468
2018-06-30	0.020153	0.031809	−0.027662	0.019880
2018-09-30	0.090377	0.048819	0.050663	0.030512
2018-12-31	−0.125583	0.063647	0.045879	0.039780
2018-03-31	0.053539	−0.048832	−0.067827	−0.030520
2018-06-30	0.002437	0.022312	0.035518	0.013945
2018-09-30	−0.030393	0.047094	0.033730	0.029434
2018-12-31	0.119144	0.051558	0.096746	0.032224
2020-03-31	−0.275501	0.224248	0.299433	0.140155
2020-06-30	0.176267	−0.117140	−0.066572	−0.073212
2020-09-30	0.027281	−0.025282	0.099239	−0.015801
2020-12-31	0.118415	−0.110047	−0.081916	−0.068780

附录F：三组累计回报

Date	strategyccum	strategy25_cum	strategy10_cum	strategy40_cum
2015-03-31	0.000000	0.000000	0.000000	0.000000
2015-05-30	0.010646	0.011296	0.057693	0.007045
2015-09-30	-0.111825	0.048002	0.089703	0.029737
2015-12-31	-0.063429	0.062147	0.104952	0.038401
2016-03-31	-0.081367	0.093175	0.099163	0.057258
2016-05-30	-0.047911	0.113591	0.061727	0.069556
2016-09-30	-0.016253	0.108256	0.042604	0.066351
2016-12-31	-0.027077	0.059274	0.020327	0.036646
2017-03-31	0.029220	0.080893	0.052006	0.049821
2017-05-30	0.077193	0.146331	0.166189	0.089102
2017-09-30	0.133279	0.105757	0.196608	0.064847
2017-12-31	0.163221	0.044949	0.140003	0.027861
2018-03-31	0.139464	0.067711	0.163643	0.041798
2018-05-30	0.162661	0.102220	0.131895	0.062717
2018-09-30	0.272632	0.157364	0.190718	0.095642
2018-12-31	0.122440	0.233422	0.246620	0.140105
2019-03-31	0.184172	0.174639	0.164869	0.105835
2018-05-30	0.187062	0.201142	0.206986	0.121364
2018-09-30	0.151526	0.259061	0.248392	0.154860
2018-12-31	0.297231	0.325678	0.375204	0.192630
2020-03-31	-0.015154	0.658929	0.855279	0.372121
2020-05-30	0.174682	0.475552	0.735790	0.275254
2020-09-30	0.207169	0.438716	.916886	0.255262
2020-12-31	0.353924	0.288789	0.766121	0.171828

参考文献

Costa, J., Silva, M. C., and Freitas, T. (2022). "The role of public policy in the promotion of sustainability by means of corporate social responsibility: The case of the chemicals sector worldwide." Circular Economy and Sustainability (pp. 293‐308). Elsevier.

Duque-Grisales, E., and Aguilera-Caracuel, J. (2021). "Environmental, social and governance (ESG) scores and financial performance of multilatinas: Moderating effects of geographic international diversification and financial slack". Journal of Business Ethics, 168 (2), 315-334.

Food and Drug Administration. (2020, December 11). "FDA Takes Key Action in Fight Against COVID-19 By Issuing Emergency Use Authorization for First COVID-19 Vaccine". https://www.fda.gov/news-events/press-announ cements/fda-takes-key-action-fight-against-covid-19-issuing-emergency-useauthorization-first-covid-19.

Fredriksson, A., and Oliveira, G. M. D. (2019). "Impact evaluation using difference-in-differences." RAUSP Management Journal, 54, 519-532. Gerard, B. (2019). "ESG and socially responsible investment: A critical review". Beta, 33 (1), 61-83.

第14章 数据可视化

14.1 数据可视化基础

14.1.1 数据可视化背景

近年来，随着信息和互联网产业的快速发展，大数据掀起了一股热潮，数据可视化也成为了热点之一。人们对海量数据的挖掘、应用和分析预示了新的盈利浪潮，也为金融业的发展带来新启示。

数据可视化是利用图形直观地呈现零散而复杂的数据。如何解释挖掘收集到的各种类型数据，怎样简化复杂的数据并用直观的效果将其呈现出来，是研究人员的重要课题。可视化技术与信息表达有着密切而直接的关系，是解释复杂数据的重要方法和手段。数据可视化技术在广义上包括四个概念：数据空间、数据开发、数据分析和数据可视化。本章从狭义上研究数据可视化技术，即把收集的海量数据集用图像、图形等形式进行可视化表示，并使用相关的数据分析工具来发现挖掘潜在的信息。

数据可视化的应用工具可以分为三类：报表工具、BI分析工具和数据可视化工具。其中，类似于JReport、Excel和Fine Report的报表工具是用Smartbi软件表示的；BI（Business Intelligence）分析工具包括Style

Intelligence、BO 等；国内的数据可视化工具则以 BDP 商业数据平台、Fine BI 商业智能软件等为代表。

14.1.2　研究现状

数据可视化在国外的发展相对较早。1990 年，IEEE 举办了第一次 IEEE 可视化会议，将物理、生物医学、图形、计算机和其他跨学科领域的研究人员汇聚到一起成立学术小组，鼓励他们参与可视化研究。

近年来，国内外各行业的研究人员越来越关注可视化研究，不断突破该领域的瓶颈，为越来越多的行业（地理、天文、气象等）以及社会团体（政府、企业等）研发可视化技术。目前，国家正在推动传统数据形式向数据可视化方向发展，以进一步提高数据领域各方面的均衡发展，同时也为了利用数据可视化在分析和科普宣传方面的独特优势将数据可视化解读应用于各行各业，既能促进各行业数据的发展，也能促进当前整体规划格局的进一步完善。

数据可视化在金融分析领域有非常好的实际应用基础和发展前景（Zhang 等，2020）。数据可视化能够让研究人员掌握当前经济领域的政策变化和相应数据，同时也能建立数据之间的联系以便于进一步分析和总结，从而在现有数据的基础上对某一行业或领域的未来愿景和规划做出预测。数据可视化在当前经济领域得到了广泛应用，但仍有很大的改进空间（Marghescu，2007）。

14.2　Python 数据可视化工具

Python 是目前市场上首选的大数据分析工具。Python 有强大的数据分析功能，可以一体化实现数据的提取、收集、分析、挖掘和展示，避免了切换不同程序的麻烦。在大数据时代，Python 是通过数据分析来挖掘数据价值的好选择。它包含了主要的数据分析库，如 Numpy、Pandas、

Matplotlib、SciPy、iPython 等。数据可视化是数据探索的主要途径。数据可视化的目标是通过所选方法进行可视化呈现，以清晰有效地向用户传达信息。有效的可视化有助于分析和理解数据。这能使得复杂的数据更容易获取、理解和使用。本章主要介绍了 Python 的 4 种数据可视化工具，即 Matplotlib、Seaborn、Plotly 和 Pyecharts。

14.2.1　Matplotlib

（1）简介

Python 有许多绘图包，而 Matplotlib 在 Python 的数据可视化库中位于首位，是公认的 Python 数据可视化工具。使用 Matplotlib 设计输出二维和三维数据非常方便，它提供了传统的笛卡尔坐标、极坐标、球坐标、三维坐标等。输出图片的质量不仅能满足基础的日常绘图需要，甚至达到了科学论文绘图的质量要求。Matplotlib 是一个提供了数据绘制功能的第三方库，子库 Pyplot 主要用于绘制各种数据展示图形。

（2）基础应用

Matplotlib 是用 Python 编写的 2D 绘图库，它充分利用 Python 数据计算包快速精确的矩阵计算能力以获得较好的绘图能力。Matplotlib 是 Python 的一个 2D 绘图库，它能以各种硬拷贝格式和跨平台交互环境生成出版质量级别的图形。绘图是执行数据分析时探索模式的基本方法。Matplotlib 和 Pandas 是 2 个最常用的 Python 数据分析库，一个是基于 Numpy 的 Python 数据分析包，另一个是处理数据分析任务的工具。我们需要这些工具来高效地处理大型数据集，同时也需要大量的函数和方法来迅速简便地处理数据。

Matplotlib 是 Python 最常用的可视化工具之一，它把制作不同类型的高质量 2D 图和一些基本 3D 图变得非常容易。由于 Python 语言的强大功能，它不仅有 Matlab 的绘图能力，而且还有 Matlab 的编程能力。

本章以 lukka_dataset 的 BALR 数据（2022 第一季度）为例对 Matplotlib 可视化应用进行说明（图 14-1，图 14-2，图 14-3）。

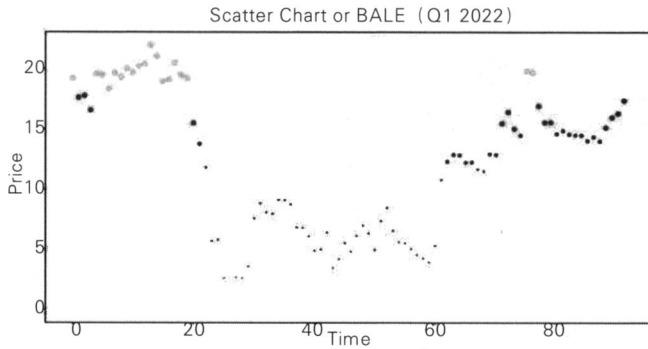

图 14-1　散点图（Matplotlib 绘图）

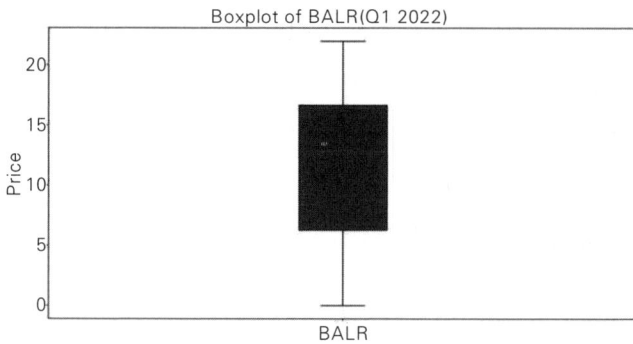

图 14-2　箱形图（Matplotlib 绘图）

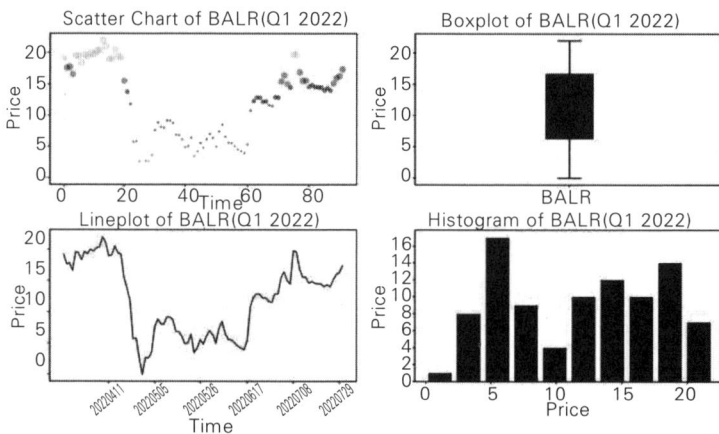

图 14-3　分块图（Matplotlib 绘图）

核心代码

```
#导入程序包
from matplotlib import pyplot
import pandas as pd
import numpy as np
pyplot.subplot（221）#分块图第一部分
size = list（）
color =list（）
for c1 in C1：# C1是股票价格列表
#定义散点的大小和颜色
if c1 <12：
size.append（c1）
color.append（"blue"）
elif c1 <15 and c1>=12：
size.append（3*c1）color.append（"black"）
elif c1 <18 and c1>=15：
size.append（5*c1）
color.append（"red"）
elif c1>=18：
size.append（6*c1）
color.append（"pink"）
pyplot.scatter（A1，C1，s=size，c=color，alpha=0.2）
#绘制散点图（A1是价格指数）
#定义x轴，y轴，标题名称
pyplot.xlabel（'Time'）
pyplot.ylabel（'Price'）
pyplot.title（'Scatter Chart of BALR（Q1 2022）'）
```

核心代码

```
pyplot.subplot（222）#分块图第二部分

pyplot.boxplot（x=C1，#确定绘图数据

patch_artist=True，#使用自定义填充箱形图

colour，default white fill

labels = ［'BALR'］,

boxprops= {'color'：'black'，'facecolor'：'#9999ff'}，#设置箱形

properties，fill colour and border colour

flierprops= {'marker'：'o'，'markerfacecolor'：'red'，'color'：

'black'},

#设置离群值的属性，点的形状、填充颜色和边框颜色

meanprops= {'marker'：'D'，'markerfacecolor'：'indianred'},

#设置平均值点的属性，点的形状、填充颜色

medianprops= {"linestyle"：'--'，'color'：'orange'}

#设置中值线的属性，线的类型和颜色

）

pyplot.ylabel（'Price'）

pyplot.title（'Boxplot of BALR（Q1 2022）'）
```

核心代码

```
pyplot.subplot（223）#分块图的第三部分

pyplot.plot（tm_rng，C1）#tm_rng是股票日期列表

pyplot.xticks（fontsize=10）#设置水平坐标字体大小

pyplot.xticks（rotation=45）#旋转45度

pyplot.xlabel（'Time'）

pyplot.ylabel（'Price'）

pyplot.title（'Lineplot of BALR（Q1 2022）'）

pyplot.subplot（224）#分块图第四部分
```

pyplot.hist（C1，bins=10，rwidth=0.8）#调整数据分布的信息级别和列间距

pyplot.xlabel（'Price'）

pyplot.ylabel（'count'）

pyplot.title（'Histogram of BALR（Q1 2022）'）

14.2.2 Seaborn

（1）简介

Seaborn是一个基于Matplotlib的Python图形可视化包。它在Matplotlib的基础上封装了一个更高级的API，并提供了一个高度交互性的界面，这使得绘图变得更简单同时还允许用户制作各种吸睛图表。它与Numpy和Pandas等数据结构和统计模型高度兼容，比如Scipy和Statsmodels。利用Matplotlib的强大功能，只需几行代码就能制作漂亮的图表。Seaborn与Matplotlib的主要区别在于，Seaborn有默认样式以及更美观、现代化的调色板设计。

（2）基础应用

Seaborn通过对Matplotlib的高级API封装，简化了图形的创建过程，使得绘制图表变得更为方便。在大多数情况下，用Seaborn可以制作更有吸引力的图，而用Matplotlib可以制作有更多特色的图形。Seaborn应该被视为Matplotlib的补充，而不是替代品。它还能与Numpy和Pandas的数据结构及Scipy和statsmodels等统计模型高度兼容。

它有如下特点：

•基于Matplotlib美学绘图风格，增加了一些绘图模式；

•增加调色板功能，用彩色图像显示数据中的模式；

•用数据子集来绘制和比较单变量及双变量分布；

•用聚类算法可视化矩阵数据；

•灵活处理时间序列数据；

• 用网格创建复杂的图像集。

本章以lukka_dataset的BNT数据（Q1 2020）为例对Seaborn的可视化应用进行说明（见图14-4，图14-5，图14-6）。

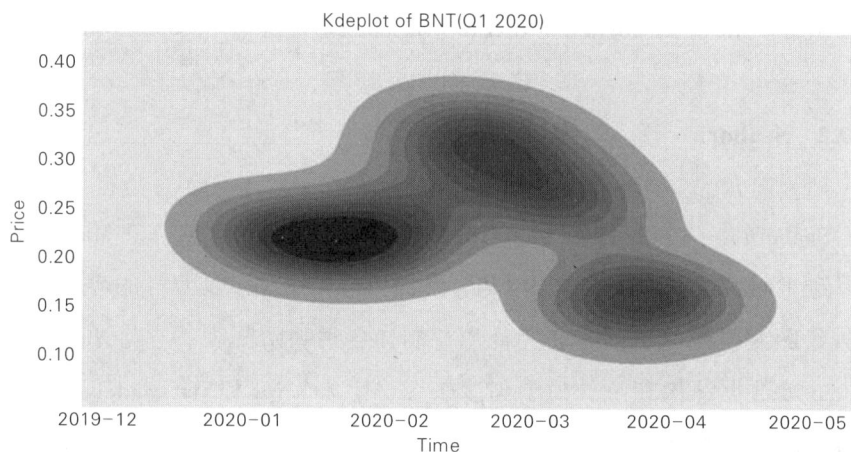

图14-4 核密度估计图（Seaborn绘图）

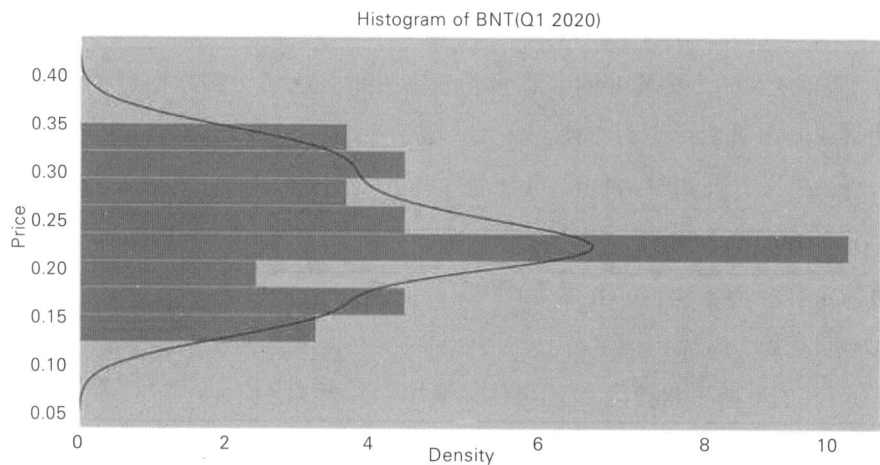

图14-5 直方图（Seaborn绘图）

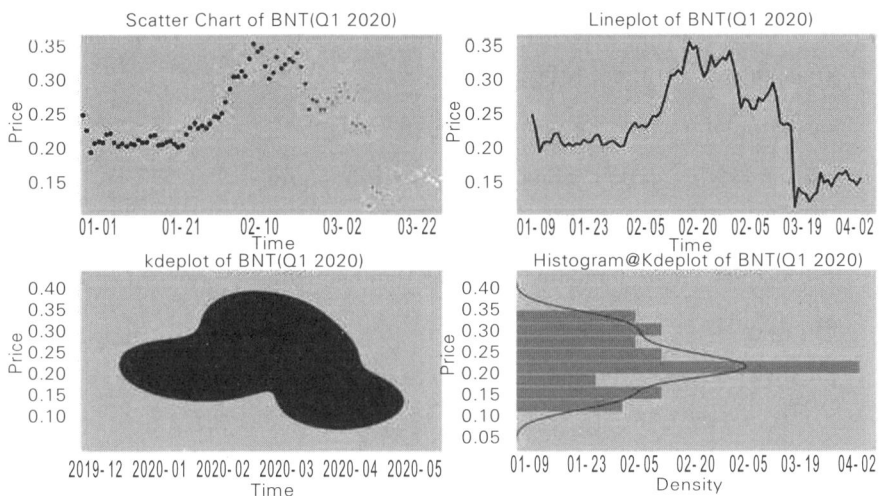

图14-6 分块图（Seaborn绘图）

核心代码

plt.subplot（223）#分块图第三部分

y=np.random.randn（100）

#cbar：如果参数为True，将添加一个颜色条（颜色组仅在二进制kde
图像中可用）

sns.kdeplot（x=tm_rng，y=C1，shade=True）

plt.xlabel（'Time'）

plt.ylabel（'Price'）

plt.title（'Kdeplot of BNT（Q1 2020）'）.

核心代码

plt.subplot（224）#分块图的第四部分

sns.distplot（C1，kde_kws= {"label": "KDE"}，vertical=True，color="y"）

#参数接收字典类型，在x轴上绘制，颜色为黄色

plt.ylabel（'Price'）

plt.title（'Histogram&Kdeplot of BNT（Q1 2020）'）

核心代码

```
plt.subplot（221）#分块图第一部分

sns.stripplot（x=tm_rng，y=C1，palette='hot'）

sns.set（style='dark'）#Chart theme style dark grid

ax = plt.gca（）#Get the axes

ax.xaxis.set_major_formatter（mdates.DateFormatter（'%m-%d'））

#格式为月-日的x轴坐标

plt.xticks（range（1，len（tm_rng），20），rotation=45）

#从第一个数字开始显示间隔20，旋转45度

plt.xlabel（'Time'）

plt.ylabel（'Price'）

plt.title（'Scatter Chart of BNT（Q1 2020）'）

plt.subplot（222）#分块图第二部分

sns.lineplot（x=tm_rng，y=C1）

ax = plt.gca（）

ax.xaxis.set_major_formatter（mdates.DateFormatter（'%m-%d'））

plt.xlabel（'Time'）

plt.ylabel（'Price'）

plt.title（'Lineplot of BNT（Q1 2020）'）
```

14.2.3　Plotly

（1）简介

Plotly是一个在线数据分析和可视化工具，旨在促进更好的协作体验，提供在线绘图、分析和统计功能。该工具使用Python开发，其用户界面采用JavaScript，以及基于D3.js、HTML和CSS的可视化库构建。Plotly包括多语言兼容的科学绘图库，如Arduino，Julia，MATLAB，Python和R。Plotly是一个开源、交互式、基于浏览器的Python绘图库，可以生成能在仪表板或网站中使用的交互式图表（可以保存为HTML文件或静态图像）。

它是一个高级绘图库，优势是制作交互式图表，有30多种图表类型，并提供了一些在多数绘图库中没有的图表，如等高线图、树状图、科学图表、统计图表、3D图、金融图等。Plotly绘制的图形可以直接在Jupiter中查看，亦可保存为离线网页，或上传至http：//plot.ly云服务器以便在线查看。

（2）基础应用

本节将主要阐述Plotly参数的含义。随着Plotly版本的迭代更新，一些参数的使用会有轻微改动。更多详细信息，请访问https：//plotly.com/python/creating-and-updating-figures/。Plotly有两种绘图方法，一种是原始图形对象，另一种是Plotly Express。本节使用Plotly Express，它是前者的高级版本，加入了许多复杂操作，并且能直接使用Pandas。Dataframe数据结构使用范围更加广泛。

Plotly绘制基本图形的步骤模板包括：

•添加图轨数据，如scatter等。

•设置画图布局，如layout。

•集成图轨，布局数据，如data，figure。

•进行绘图并输出，使用offline.iplot。其中，pyplt可作为自定义的简化命令（图14-7）。

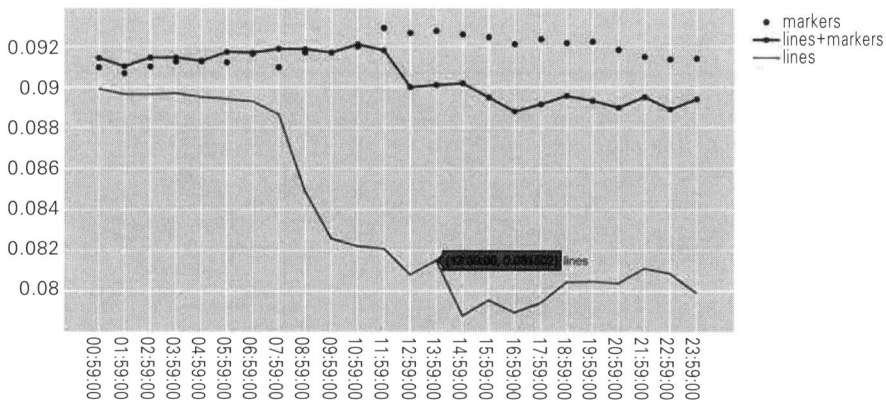

图14-7   在同一画布上绘制不同图形（散点图、折线图、散点+折线图）

核心代码

```
#准备，导入库
import plotly.graph_objs as go
import chart_studio.plotly as py
import cufflinks
from plotly.offline import iplot
#绘图
pyplt = py.offline.iplot
trace0 = go.Scatter(
x = Y1 ['Hour'],
y = Y1 ['Price'],
mode = 'markers', #纯散点图
name = 'markers' #图形名称
)

trace1 = go.Scatter(
x = Y1_2 ['Hour'],
y = Y1_2 ['Price'],
mode = 'lines+markers', #散点图+折线图
name = 'lines+markers'
)

trace2 = go.Scatter(
x = Y1_3 ['Hour'],
y = Y1_3 ['Price'],
mode = 'lines', #绘制折线图
name = 'lines'
)

data = [trace0，trace1，trace2]
```

pyplt（data）

图 14-8 是不同策略下的股权曲线，数据随机生成，通过布局面板设置坐标轴和布局。在网页中图形的右上角可以与用户交互，并进行图形的局部放大和缩小操作。

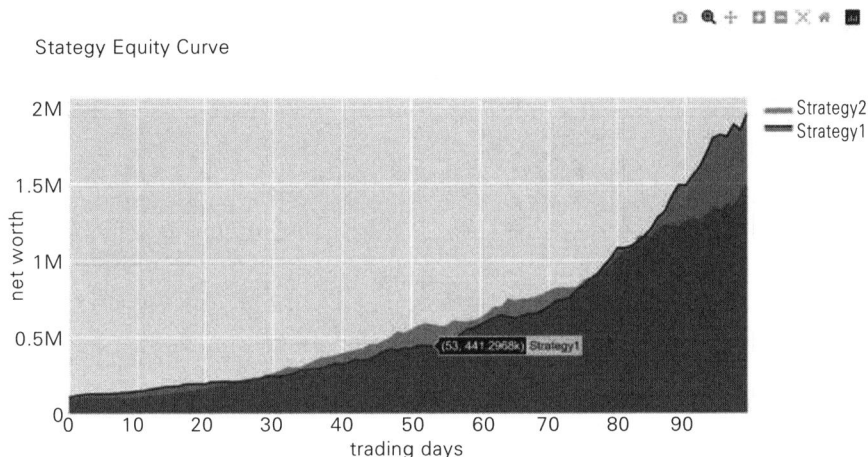

图 14-8　面积图（Plotly 绘图）

核心代码

```
trace1 = go.Scatter(

y = total1,

fill = 'tonexty',

name = "Strategy1"

)

trace2 = go.Scatter(

y = total2,

fill = 'tozeroy',

mode= 'none', # no border

name = "Strategy2"
```

)

data = ［trace1，trace2］

layout = dict（title = ′Strategy Equity Curve′，

x axis = dict（title = ′trading days′），

y axis = dict（title = ′net worth′），

)

fig = dict（data = data，layout = layout）

pyplt（fig）

图14-9引用了来自Plotly官网的示例，在画布上绘制条形图和折线图，并设置了不同的布局和相关注释。核心代码引用https：//plotly.com/python/。

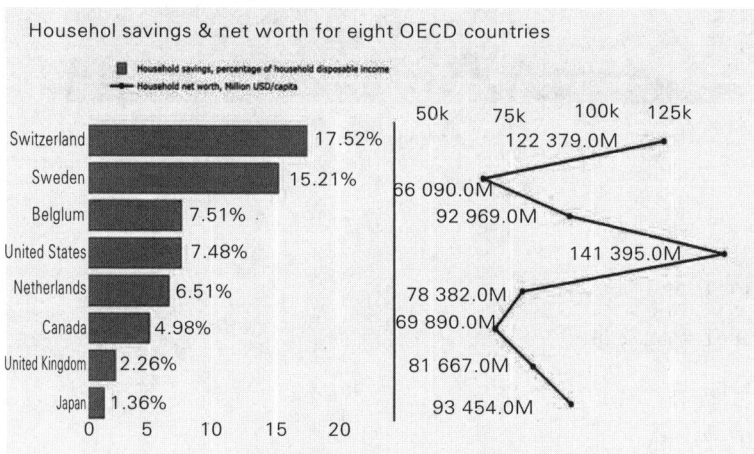

图 14-9　水平条形图和折线图（Plotly 绘图）

14.2.4　Pyecharts

（1）简介

Pyecharts 是基于 Echarts 图表库开发的、用于生成 Echarts 图表的第三方模块。Echarts 是由百度开发的一个数据可视化开源 JS 库，它因良好的交互性和复杂的图表设计得到许多开发人员的认可。更重要的是，Echarts的文档都是中文编写的，对于英语不好的开发人员来说特别友好。Pyecharts实际上是Echarts和Python的对接（Cao等，2021）。

（2）基础应用

绘制Pyecharts的三种方法：

☆生成HTML文件

导入第三方直方图库：from pyecharts.chart import Bar；

Pyecharts中的一切都是全局配置项：from pyecharts import options as opts。

☆直接显示在Jupyter notebook上

render_notebook：直接在Jupyter notebook上显示；

reverse_axis：变换x轴和y轴。

☆生成图片文件

安装软件：pip install snapshot_selenium –i https://pypi.douban.com/simple；

配置环境变量：需要将chromedriver驱动放到PATH环境变量下；

渲染图片：导入snapshot；

make_snapshot：直接生成和保存图片（参见图14-10和图14-11）。

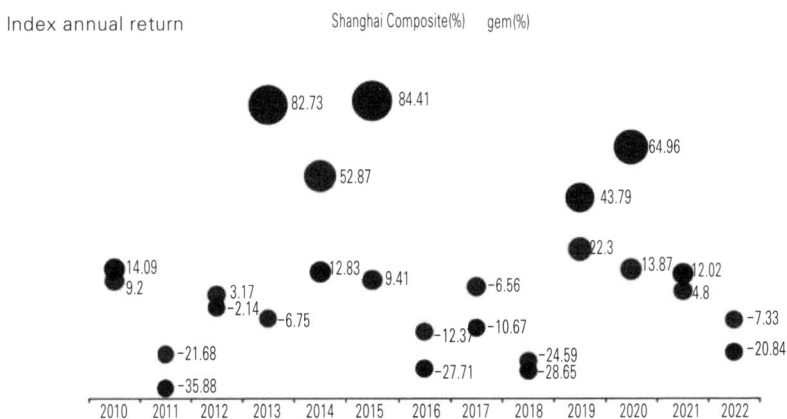

图 14-10 散点图（Pyecharts绘图）

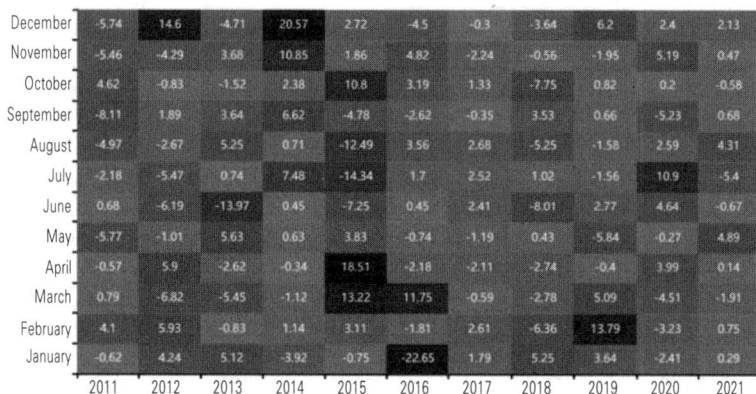

图 14-11　热力图（Pyecharts 绘图）

收集相关数据，制作类似图 14-10 和图 14-11 的简单图表：

核心代码

```
#准备，导入库
from pyecharts.charts import *
from pyecharts import options as opts
from pyecharts.commons.utils import JsCode
import talib as ta
import tushare as ts#开源数据，其中一个数据源
from datetime import datetime
import time
#创业板和上证综指的年收益率数据
#sss.head（）
g = (
Scatter（）
.add_xaxis（［str（d）for d in sss.index.year］）
.add_yaxis（"Shanghai Composite（%）"，sss［'上证综指'］. tolist
（））
```

```python
    .add_yaxis（"gem（%）"，sss［'创业板'］.tolist（））
    .set_global_opts（
    title_opts=opts.TitleOpts（title="Index annual return"），
    visualmap_opts=opts.VisualMapOpts（type_="size"，
    is_show=False），
    xaxis_opts=opts.AxisOpts（type_="category"，
    axisline_opts=opts.AxisLineOpts（is_on_zero=False），
    ），
    yaxis_opts=opts.AxisOpts（is_show=False，））
    ）
g.width = "100%"
g.render_notebook（）
```

核心代码

```python
heat_data=（index_price/index_price.shift（1）-1）.to_period（'M'）
heat_data=heat_data.groupby（heat_data.index）.apply（lambda x:
（（（（1+x）.cumprod（）-1）.iloc［-1］）*100）.round（2））
heat_data=heat_data［'2011'：'2021'］
#heat_data.tail（）
value = ［［i，j，heat_data［'上证综指'］［str（2011 + i）+ '-' + str
（1 + j）］］ for i in range（11） for j in range（12）］.
year=［str（i） for i in range（2011，2022）］
#month = ［str（i）+ '月' for i in range（1，13）］.
month = ['January'，'February'，'March'，'April'，'May'，'
June'，'July'，'August'，'September'，'October'，'November'，'
December']
g =（HeatMap（）
    .add_xaxis（year）
```

```
.add_yaxis（""，month，value，

label_opts=opts.LabelOpts（is_show=True，position="inside"），)

.set_global_opts(

title_opts=opts.TitleOpts（title="Shanghai Composite Index Monthly Yield
（%）"），

visualmap_opts=opts.VisualMapOpts（is_show=False，min_=-30，max_
=30,）））

g.render_notebook（）
```

图14-12显示了2011年至2021年上证综指的月收益。热力图的不同
颜色表示不同收益。颜色越深，收益的绝对值越高。

仪表板图形能够显示数据的当前水平，设计人员在绘制图表时需要将
间隔长度转换为弧度。

图14-12　仪表盘（Pyecharts绘图）

核心代码

```
gauge =（Gauge（）
```

```
.add（""，[（""，34）]）
)
```

gauge.render_notebook（）

14.3　数据分布图

14.3.1　统计直方图

　　直方图是一种统计图表。横轴表示数据类型，纵轴表示数据分布，通常用来估计连续变量（定量变量）的概率分布。例如，直方图可以检验数据是否满足正态分布（钟形对称分布有很大概率满足正态分布）。在描述数据时，绘制直方图是常用方法之一。本章将在绘制之前图形的基础上，辅以 Plotly 和 Matplotlib 绘制直方图（参见图 14-13 和图 14-14）。

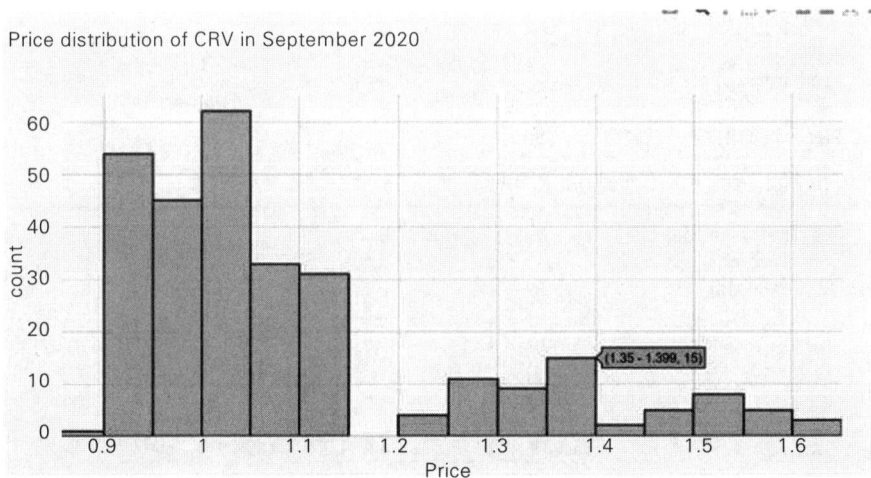

图 14-13　直方图（Plotly 绘图）

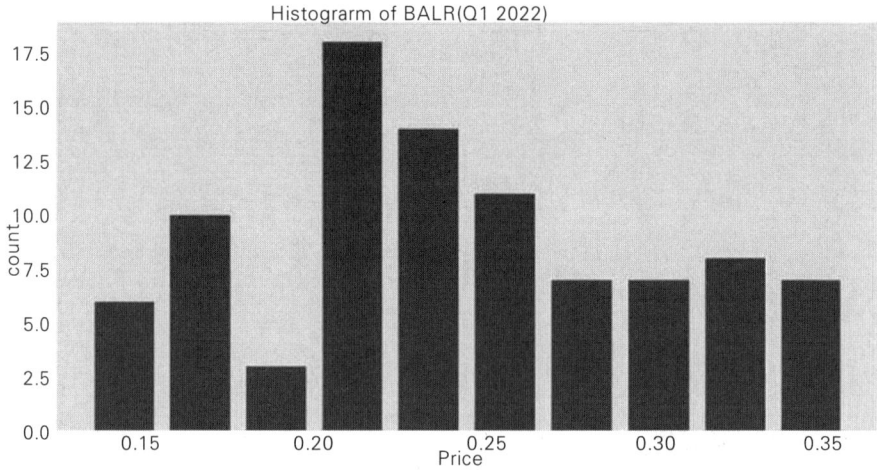

图 14-14　直方图（Matplotlib 绘图）

cufflinks.go_offline（）

cufflinks.set_config_file（world_readable=True，theme='pearl'）

Y［'Price'］. iplot（kind='hist'，xTitle='Price'，yTitle ='count'，title='Price distribution of CRV in September 2020'，width=2，colors='lightblue'）

pyplot.hist（C1，bins=10，rwidth=0.8）

pyplot.xlabel（'Price'）

pyplot.ylabel（'count'）

pyplot.title（'Histogram of BALR（Q1 2022）'）

14.3.2　箱形图

箱形图是一种用来显示一组数据分散情况的统计图，以箱子形状而得名。它主要反映原始数据的分布特征，也可以比较多组数据的分布特征。箱形图的绘制方法如下：找到一组数据的最大值、最小值、中位数和两个四分位数；然后将两个四分位数连接起来画一个箱形；并将最大值和最小值连到箱形上，中位数在箱形中间。

图 14-15 展示了 2022 年 1 月 4 日至 2022 年 4 月 25 日的股票价格分布。在网页上生成图表时，用鼠标点击某个时间点的箱形将显示该时间点股价分布。

图 14-15　箱形图（Pyecharts 绘图）

```
#计算指标
def get_data（code，start='2021-01-01'，end="）:
df=get_price（code，start，end）
df［'ma5'］=df.close.rolling（5）.mean（）
df［'ma20'］=df.close.rolling（20）.mean（）
df［'macd'］，df［'macdsignal'］，df［'macdhist'］
=ta.MACD（df.close，fastperiod=12，slowperiod=26，signalperiod=9）
return df.dropna（）.round（2）
df=get_data（'sh'）
#df.head（）
g =（Kline（）
```

```
.add_xaxis（df［′2022′:］. index.strftime（′%Y%m%d′）.tolist（））
#Y-axis data，default open，close，low，high，converted to list format
.add_yaxis（""，y_axis=df［［′open′，′close′，′low′，′high′］］
［′2022′:］. values.tolist（））
）
g.render_notebook（）
```

14.3.3 散点图和折线图

本节将散点图和折线图放在一起，是因为绘制折线图就是将各个坐标点连接起来，两者都能反映数据的波动。图 14-16 和图 14-17 显示了同一种加密货币的价格在 3 天的变化。

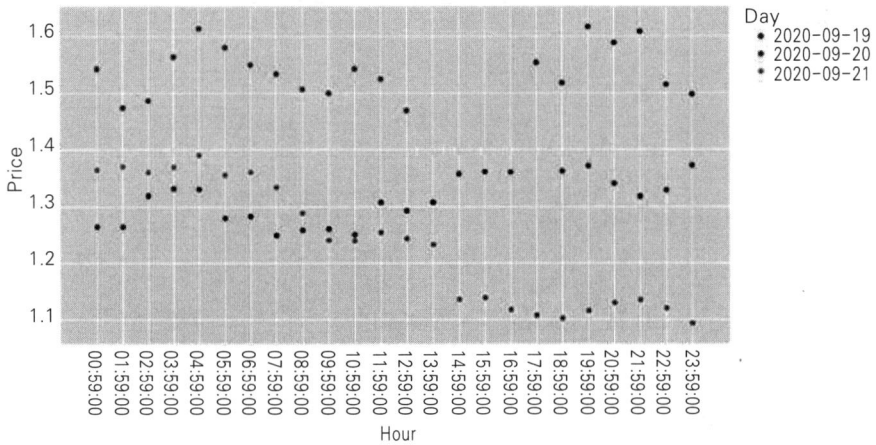

图 14-16 散点图（Plotly 绘图）

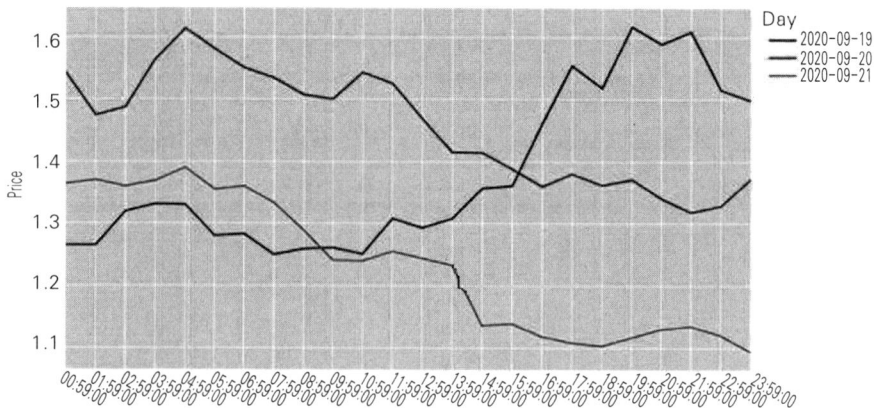

图 14-17　折线图（Plotly 绘图）

图 14-18 和图 14-19 分别使用 Matplotlib 和 Seaborn 绘制了折线图和散点图。从绘图结果来看，不同的库绘制的图形在颜色和布局上都有所不同。

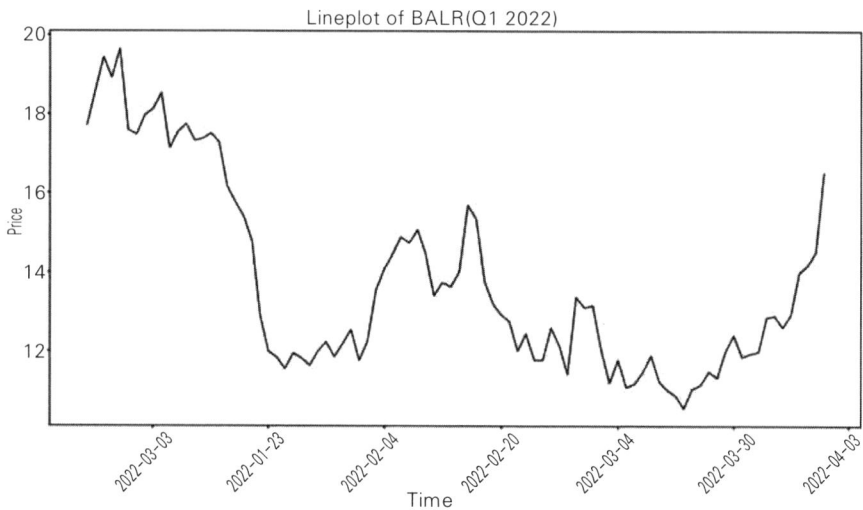

图 14-18　折线图（Matplotlib 绘图）

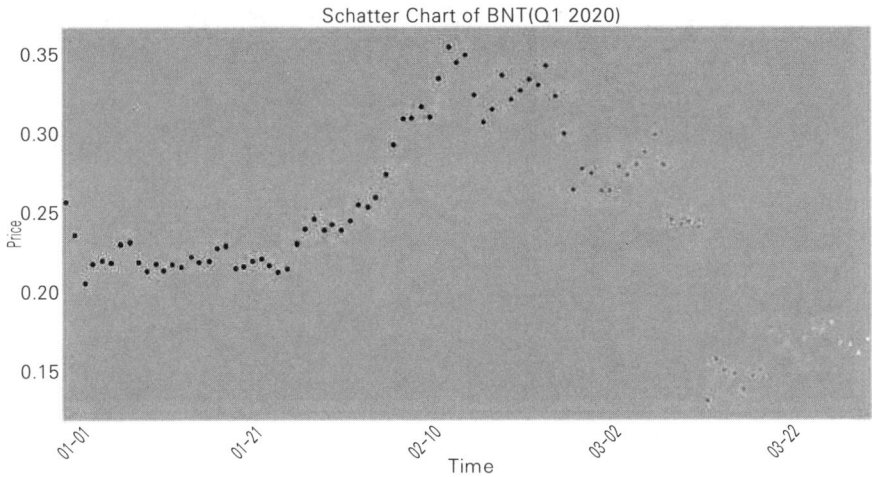

图14-19　散点图（Seaborn绘图）

平面设计师可以根据自己的喜好和实际情况选择不同工具来绘图（参见图14-20）。

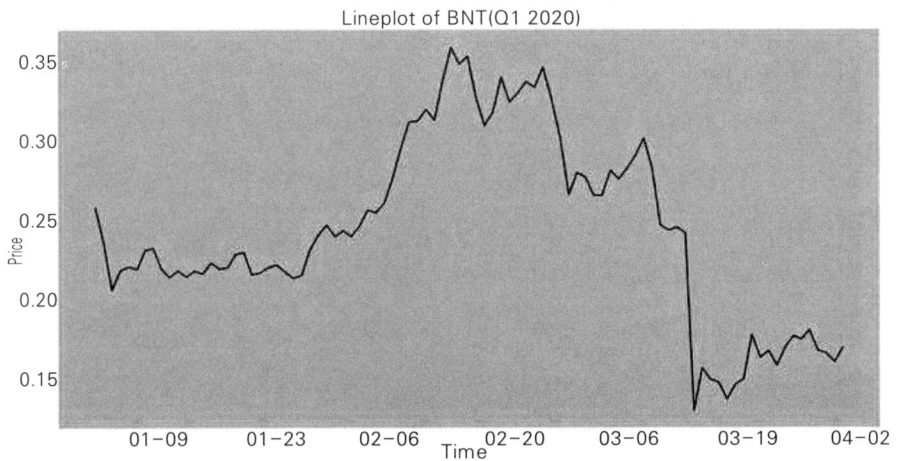

图14-20　折线图（Seaborn绘图）

```
import plotly.express as px
fig = px.scatter（y，x=y［'Hour'］，y=y［'Price'］，color=y［'Day'］）
fig.show（）
fig = px.line（y，x=y［'Hour'］，y=y［'Price'］，color=y［'Day'］）
fig.show（）
pyplot.plot（tm_rng，C1）
pyplot.xticks（fontsize=10）
pyplot.xticks（rotation=45）
pyplot.xlabel（'Time'）
pyplot.ylabel（'Price'）
pyplot.title（'Lineplot of BALR（Q1 2022）'）
sns.stripplot（x=tm_rng，y=C1，palette='hot'）
sns.set（style='dark'）
ax = plt.gca（）
ax.xaxis.set_major_formatter（mdates.DateFormatter（'%m-%d'））
plt.xticks（range（1，len（tm_rng），20），rotation=45）
plt.xlabel（'Time'）
plt.ylabel（'Price'）
plt.title（'Scatter Chart of BNT（Q1 2020）'）
sns.lineplot（x=tm_rng，y=C1）
ax = plt.gca（）
ax.xaxis.set_major_formatter（mdates.DateFormatter（'%m-%d'））
plt.xlabel（'Time'）
plt.ylabel（'Price'）
plt.title（'Lineplot of BNT（Q1 2020）'）
```

14.3.4 柱形图

柱形图的形状类似于直方图，但两者不能混淆。柱形图的纵轴和直方图的纵轴不同。直方图的纵轴是计数，表示频率；而柱形图显示数据本身的大小。不同年份的股价数据绘制如图14-21所示。

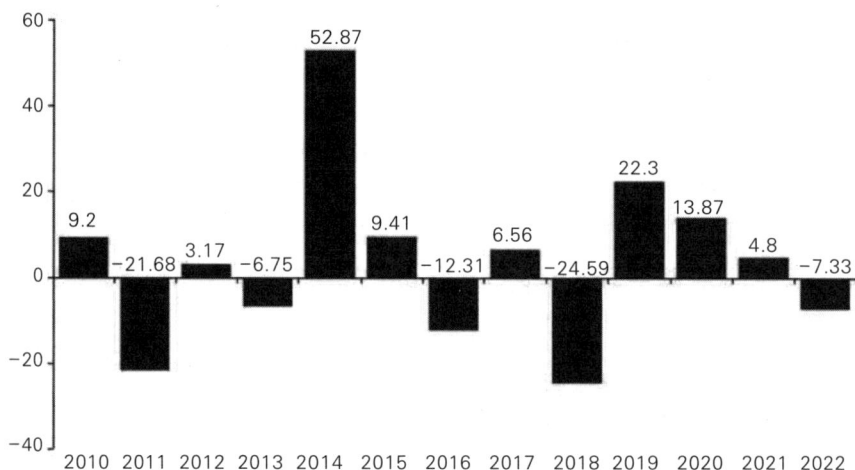

图14-21　柱形图（Pyecharts绘图）

```
indexs = {'上证综指'：'sh'，'创业板'：'cyb'}

index_price=pd.DataFrame（{index：get_price（code）.close for index,
code in indexs.items（）}）.dropna（）

#index_price.head（）

#指数年收益直方图

index_ret=index_price/index_price.shift（1）-1

ss=index_ret.to_period（'Y'）

sss=（ss.groupby（ss.index）.apply（lambda

（（1+x）.cumprod（）-1）.iloc[-1]）*100）.round（2）
```

```
g= (Bar ())

.add_xaxis (sss.index.strftime ('%Y') .tolist ())

.add_yaxis ("", sss ['上证综指']. tolist ())) .

g.render_notebook ()
```

14.3.5 小提琴图

从形状上看，小提琴图是一个组合图。两边的等高线可以显示数据的
分布特征，中间是一个箱形图，显示中位数和上下四分位数。"肚子"越
胖，表示数据越集中。散点表示每个单独的数据。如果组中有大量数据，
只用散点图来表示会很杂乱，而小提琴图会更清晰。即使数据不是正态分
布，用小提琴图表示也非常适合并且美观（图14-22）。

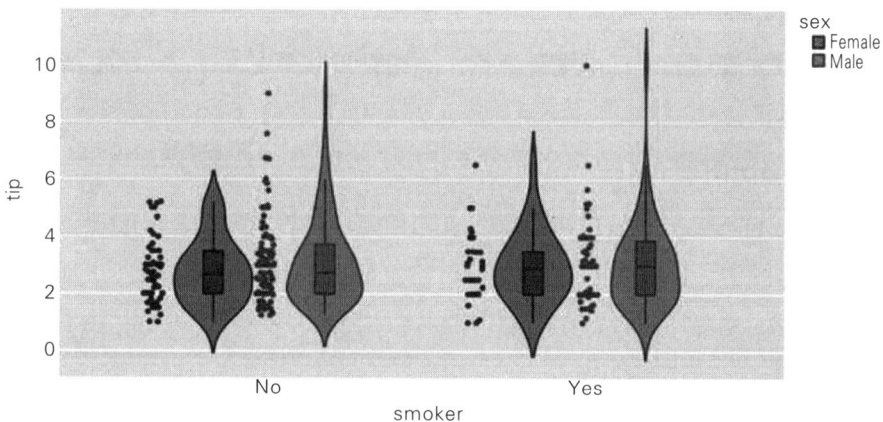

图14-22 小提琴图（Plotly绘图）

```
df_2 = px.data.tips ()

fig = px. violin (df_2, y="tip", x="smoker", color="sex", box=True,
points="all", hover_data=df_2.columns)

fig.show ()
```

14.4 金融数据案例分析

14.4.1 数据来源

本节中使用的一个主要数据来源是"Lukka_dataset.xlsx"文件，该文件记录了各种加密货币的价格变化情况。这些数据在之前的章节绘图中使用过。另一个数据来源是 Tushare 包提供的公开股票数据。Tushare 是一个易于使用的接口包，允许在 Python 中自由调用股票数据。网址是 https：//tushare.pro/register? reg=427001。通过简单的接口调用就能获得相应的 DataFrame 格式数据，主要包括以下数据：历史市场数据、历史复权数据、市场实时数据、历史交易数据、实时报价数据、当日历史交易数据、主要市场指数列表、大额订单交易数据。绘图结果展示在 Jupyter notebook 里。

14.4.2 金融图表

图 14-23 是上证综指从 2000 年 1 月 4 日至 2021 年 2 月 2 日的变化趋势图。K 线图的不同颜色代表不同的价格范围。[①]其中，图上标注了最大值（6 092.06）和最小值（1 011.5）。该指数在 2006 年 5 月和 2014 年 10 月左右进入牛市，均值为 2 548.31。

#将不同的点设置成不同的颜色

des=sh.close.describe（）

v1，v2，v3=np.ceil（des［′25%′］），np.ceil（des［′50%′］），np.ceil（des［′75%′］）

pieces=［｛"min"：v3，"color"："red"｝，

｛"min"：v2，"max"：v3，"color"："blue"｝，

_____

①此图由于黑白印刷颜色无法区分—编者注。

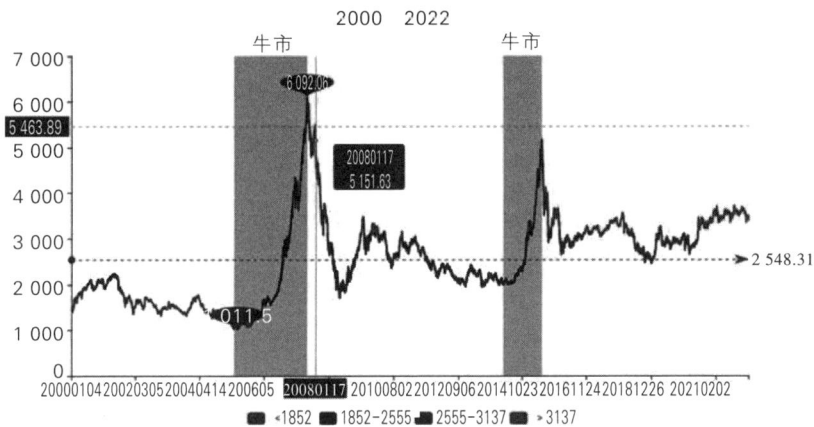

图 14-23　上证综指趋势图

{"min"：v1，"max"： v2，"color"： "black"}，

{"max"： v1，"color"： "green"}，]

chain call scope （）

g = （

Line （ {'width'： '100%'， 'height'： '480px'} ） # Set the canvas size，
px pixels

.add_xaxis （xaxis_data=sh.index.strftime （'%Y%m%d'） .tolist （ ） ） #x
轴数据

.add_yaxis(

series_name=""， # sequence name

y_axis=sh.close.values.tolist （）， #add y data

is_smooth=True， # smooth curve

is_symbol_show=False， # Small circles that do not display polylines

label_opts=opts.LabelOpts （is_show=False），

linestyle_opts=opts.LineStyleOpts （width=2）， # Line width

markpoint_opts=opts.MarkPointOpts （data= [#add marker

```
opts.MarkPointItem（type_='max'，name='max'），

opts. MarkPointItem （type_ = 'min'， name= 'min'），］， symbol_size=
［100，30］），

markline_opts=opts.MarkLineOpts（#Add mean guideline

data=［opts.MarkLineItem（type_="average"）］,））

.set_global_opts（#Global parameter settings

title_opts=opts. TitleOpts （title= 'Shanghai Composite Index Trend'，
subtitle='2000-2022'， pos_left='center'），

tooltip_opts=opts. TooltipOpts （trigger= "axis"， axis_pointer_type=
"cross"），

visualmap_opts=opts.VisualMapOpts（#Visual Mapping Configuration

orient = "horizontal"， split_number = 4，

pos_left='center'， is_piecewise=True，

pieces=pieces,），）

.set_series_opts(

markarea_opts=opts.MarkAreaOpts（#Tag area configuration item

data=[

opts.MarkAreaItem（name="bull market"， x= （"20050606"， "
20071016"）），

opts.MarkAreaItem（name="bull market"， x= （"20140312"， "
20150612"）），］,））)

#用 jupyter notebook 展示图形

g.render_notebook （）
```

图 14-24 显示了 2010 年至 2022 年期间上证综指和标普香港创业板指
数（GEM）的月收益率。柱形图纵轴表示收益。在网页上生成时间序列
数据时，可以如图所示设置左右滑动，还可以任意选择感兴趣的时间段来
观察数据特征。

```
g = （Bar（）
    .add_xaxis（sss.index.strftime（'%Y'）.tolist（））
    .add_yaxis（"Shanghai Composite"，sss［'上证综指'］. tolist（），
gap = "0%"）.
```

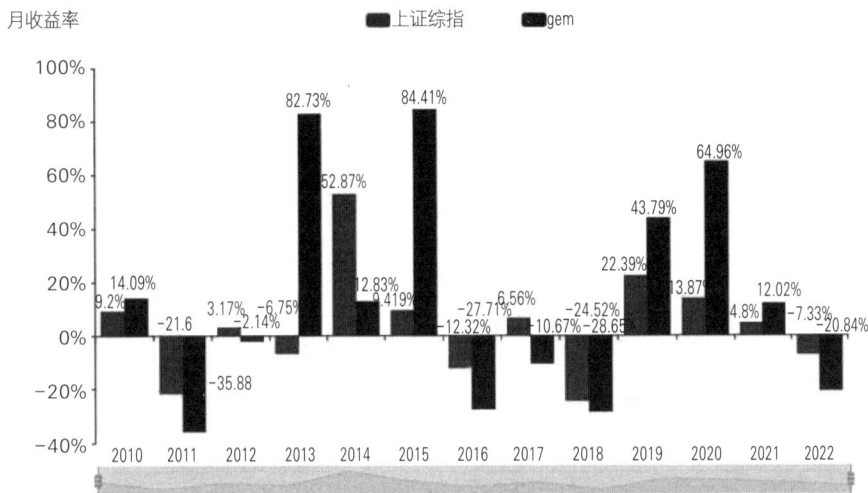

图 14-24　上证综指和 GEM 月收益率

```
    .add_yaxis（"gem"，sss［'创业板'］. tolist（），gap = "0%"）.
    #添加全局配置项
    . set_global_opts（title_opts=opts. TitleOpts（title= "index monthly
return"），
    datazoom_opts=opts.DataZoomOpts（），#区域缩放配置项
    yaxis_opts=opts.AxisOpts（axislabel_opts=opts.LabelOpts
（formatter=" ｛value｝ %"）））
    .set_series_opts（#Add sequence configuration item
    label_opts=opts.LabelOpts（is_show=True，formatter='｛c｝ %'）））
    g.width = "100%" # Set canvas scale
```

g.render_notebook（）

图 14-25 是股票市场的 k 线图，用不同颜色区分股票的上涨和下跌。在每个时间节点上，它可以反映开盘价、收盘价、最高价和最低价。其他设置与前面类似。

图 14-25　K 线图

```
def draw_kline（data）:
g =（Kline（）
.add_xaxis（data.index.strftime（'%Y%m%d'）.tolist（））
.add_yaxis（series_name="",
y_axis=data［［'open'，'close'，'low'，'high'］］. values.tolist（），
itemstyle_opts=opts.ItemStyleOpts(
color="red"，#Set the positive line to red
color0="green"，#Set the negative line to green
border_color="red"，
```

```
border_color0="green",),

markpoint_opts=opts.MarkPointOpts（data=[

opts.MarkPointItem（type_='max', name='max'),

opts.MarkPointItem（type_='min', name='min'),]),

#添加辅助线

markline_opts=opts.MarkLineOpts(

data=[opts.MarkLineItem（type_="average",

value_dim="close")],),）

.set_global_opts(

datazoom_opts=[opts.DataZoomOpts（）],#Slide module option

title_opts=opts.TitleOpts（title="Stock K line

chart", pos_left='center'),)）

return g

draw_kline（df）.render_notebook（）
```

14.5 总结

对于复杂且难以理解的数据，使用图表形式可以更直观地展示数据背后的关键信息。适当的可视化工具能帮助我们快速识别规律并寻找原因，而不恰当的工具则可能误导决策过程。为了更好地利用数据可视化工具，必须首先了解什么是数据可视化以及它可以做什么。可视化以符合人直觉的方式来表示数据，利用颜色、形状、大小、位置、长度等直观显示数据的重点、逻辑、趋势，从而发现问题，指导有价值的决策。可视化的最终目的是做决策，而不能用于数据决策的可视化都是让人眼花缭乱的技能或是看数据的不同方式。尽管还有许多其他的可视化工具，但本书因篇幅限制不进行介绍。

参考文献

Cao，S.，Zeng，Y.，Yang，S.，and Cao，S.（2021）．"Research on Python Data Visualization Technology." Journal of Physics： Conference Series，1757（1），012122）．IOP Publishing.

Marghescu， D.（2007）． "Multidimensional Data Visualization Techniques for Financial Performance Data： A Review." TUCS Technical Report，810.

Zhang，Y.，Hou，S. H. U.，Liu，H.，Wang，S.，and Zhang，X.（2020）．"Research on Application of Data Visualization in Finance." DEStech Transactions on Engineering and Technology Research （acaai）．

第15章 通过 AWS Lambda 的 Python 函数与 MongoDB 数据库交互

15.1 MongoDB

15.1.1 简介

MongoDB 是计算机软件行业中一个流行、可信、面向文档的数据库，有超过 4 000 万次的下载量[①]。MongoDB 的著名企业用户包括：谷歌、Facebook 和 Adobe[②]。根据 Enlyft 预测，有超过 38 000 家公司使用MongoDB[③]。从医疗保健行业到零售行业，MongoDB 的统计用户范围甚至超过了计算机软件行业。

MongoDB 的数据存储在层次结构中：数据库（database）是最大的层次，集合（collection）存储在数据库中，而包含键值对（key-value pair）的文档（document）存储在集合中。由于文档包含 MongoDB 的集合索引，

---

① MongoDB. What is MongoDB? https：//www. mongodb. com/what-is-mongodb, 2013 ［Online； accessed 2-January-2020］.
② MongoDB. Our customers. https：//www.mongodb.com/who-uses-mongodb, 2013 ［Online； accessed 2-January-2020］.
③ Enlyft. Companies using MongoDB. https：//enlyft. com/tech/products/mongodb, 2010 ［Online； accessed 2-January-2020］.

因此它被称为文档数据库[①]。MongoDB 也是一个云数据库，允许程序员使用它们的基础设施、身份验证系统和其他安全协议，比如 TLS/SSL 加密，而不需要创建一个本地主机。[②]

MongoDB 是一个 NoSQL 数据库。当存储大量数据时，MongoDB 等 NoSQL 数据库比 SQL 数据库检索数据的速度更快。与 SQL 不同，MongoDB 也没有模式限制，这使得数据存储更加灵活。无模式限制的数据库不限制数据类型，允许存储结构化和非结构化数据。MongoDB 的数据以 BSON（Binary JSON）键值对的形式存储在文档中。

15.1.2　MongoDB 定价

MongoDB 为小型项目提供了一个不错的免费集群。免费集群有一个共享 RAM 和 512MB 的数据库存储空间。后面几节中展示的代码示例创建的文档大小约为 2KB，因此假设不考虑其他默认数据库的大小，它最多可以存储 216 000 个空闲条目。如果担心存储条目的大小，可以对数据库进行限制。

15.1.3　创建 MongoDB 数据库

15.1.3.1　基于上市公司信息披露的基础因素分析

要创建 MongoDB 的实例，我们需要一个 MongoDB 账户。创建 MongoDB 账户，首先进入网址 www.mongodb.com 并点击页面右上角的"Try Free"，再按 MongoDB 的要求提供工作电子邮件、姓名和密码。完成这些步骤后，就能创建一个 MongoDB Atlas 账户，即可使用它们的免费服务（如图 15-1 所示）。

---

① MongoDB. What is MongoDB? https: //www. mongodb. com/what-is-mongodb，2013［Online；accessed 2-January-2020］.
②Tim Vaillancourt. The definitive guide to MongoDB security. https: //opensource.com/article/19/1/mongodb-security，2019［Online；accessed 2-January-2020］.

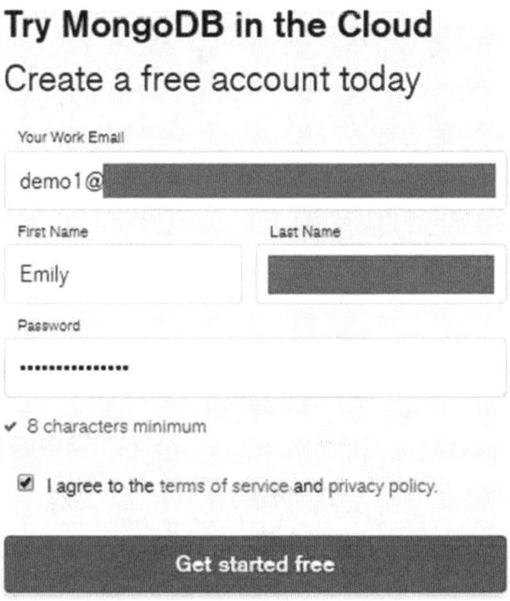

图 15-1 在 MongoDB Atlas 上创建一个账户

（1）创建项目

创建 Atlas 账户时，MongoDB 会自动创建一个名为 "Project 0" 的项目，可以在项目设置选项下重命名项目。如果要向项目添加其他成员，在 Access Management tab 点击 "Manage" 就可以找到并邀请其他 MongoDB 用户加入该项目。在创建项目时也可以添加成员。

（2）创建集群

在创建账户时，MongoDB 云数据库 Atlas 的网页界面要对新集群的性能进行选择；我们选择了免费选项 Starter Cluster——集群设置可以随时升级。选择 Starter Cluster 之后，Atlas 将显示集群创建页面；鉴于我们计划通过 AWS Lambda 函数与此集群进行交互，故在 AWS 中选择与 Lambda 函数同一区域的集群更为高效。我选择 AWS N. Virginia 是因为它是离我最近的区域，能提供最广泛的服务层次。虽然 AWS 的俄亥俄区域离我所在的伊利诺伊州更近，但其提供的 AWS 服务远不如弗吉尼亚区域。我选择使用默认的 M0 Sandbox 层以保持集群在空闲状态，但若计划在生产环境中使用此数据库，则可能需要进行升级。单击"create"后，集群需要几分钟时间进行配置（如图 15-2 所示）。

图 15-2　集群设置选择

（3）修改默认时区

虽然集群提供了时区修改选项，但是 Atlas 会在右上角做出提示。否则，MongoDB 将自动为文档生成 UTC 时间戳。

（4）保护链接

配置集群后，必须为集群设置防火墙和管理账户。单击集群的"connect"，Atlas 会提供如何执行此操作的说明。

首先需要提供访问此数据库的 IP 地址。通过点击"Add Your Current IP Address"，将使用访问网页的地址。由于 IP 地址会由于计算机连接的网络而不同，我建议把 IP 描述为网络的位置（例如"Emily's House"）。如果以后需要将更多 IP 地址加入白名单，可以点击"Network Access tab"。其次，必须在集群中添加一个用户，该用户将对该集群拥有完全权限。他的凭证应受到高度保护（如图 15-3 所示）。

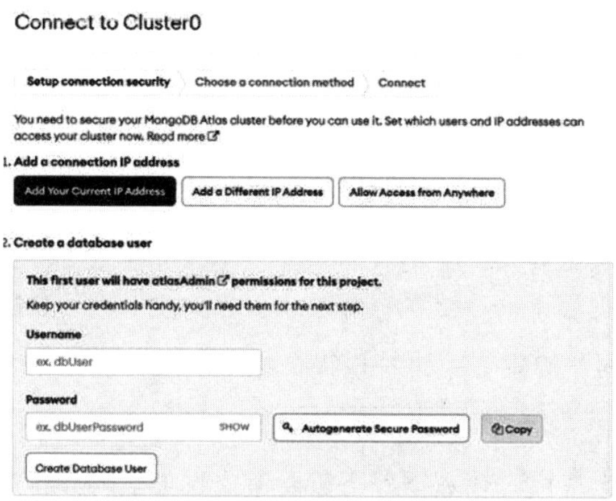

图 15-3　创建 MongoDB 用户连接到集群

用户创建完成后，选择"Choose a connection method"。现在，我们可以使用 MongoDB Compass。安装 Compass 后，从 Atlas 复制连接字符串并打开 Compass。Compass 将检测剪贴板中的字符串并自动填写连接表单。自动填充之后，唯一需要补充的部分是用户密码。填好所有必要的文本框后，就可以连接了（如图 15-4 所示）。

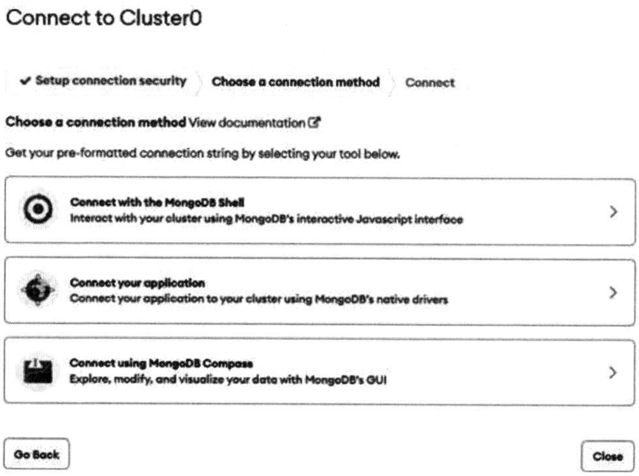

图 15-4　连接到 MongoDB Compass 的集群

在 Compass 已经成功连接到云数据库后，就可以轻松地手动修改数据库了。

（5）在 MongoDB Compass 中创建数据库

MongoDB 会自动创建三个数据库：admin、config 和 local。我们会创建一个新的数据库，Compass 左下角的加号按钮用于创建数据库。在接下来的例子中，我创建了一个名为 "cryptocurrency Prices" 的数据库，以及一个名为 "Bitcoin" 的集合。比特币集合包含了有时间戳和当时比特币价格的键值对文档。加密货币价格数据库包含了各类加密货币的多个集合，但我们只考虑比特币。该数据库不需要考虑收集上限和排序规则，因为我们不会超过空闲层内存限制，也不需要对数据进行任何字符限制。如果我们确实想收集比特币价格的连续数据，但仍想使用免费层，那么我们可以设置上限收集，在达到一定数量的文档后停止收集数据。点击 "create database" 后，新数据库会和默认数据库一起显示在左边（如图 15-5 所示）。

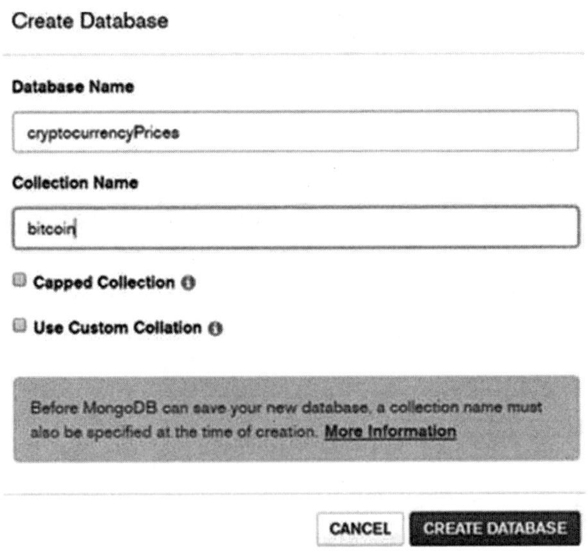

Create Database

Database Name

cryptocurrencyPrices

Collection Name

bitcoin

☐ **Capped Collection** ❶

☐ **Use Custom Collation** ❶

Before MongoDB can save your new database, a collection name must also be specified at the time of creation. **More Information**

CANCEL   **CREATE DATABASE**

图 15-5　创建数据库和集合

15.2　Python

15.2.1　准备 Python 环境

要从 Python 环境连接到 MongoDB，我们需要 PyMongo Python 库。安装 PyMongo，需要输入命令行："pip install pymongo"，按照教程代码操作，同时运行 "pip install requests"。

requests 是一个用于创建 HTTP requests 的 Python 库。接下来的示例将使用 requests 库从 Coinbase.com 中检索比特币的当前价格。Coinbase.com 对开发人员很友好，并提供了免费使用的 API。

15.2.2　用于本地测试的简单示例代码

下面有一些代码能实现如下功能：

• 连接 MongoDB 数据库

• 从 Coinbase.com 获取比特币兑美元的当前价格

• 在 MongoDB 数据库中将文档中的价格和时间戳记录为键值对

```
import requests
import time
from pymongo import MongoClient
import os
connectionString = "mongodb+srv ： // emily ： < password>
@c luster 0 - sutnn . mongodb . net / t e s t "
client = MongoClient （ connectionString ）
#Find database " cryptocurrencyPrices "
db = client ［ " cryptocurrencyPrices "］
```

```
#Find collection in database called " bitcoin "
mycol = db ［ "bitcoin "］
#Current time
ts = time . time （）;
#Price of bitcoin
price = str （ float （ requests . get （ "https : // api . coinbase . com/ v2
/ prices /BTC USD/buy"）.
.j s o n （）［"data "］［"amount"］））
myDict = ｛"timestamp": t s , "p r i c e": p r i c e｝
#Add Dictionary key value pairs as a document in MongoDB
collection
x = mycol . insert one （ myDict ）
```

MongoClient 函数来自 PyMongo 包。要用 Python 以编程方式浏览 MongoDB 数据库，我们必须首先使用连接字符串连接到 MongoDB 云数据库，就像我们在 MongoDB Compass 中所做的那样。连接之后，我们可以在变量后面使用括号来导航数据库和集合。然后使用 PyMongo 的 "insert-one" 函数将键值对插入到集合中。由于数据在 MongoDB 中以键值对的形式存储，程序员通常使用 PyMongo 的 insert 函数插入 Python 字典。为了检查上面的代码是否有效，我们可以转到 MongoDB Compass 查看是否添加了文档。MongoDB 还创建了一个额外的键值对 "_id"。文档中的 "_id" 变量都是唯一的，用以帮助区分集合中的文档。

15.2.3 修改后的 AWS 代码

由于我们要创建一个 AWS Lambda 函数，因此需要将 15.2.2 节中的代码放到它自己的函数中。在之后的章节，我们需要从 AWS Lambda 的接口按名称调用函数——它不会自动运行整个代码。默认情况下，AWS Lambda 会调用带有两个参数的函数，因此我们需要让函数包含两个参数。

由于 AWS Lambda 在调用Python函数时调用了"on trigger"函数，因此我把Python函数命名为"on trigger"。

```
import os
#导入其他必要的依赖项
def on trigger （ event ， context ）:
connectionString = os . environ ［"MONGO URL"］
#添加数据到mongoDB
if--name--== "--main ":
ontrigger （ None ， None ）
```

注意，连接字符串是从 os.environ ［" MONGO URL "］接收的，将获得环境变量MONGO URL，这意味着服务器 URL 可以很容易地更改，因为 AWS 可以很容易编辑该变量而无须编辑代码。但是，它增加了在本地和远程运行此代码的步骤。图 15-6 显示了如何在 Windows 上本地运行它；大多数其他平台使用"export"而不是"set"。我将在15.3.6节解释如何更改 AWS Lambda 中的环境变量（图 15-7）。

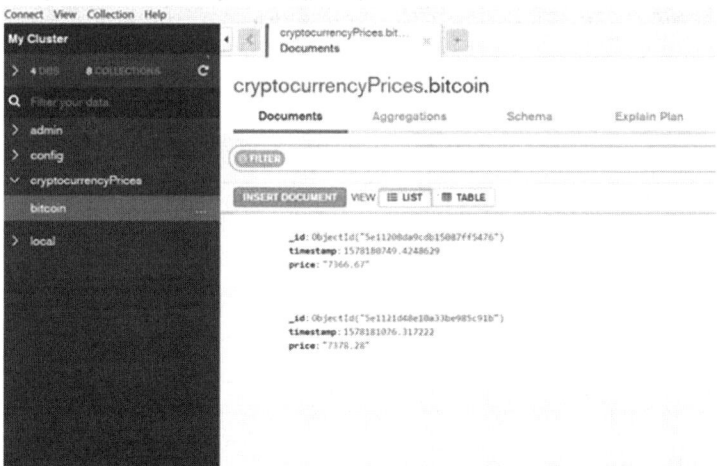

图 15-6　检查compass来查看新文档

```
C:\src>set MONGO_URL="mongodb+srv://emily:██████@cluster0-sutnn.mongodb.net/test"
C:\src>python test.py
C:\src>
```

图 15-7　通过命令行在本地测试代码之前指定路径变量

15.2.4　下载 Python 依赖项

代码的依赖项通常由像 pip 这样的包管理器处理，因此依赖项与代码分开存储；但是 AWS Lambda 函数不提供包管理器，尽管它提供了 Python 支持。为了用代码打包依赖，pip 提供了额外功能允许我们指定希望将包存储在哪里。要使用该代码安装 Python 包，需要将代码放在一个空文件夹中，然后打开终端，从终端输入该文件夹。然后输入"pip"命令像往常一样安装依赖项，但要在最后添加"-t"，这是为了让 pip 将包安装在当前目录而不是 Python 目录中。图 15-8 展示了如何使用 PyMongo 和 requests 来实现。该命令不需要对 Python 内置包或正在安装的包的依赖项执行，pip 也会管理这些包。

```
C:\src\lambdaDemo>pip install pymongo requests -t .
Collecting pymongo
  Using cached https://files.pythonhosted.org/packages/13/53/fa3b5fb6df1c6cbebb892aa3f61b258f866385647b71d43eb;
Collecting requests
  Using cached https://files.pythonhosted.org/packages/51/bd/23c926cd341ea6b7dd0b2a00aba99ae0f828be89d72b2190f;
Collecting chardet<3.1.0,>=3.0.2
  Using cached https://files.pythonhosted.org/packages/bc/a9/01ffebfb562e4274b6487b4bb1ddec7ca55ec7510b22e4c51;
Collecting urllib3!=1.25.0,!=1.25.1,<1.26,>=1.21.1
  Using cached https://files.pythonhosted.org/packages/b4/40/a9837291310ee1ccc242ceb6ebfd9eb21539649f193a7c8c8;
Collecting certifi>=2017.4.17
  Using cached https://files.pythonhosted.org/packages/b9/63/df50cac98ea0d5b006c55a399c3bf1db9da7b5a24de7890bc;
Collecting idna<2.9,>=2.5
  Using cached https://files.pythonhosted.org/packages/14/2c/cd551d81dbe15200be1cf41cd03869a46fe7226e7450af7a6;
Installing collected packages: pymongo, chardet, urllib3, certifi, idna, requests
Successfully installed certifi-2019.11.28 chardet-3.0.4 idna-2.8 pymongo-3.10.0 requests-2.22.0 urllib3-1.25.7
```

图 15-8　下载 PyMongo 和 requests 库并使用 pip

15.3　AWS

15.3.1　AWS 简介

亚马逊云科技（AWS）是亚马逊提供的云计算平台。AWS 是拥有 22

个网络区域，服务于245个国家的全球性基础设施。虽然谷歌和微软都有竞争的云计算平台，但它们提供的服务都没有亚马逊的AWS那么完善。

AWS有各种各样的服务，从可以自动执行商务任务的AWS Alexa到能进行神经机器翻译的Amazon translate[①]。AWS引起了各家公司和程序员的注意，在过去三年中实现了迅速增长。虽然许多人认为亚马逊仅仅是一家在线零售商，但该公司超过10%的收入来自AWS服务，亚马逊AWS服务的营业收入实际上超过了在北美地区销售商品的营业收入。[②]

虽然亚马逊希望从AWS服务中获利，但这些服务对普通大众来说仍然是可用的。亚马逊甚至推出了AWS education来帮助学生学习AWS工具。AWS是一个功能强大、值得信赖且可供程序员使用的平台。

15.3.2　AWS Lambda简介

AWS Lambda是亚马逊提供的多种AWS服务之一，允许代码在无须手动管理服务器的情况下持续运行。Lambda的定价（将在下一节进一步讨论）对中小型项目也很友善；当项目超过Lambda的免费层限制时，项目团队只需要为他们使用的部分付费。

15.3.3　AWS定价

AWS在第一年提供免费层账户。有关此免费层的更多详细信息，请访问 https：//aws.amazon.com/free。即使是免费账户，AWS也需要信用卡登记；根据所使用的AWS服务，可能会产生费用。在可能产生不必要的费用之前，提前研究AWS哪些服务适合项目非常重要。AWS Lambda每月允许100万个免费请求和320万秒的计算时间。

---

① Amazon. Cloud products. https：//aws. amazon. com/products，2008. ［Online； accessed 5-January-2020].

② Nathan Reiff. How amazon makes money. https：//www.investopedia.com/how-ama zon-makes-money-4587523，2019 ［Online； accessed 5 January 2020].

15.3.4 AWS IAM 账户和 AWS Root 账户

要执行下一小节中的步骤，我们需要使用 AWS 账户。如果 AWS 账户用于团队项目，则该账户应作为一般团队账户使用；个人账户是 IAM 用户账户。一般的 AWS 账户通常被称为 root 账户。通过在 root 账户下创建多个独立的 IAM 用户账户，可以简化为特定用户分配策略和角色的过程。理论上，只有部分团队成员可以修改 Lambda 应用程序，其他成员只能访问不同的 AWS 服务。一般来说，在与他人一起编程项目时最好使用最小权限原则。

IAM 代表身份和访问管理权限，在这里可以创建策略、角色和用户。策略是允许用户访问某些服务的权限。角色是一组可以分配给用户的策略。Users 指的是 IAM 用户，这是我们接下来要设置的内容。

15.3.5 创建 IAM 用户账户

在 root 账号中搜索"IAM"，在 IAM 服务页面单击"Access Management"下的"Users"选项。然后点击"添加用户"，为新用户起用户名。目前我建议只向用户分配 AWS 管理控制台访问权限。AWS Programmatic Access 为用户提供了大量权限。项目团队需要使用 AWS Programmatic Access 在 AWS Lambda 应用程序下创建多个 Lambda 函数，但最好从尽可能少的权限开始。当只使用一个 Lambda 函数时，通常不需要使用 AWS Lambda 应用程序（图 15-9）。

接下来，为用户创建一个自定义密码，不必是强密码，因为默认情况下，用户第一次登录时将被强制更改密码。用户可以被分配到一个组，并且可以在创建账户时向用户账户添加标签，但我们不需要现在做。所有这些 IAM 设置以后都可以从 root 账户修改。最终审核后，将创建该账户。

创建账户后，需要从 root 账户向用户账户添加权限。点击用户，"Add Permissions"按钮会出现在屏幕上。为简单起见，添加名为"AWSLambdaFullAccess"的策略。同样，仍然最好遵循最小权限原则，但是微管理特定的AWS服务权限可能很困难。与Lambda一样，其他每个AWS服务都有自己的全访问默认策略（如图15-10所示）。

创建用户，并且拥有 AWS Management Console Access 和对 AWS Lambda的完全访问权限后，用户就可以开始创建Lambda函数了。

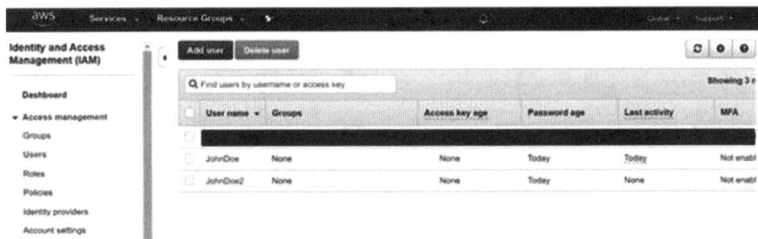

图15-9　AWS IAM控制台

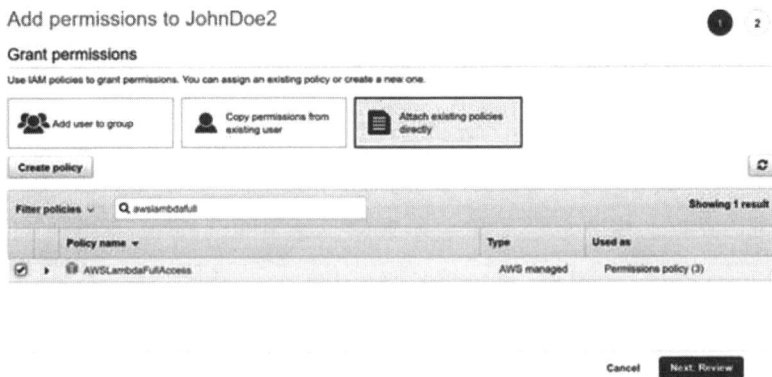

图15-10　从root账户向IAM用户添加权限

15.3.6　创建AWS Lambda函数

15.2.2节中的代码，结合15.2.3节中的修改，将在AWS Lambda中使用。为了编写AWS Lambda函数，我们需要将代码放在一个函数里，该函数包含两个参数：event（事件）和context（内容）。我们的目标不需要我们理解这两个参数的作用。要上传代码至AWS Lambda函数，请进入AWS

控制台，在"Find Services"中搜索Lambda。在"Functions"部分，单击"Create Function"。因为我们已经有代码并希望使用了，选择"Author from scratch"，并从可用运行时间列表中选择正确版本号的Python。我们将函数命名为"lambdaDemo"，然后点击创建按钮。

函数创建后，到"Function Code"部分，将"Code entry type"更改为"Upload a.zip file"。这样我们就能上传带有依赖项的zip文件。将之前创建的文件夹中的文件压缩为zip文件（在Windows上，最好的方法是选择文件夹中的所有内容，右键单击，然后选择"发送到压缩文件夹"）。打开创建的.zip文件，并确保代码位于.zip文件的顶层。创建.zip文件后，将其上传到Lambda函数。处理程序（Handler）的命名需遵循"codeFileName.functionInCode"的格式，因此我们将使用"lambdaDemo.on trigger"作为处理程序名称。

接下来添加环境变量MONGO URL，它在"Function code"下面。关键字是MONGO URL，值是MongoDB服务器的URL，看起来像这样："MongoDB +srv：//emily：<password>@cluster0-sutnn.mongodb.net/test"。请确保将"<password>"替换为用户的实际密码。

现在我们的函数可以通过点击页面右上角的"Save"来保存（见图15-11）。

图 15-11　保存 AWS Lambda 函数

要测试函数，点击页面右上角"Test"按钮旁边的"Select a text event"，然后点击"Configure test events"。本文的代码没有使用事件参数，但是不影响保留默认的测试参数，所以只需命名测试事件并点击"Create"（如图15-12所示）。

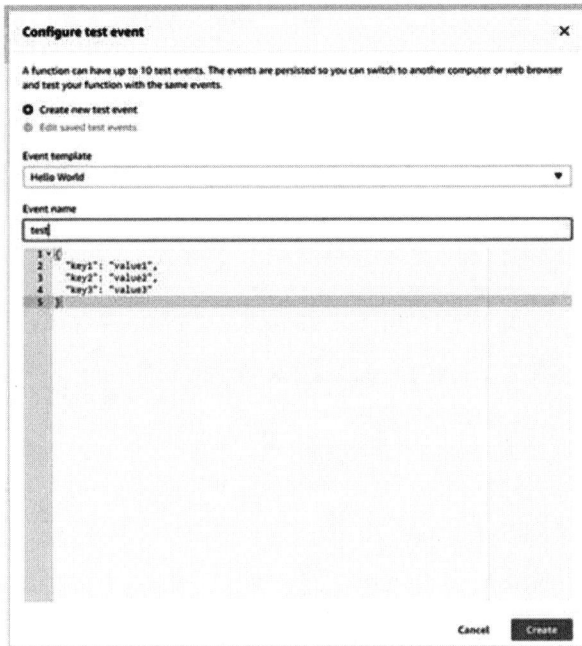

图 15-12 配置设置以测试 AWS Lambda 功能

现在测试事件已经配置好了，要测试代码是否正常工作，点击 "Test"。然后检查 MongoDB Compass，文档应该出现在 "cryptocurrencyPrices" 数据库中的 "Bitcoin" 集合中。

15.3.7 向 AWS Lambda 函数添加触发器

在 AWS Lambda 函数创建完毕后，可以为该函数添加触发器，这样就可以自动按照设定的条件执行代码。在 AWS Lambda 的函数详情页面中，点击 "Add Trigger" 以添加新触发器。我们将使用 CloudWatch Events 和我们创建的规则。其规则类型将按小时调度，因此调度表达式为：rate（1 hour）。考虑到免费 MongoDB 数据库的存储容量有限，建议不要启用该触发器。否则，MongoDB 数据库将每小时累积增加约 2KB 的数据。

参考文献

Amazon. （2008）. "Cloud Products." https：//aws. amazon. com/ products ［Online； accessed 5-January-2020].

Amazon. （2015）. "Teach Tomorrow's Cloud Workforce Today." https：//aws. amazon. com/education/awseducate ［Online； accessed 5- January-2020].

Amazon. （2018）. "AWS Lambda." https：//aws.amazon.com/lambda ［Online； accessed 5-January-2020].

Amazon. （2019）. "AWS Region Table." https：//aws. amazon. com/ about-aws/ global-infrastructure/regional-product-services ［Online； accessed 5-January-2020].

Amazon. （2019）. "Global Infrastructure." https：//aws.amazon.com/ aboutaws/global-infrastructure ［Online； accessed 5-January-2020].

Coinbase. （2013）. "Welcome to the Coinbase API." https：// developers.coi nbase.com ［Online； accessed 5-January-2020].

Enlyft. （2010）. "Companies Using MongoDB." https：//enlyft. com/ tech/pro ducts/mongodb ［Online； accessed 2-January-2020].

Gartner. （2019）. "Magic Quadrant for Cloud Infrastructure as a Service, Worldwide." https：//www. gartner. com/doc/reprints？ id=1- 1CMAPXNO&ct=190 709&st=sb ［Online； accessed 5-January-2020].

The Python Package Index. （2015）. "Requests 2.7.0." https：//pypi. org/project/requests/2.7.0 ［Online； accessed 5-January-2020].

The Python Package Index. （2019）. "PyMongo 3.10.0." https：//pypi. org/project/pymongo ［Online； accessed 5-January-2020].

MongoDB. （2013）. "JSON and BSON." https：//www.mongodb.com/ jsonand-bson ［Online； accessed 2-January-2020］.

MongoDB. （2013）. "Our Customers." https：//www.mongodb.com/ who-usesmongodb ［Online； accessed 2-January-2020］.

MongoDB. （2013）. "What Is MongoDB？" https：//www.mongodb. com/whatis-mongodb ［Online； accessed 2-January-2020］.

MongoDB. （2013）. "What Is NoSQL？" http：//www.mongodb.com/ nosqlinline ［Online； accessed 2-January-2020］.

Reiff， N. （2019）. "How Amazon Makes Money." https：//www. investopedia.com/how-amazon-makes-money-4587523 ［Online； accessed 5-January-2020］.

Shah， M. （2017）. "MongoDB vs MySQL： A Comparative Study on Databases." https：//www.simform.com/mongodb-vs-mysql-databases ［Online； accessed 2-January-2020］.

Vaillancourt， T. （2019）. "The Definitive Guide to MongoDB Security." https：//opensource.com/article/19/1/mongodb-security ［Online； accessed 2-January-2020］.

译者后记

在当今数字经济的浪潮之下，信息技术尤其是大数据和人工智能的飞速发展，以及定量投资组合管理的广泛应用，均极大地推动了金融市场的深刻变革。另类数据作为评估风险与获取超额收益的重要来源，已经引起了金融市场的广泛关注。为此，《另类数据和人工智能技术：在投资和风险管理中的应用》这本书应时而生，它由张庆全、李蓓蓓和谢丹夏三位教授联袂撰写，旨在系统地探讨另类数据和人工智能技术在现代金融领域中的应用与影响。通过深入浅出的分析，此书不仅为专业人士提供了宝贵的知识和工具，也为广大读者揭示了金融技术的最新发展趋势。

自英文原版一年多前发布以来，国内外对于另类数据的关注持续升温。在这一波趋势中，另类数据也在中国快速发展，并进行了日益深入的应用，尤其在金融行业中显示出其独特和强大的影响力，这不仅促进了本书中文译本的出版，也反映了市场对此类知识的迫切需求。张庆全、李蓓蓓与谢丹夏三位教授合著的这部作品，不仅全面回顾了另类数据的概念和发展历程，还深入讨论了人工智能技术在金融市场中的革命性应用。通过丰富的案例分析和理论探讨，本书展示了如何利用这些前沿技术进行投资分析和风险管理，使得复杂的金融工具和策略为广大专业人士和学者所理解和应用，从而推动了行业知识的普及和信息的共享。

《另类数据和人工智能技术：在投资和风险管理中的应用》是一部探讨现代投资和风险管理领域中最前沿技术的著作。作者通过深入分析另类数据的应用以及人工智能技术在金融领域的革命性作用，为读者呈现了一幅投资和风险管理新时代的图景。这不仅是量化投资金融分析师等专业人士的案前书籍，也是有兴趣的学生和散户投资者的必备工具书。本书以美国金融发展百年市场为基础，不仅有丰富的金融基础知识理论，还总结了风险控制、市场多方博弈等历史经验，该书的引进为指导投资决策、深化中国金融市场改革提供了极好的理论支持与经验参考，为探索和建立中国特色金融理论体系做出了贡献。

翻译这样一部专业性强的书籍，最大的挑战来自专业术语和用语的准确转换。我们力求在翻译过程中保持与原文的一致性，并尽量与学术界和产业界的通行表述保持同步。然而，在此过程中，仍不可避免地存在一些用词和表述上的分歧。

《另类数据和人工智能技术：在投资和风险管理中的应用》这本书以其完整的体系和丰富的内容，成功地融合了理论知识与实际操作的指导。译者将这本书分为两大部分：前9章主要铺垫理论基础，涵盖另类数据和人工智能技术的基本概念、发展历程及其在金融市场中的应用；而第10章到第15章则转向实际操作，深入探讨这些技术在实际金融操作中的应用。第10章和第11章详细讨论了如何利用文本数据分析和机器学习技术来识别和预测金融市场的欺诈行为和交易策略。这不仅展示了这些技术在风险管理中的关键作用，也阐明了在当今信息时代，如何利用智能技术来捕捉和分析海量数据，从而提高决策的效率和准确性。通过具体的案例分析，作者不仅建立了理论的框架，同时也提供了详尽的操作指南，使得读者能够更加有效地理解和应用这些前沿技术。第12章和第13章转向探讨特殊目的收购公司（SPAC）及环境、社会和公司治理（ESG）因素在金融市场中的影响。SPAC作为一种创新的融资和上市手段，近年来引起了广泛的关注。书中不仅分析了SPAC的基本特点和运行机制，还探讨了其在金融市场中的具体作用和收益情况，为投资者和金融专业人士提供了宝贵的见解。同时，ESG投资的概念和实践被详细讨论，反映了金融市场在追求经济效益的同时，也日益重视社会责任和可持续发展。在第14章和

第 15 章中，作者引入了数据可视化和云服务技术，展示了这些技术如何为金融数据分析带来新的视角和工具。通过表格、图形等形式直观地呈现数据，不仅使复杂的数据信息变得易于理解，还为金融决策提供了直观的支持。特别是通过 AWS Lambda 与 MongoDB 的交互使用，书中展示了如何有效地管理和分析大规模数据集，这为金融科技领域的从业者提供了极具价值的实践经验。总体而言，本书为理论与实践的结合提供了一个模范范例，不仅适合金融领域的专业人士，也适合所有对金融技术感兴趣的读者。

《另类数据和人工智能技术：在投资和风险管理中的应用》一书的中文翻译工作自去年年中起步，经过全体参与者的共同努力与协作，我们于 2024 年年初圆满完成了这一挑战性项目。本书的主要翻译任务由张锦艳、冉雅婷、孙源墀承担，我们向所有参与本项目的人员表达最深切的感谢，感谢他们的辛勤工作和卓越贡献。

此外，我们还要特别感谢所有为这次翻译工作付出辛劳的老师、同学以及出版社的编辑们。每一位参与者的努力都是这个项目成功不可或缺的一部分。我们尤其感激那些在翻译过程中提供宝贵意见和技术支持的专家和学者，以及那些在编辑和校对过程中细致入微的出版社工作人员。感谢你们的精心劳作和无私奉献。

我们诚挚地邀请广大读者对这本书的译文质量提出宝贵的批评和建议。我们承认在翻译过程中可能存在不足，并期待您的反馈帮助我们改进。每一条建议都将被我们认真考虑，并用于指导未来的翻译工作，以便更好地服务于读者和促进学术交流。再次感谢所有支持和关心本书的读者和同仁。

译者

2024 年 8 月